主办单位：中国社会科学院哲学研究所美学研究室

主编 卢春红

副主编 张建军

美学

2023年第1期（总第12辑）

Aesthetics

中国社会科学出版社

图书在版编目（CIP）数据

美学 . 2023 年 . 第 1 期：总第 12 辑 / 卢春红主编 . —北京：中国社会科
学出版社，2023. 11
ISBN 978-7-5227-2935-0

Ⅰ.①美…　Ⅱ.①卢…　Ⅲ.①美学—文集　Ⅳ.①B83-53

中国国家版本馆 CIP 数据核字（2023）第 247647 号

出 版 人	赵剑英
责任编辑	郝玉明
责任校对	谢　静
责任印制	王　超

出　　版	中国社会科学出版社
社　　址	北京鼓楼西大街甲 158 号
邮　　编	100720
网　　址	http://www.csspw.cn
发 行 部	010-84083685
门 市 部	010-84029450
经　　销	新华书店及其他书店

印　　刷	北京君升印刷有限公司
装　　订	廊坊市广阳区广增装订厂
版　　次	2023 年 11 月第 1 版
印　　次	2023 年 11 月第 1 次印刷

开　　本	787×1092　1/16
印　　张	15.75
字　　数	318 千字
定　　价	85.00 元

美　学

2023 年第 1 期（总第 12 辑）

主办单位

中国社会科学院哲学研究所美学研究室

编辑单位

《美学》编辑部

本刊获中国社会科学院学科建设"登峰战略"资助计划资助，编号 **DF2023ZD12**

前　言

1979 年 1 月，在中国社会科学院哲学研究所美学研究室与上海文艺出版社文艺理论编辑室齐心合力下，《美学》辑刊应运而生。于 1979、1980、1981、1982、1984、1985、1987 年共出版 7 期，每期刊载当时学界代表性美学研究成果 16—20 篇。其影响正如 2006 年复刊词中所说：“当时印数虽多，但其读者更众，若幸得一册，则传阅论辩，有关情景或见于讲堂书斋，或闻于酒酣耳热。敏悟灵思之士，推陈出新、著书立说，为中国美学发展广布薪火，是为文坛佳话。”

2006 年 7 月，在中国社会科学院哲学研究所美学研究室与北京第二外国语学院跨文化研究所的共同努力下，《美学》辑刊因美学研究的新境况而复刊。由滕守尧担任主编。2006 年当期由王柯平、高建平担任副主编，此后聂振斌、刘悦笛、王柯平、徐碧辉亦分期担任过执行主编。复刊后的《美学》于 2006、2008、2010、2017 年先后出版 4 期，为推动美学学科学术研究的繁荣作出了应有的贡献。

2023 年 9 月，在中国社会科学院“登峰战略”资助计划重点学科建设项目的支持下，《美学》辑刊由于当代中国视野下美学研究之需再次启动。其办刊宗旨秉承 2006 年复刊词所言：“将师法前贤，光扬和而不同之学风，确立海纳百川之视野，贵真求是，讲究学理，重视创见，力主文以质胜、不求名取，鼓励运思深入、文笔平实，提倡追问求索、辩驳明晰，希冀融贯中外，究天人之际，通古今之变，立一家之言。”

诚愿学界同人齐心协力，促进学术研究推陈出新！

中国社会科学院哲学研究所美学研究室

《美学》辑刊编辑部

目　录

《周易》与春秋生命哲学论纲

聂振斌/文

摘　要　《周易》分为《易经》《系辞》《说卦》《序卦》及《杂卦》等，既非现代哲学的逻辑推演，亦非纯粹占卜看卦之书，而是用抽象符号叠合排列成具体卦象并"立象以尽意"，表征出宇宙万物的根本存在之道——阴与阳的合德与运行，它不仅观照出生命的存在与意识，更在体会生命后构建生命所生成的秩序问题。"和"作为生命存在的前提与生命原动力的"气"不仅是《周易》生命哲学的重要范畴，更被中国古代典籍《诗经》《国语》《左传》等引证与阐释，显示出先贤对人的生命活动与思想意识的关注与思考。更强调了"易象"作为原动力对万物生命不可或缺的唯一性。人所具备的属人特性使其与动物相区分，有夫妇、有礼义，揭示出人的文明程度与社会关系。并由此得出以人为本的人道、人生与自律的生命追求与精神修养。"原始反终"是《周易》客观看待人之生死的终极命题，"精气为物"显示出豁达的唯物精神，亦是宏观的大生命哲学。这种生命整体论的思维方式不仅应用于文学艺术创作与审美活动中，更在中医学实践里关联出对生命、生死的意义。

关键词　和；气；易象；生命活动；生命哲学

《周易》是哪一类的书？中国古代分书为经、史、子、集四大类。《周易》是经书，而且是经典之首，一直受到中国人的敬重，如同西方人敬重《圣经》一样。到了现代，由于受到西方学术思想的影响，人们纷纷表达自己"独到"的看法。不同看法多得无法一一介绍——言论自由，各抒己见，无可置喙。唯有两种截然相反的看法值得一提。一种观点认为，《周易》是卜筮之书，求神向鬼，宣扬宗教迷信思想。另一观点认为，《周易》是一部哲学著作，其中含有科学思想。两种看法，本文皆不认同。

《周易》是中国古代流传至今最为古老的一部书，而且初创面貌真实可信。它的天地时空意识表征的是真实存在的自然界及其运动规律（道），而非宗教神话的魔法。

《周易》的天地时空意识认为，天地人三才一体，都是物质存在；天道、地道、人道，一气贯通，都是以阴阳二气为根本的动变合德而形成的运行轨迹。《周易》早已意识到，人与天地自然的关系非常密切，天地如同人的父母，有生养培育的大恩大德，因此敬天祀地不忘根本乃是中国古代节日纪念活动最重要的内容。《周易》所推崇的圣人、君子，是有高智慧高功德的人，是为天下太平、民生安泰而献身的人。这种人是真实存在的人，而不是神，不是上帝，也不是宗教教主。这种人是施行人道、治理国家、安抚民生的领袖——圣君贤相。圣君贤相实施礼乐教化、构建人道秩序，使人民摆脱野蛮走向文明，而不是用"神的启示"来愚弄人民。总之，《周易》所讲的故事，是真实的人生，是人文的，而非宗教神话的。《周易》的思维意识是儒家"修身齐家治国平天下""天下为公""世界大同"的理想源头，是中华文化自觉意识的第一座里程碑。

　　《周易》不仅是中国最古老的一部书，也是最独特的一部书。《周易》一书构成的主要媒介不是文字概念，而是两相匹配的抽象符号"⚋"与"⚊"叠加排列的卦象。《系辞上》云："是故《易》有太极，是生两仪。两仪生四象。四象生八卦。"① "太极"就是"⚊"，"⚊"就是阴阳二气的源头，源头一分为二就是"两仪"，"两仪"就是阴与阳两种不同性能而又相应互推的元气，用"⚋"与"⚊"两个符号表示。"两仪生四象"，"四象"就是"太阴"⚏与"少阳"⚎；"少阴"⚍与"太阳"⚌。"四象"再分别各加一个阴爻"⚋"，各加一个阳爻"⚊"，就形成八个三画卦，即八卦：乾☰、坤☷、震☳、巽☴、坎☵、离☲、艮☶、兑☱，象征天地万物的八种性能：乾健，坤顺，震动，巽入，坎陷，离丽，艮止，兑说。《系辞下》又云："八卦成列，象在其中矣；因而重之，爻在其中矣；刚柔相推，变在其中焉；系辞焉而命之，动在其中矣。"② 这就是八卦经排列组合而形成六十四别卦。卦有名称，象、爻之下，都有简明的文字概念加以明断，或解释卦象、爻象之意义。这就是《周易》一书，"仰观俯察，进取诸身，远取诸物"的直觉观照，"立象以尽意"的独特之处。

　　总之，《周易》一书不同于我们所见到的其他一般的书，而是一部很特殊的书。它主要不是用文字的概念写成的，而是一部"立象以尽意"的书。但它所立之象，也不是模仿现实的人物或万物之形象，而是从抽象一般上升的具体之"象"——生命活动之象。这种"象"具有高度的概括性和象征意义。用现代的学术语言称它为哲学著作，似乎也有些名不副实。它作为一部书，其内在联系不是概念—判断—推理的逻辑结构，其外在表现也不是抽象的形式，而是一种"意识形态"。这种意识形态的内涵既有观

---

　　① 杨天才、张善文译注：《周易》，中华书局 2011 年版，第 595 页。
　　② 杨天才、张善文译注：《周易》，第 604 页。

念、理念，又有概念、形象，更有生命活动之象。因此，《周易》乃是西周王朝的意识形态，也是西周王朝的观念上层建筑。

《周易》一书，圣人为什么不用语言文字去撰写，而要"立象以尽意"？"子曰：'书不尽言，言不尽意。'"① 孔子认为，书与语言都有一定的局限性：书不可能把人的语言都记载下来，言也不可能把人的心理意识活动及情感表现说得明白、透彻。因此，圣人才"立象以尽意"，不仅用简明的文辞说明要点意义，更重要的是用生命活动之象表达心理意识和情感态度。我们学《周易》，不仅看文字说明，更通过直觉观照生命活动之象，领会圣人的心理意旨，用情感体验与圣人的情感态度相沟通。要知道，人的心理意识活动和情感态度是只可意会而不可言传的。

《周易》意识形态的主要内容是生命意识。也可以说，生命意识在《周易》意识形态中的表现是很鲜明突出的。六十四别卦的乾坤二卦专论万物生命的起源及其生长，养育的时空环境根基、和的生命理念、气的生命动力都在乾坤二卦中得到明确的回答。乾坤之后的六十二卦象专论人的生命活动辩证发展的历程，是人的生命活动思想链条。孔子作《易传》，对《周易》的生命意识解读得很透彻、很明白。特别是《系辞》所载"天地之大德曰生"，"生生之为易"，"天地絪缊，万物化醇；男女构精，万物化生"②，"原始反终，故知死生之说；精气为物，游魂为变，是故知鬼神之情状"③，等等，都是直接论人的生命活动及其生死。论社会、政治、民生，论礼乐教化等，都是围绕人的生命之生养乃至死亡而发挥的。而且，《周易》的生命意识，特别是"和"的生命理念、阴阳二气是生命的原动力等，对后世的影响是深刻的。《诗经》的创作，以及《国语》《左传》等几部古籍的引证足以证明这种影响。因此，要考察、论述春秋生命哲学，必须深刻认识、了解《周易》生命意识这个深刻的思想之源与历史之源。

春秋生命哲学原创论，发端于西周末期与春秋初期，形成于整个春秋时代。在近三百年的历史过程中，一些卿、大夫、士及史官、乐师和医师等人所提出"和论""气论"，以及"述而不作"的孔子为《周易》所作《传》即《易传》的"易论"，构成春秋生命哲学的三大组成部分。"和论""气论"产生较早，论述的人很多。而"易论"产生于春秋晚期，为孔子专论。孔子继承了他的前辈们的"和论""气论"思想，并与"易论"融会贯通，使"和论""气论""易论"成为有机联系的系统思想，为春秋生命哲学体系的形成作出了卓越贡献。"和论""气论""易论"都是针对人的生命活动而立论，但"和""气"皆来自天地自然，对天地万物生命具有普遍意义。但"易论"却区别为两种不同情况：六十四别卦的乾坤二卦象征天地是万物生命的起源与

---

① 杨天才、张善文译注：《周易》，第599页。
② 杨天才、张善文译注：《周易》，第625页。
③ 杨天才、张善文译注：《周易》，第569页。

生长养育的时空环境，因此对于万物生命具有普遍意义。而乾坤之后的六十二卦是专论人的生命活动，对万物生命不具普遍意义。因此本文把乾坤二卦称为"易象"（"法象莫大乎天地"），作为生命哲学的基本范畴，而其余六十二卦另具专题进行论述。

一　春秋生命哲学三大基本范畴

（一）"和"——生命的内在结构和所依赖的外在环境；"和"是生命的前提

"和"是中国一个古老的生命理念，"先王之乐"所追求的理想境界就是"和"。如《诗经》的《商颂·那》篇中："鞉鼓渊渊，嘒嘒管声。既和且平，依我磬声。"[①]"和"作为春秋生命哲学的一个基本范畴，是西周末与春秋初之际的史伯首先提出的。

1. "和实生物，同则不继"

史伯说：

> 夫和实生物，同则不继。以它平它谓之和，故能丰长而物生之；若以同裨同，尽乃弃矣。故先王以土与金、木、水、火杂，以成百物。是以和五味以调口，刚四支以卫体，和六律以聪耳，正七体以役心，平八索以成人，建九纪以立纯德，合十数以训百体。出千品，具万方，计亿事，材兆物，收经入，行姟极。故王者居九畡之田，收经入以食兆民，周训而能用之，和乐如一。夫如是，和之至也。于是乎先王聘后于异姓，求财于有方，择臣取谏工而讲以多物，务和同也。声一无听，色一无文，味一无果，物一不讲。王将弃是类而与剸同。天夺之明，欲无弊，得乎？[②]

史伯，郑国人，周朝的史官。郑桓公（周幽王之叔父）为挽救周幽王没落腐败之朝政，征询史伯，史伯则讲了很长一段献词。以上所援引的就是这篇献词的开头部分，很富有哲理意味。首先，总论"和"是人的生命活动的根本和前提，而"同"则将断弃生命的生养与存在。然后论述个体生命的四肢、五官以及五脏六腑等杂多的因素，只有和谐一致，才能有健康的生命活动。进而论述民生之和、礼乐教化之和，从而达到政治之和的目的。以上这段话的最后结论是"声一无听，色一无文，味一无果，物一不讲"，也具有普遍的哲理意义。在这里，史伯把"一"完全视为"同"，而我们现

---

① 周振甫译注：《诗经译注》，中华书局 2002 年版，第 508—509 页。
② （战国）左丘明著，（三国吴）韦昭注，胡文波校点：《国语》，上海古籍出版社 2015 年版，第 482 页。

代人认为对立统一的"一"、和谐一致的"一",实际是"和",与史伯的说法不同。如何解释?多样性统一的"一"、对立统一的"一",的确有"同"的含义,但这里的"同"与清一色的"同"、一刀切的"同"是不能相提并论的。这一点,史伯很明显地把二者区别开来:前者他称为"和同",后者他称作"剸同"。史伯所用两个不同概念,很有启发意义。

齐国的晏子完全接受了史伯的生命论观点,主张"取和而弃同"。晏子是一位很有哲学眼光的政治家。他辅佐齐国三代君主——灵公、庄公和景公,是一位清正廉洁的贤臣。他直言敢谏,尤其对齐景公,谏言不留情面,正道直行,避免了君主的许多极端言行的实际影响。齐景公身边侍臣梁丘据,对其主子一味阿谀奉承、随声附和,从未对齐景公提出任何谏言和反对意见,因此也受到景公的信赖和袒护。齐景公说:"据与我和也夫!"晏子立即回答说:"此所谓同也,所谓和者,君甘则臣酸,君淡则臣咸,今据也甘君亦甘,所谓同也,安得为和!"① 晏子公然唱反调。景公"忿然作色,不说"②。据《左传》载,景公问晏子:"和与同异乎?"晏子回答曰:"异。"

> 和如羹焉,水、火、醯、醢、盐、梅,以烹鱼肉,燀之以薪,宰夫和之,齐之以味,济其不及,以泄其过。君子食之,以平其心。君臣亦然。君所谓可而有否焉,臣献其否以成其可;君所谓否而有可焉,臣献其可以去其否。是以政平而不干,民无争心。故《诗》曰:"亦有和羹,既戒既平。鬷嘏无言,时靡有争。"先王之济五味、和五声也,以平其心,成其政也。声亦如味,一气,二体,三类,四物,五声,六律,七音,八风,九歌,以相成也;清浊,小大,短长,疾徐,哀乐,刚柔,迟速,高下,出入,周疏,以相济也。君子听之,以平其心。心平,德和。故《诗》曰:"德音不瑕。"今据不然。君所谓可,据亦曰可;君所谓否,据亦曰否。若以水济水,谁能食之?若琴瑟之专一,谁能听之?同之不可也如是。③

晏子以五味饮食喻政,论述政和之必要。他认为,实现政和的根本途径就是君臣上下关系必须"弃同而求和"。

2."夫政象乐,乐从和,和从平"

春秋时代的后期,东周王朝的大夫、乐师从礼乐变化的角度论政和。认为礼乐教化的根本目的是追求政和,君主与臣民的关系只有和谐一致,社会方能实现安泰和平,

---

① 吴则虞编著:《晏子春秋集释》(增订本),国家图书馆出版社2011年版,第52页。

② 吴则虞编著:《晏子春秋集释》(增订本),第52页。

③ 郭丹、程小青、李彬源译注:《左传》(下册),中华书局2012年版,第1902—1903页。

民生事业才能发展兴旺。

东周景王二十三年（前 522），王将铸无射钟去征求单穆公的意见，单穆公认为"不可"。

> 作重币以绝民资，又铸大钟以鲜其继。若积聚既丧，又鲜其继，生何以殖？且夫钟不过以动声，若无射有林，耳不及也。夫钟声以为耳，耳所不及，非钟声也。犹目所不见，不可以为目也。夫目之察度也，不过步武尺寸之间；其察色也，不过墨丈寻常之间。耳之察和也，在清浊之间；其察清浊也，不过一人之所胜。是故先王之制钟也，大不出钧，重不过石。律度量衡于是乎生，小大器用于是乎出，故圣人慎之。今王作钟也，听之弗及，比之不度，钟声不可以知和，制度不可以出节，无益于乐，而鲜民财，将焉用之！①

单穆公劝阻周景王制无射钟的理由有三个：第一，不合先王律度量衡求和之制；第二，有害于耳目察和；第三，挥霍浪费民生之财用。尽管单穆公劝阻的理由充分，周景王仍未接受，因而又去征求乐师伶州鸠的意见，想得到他的支持。然而伶州鸠说：

> 夫政象乐，乐从和，和从平。声以和乐，律以平声。金石以动之，丝竹以行之，诗以道之，歌以咏之，匏以宣之，瓦以赞之，革木以节之。物得其常曰乐极，极之所集曰声，声应相保曰和，细大不逾曰平。如是，而铸之金，磨之石，系之丝木，越之匏竹，节之鼓而行之，以遂八风。于是乎气无滞阴，亦无散阳，阴阳序次，风雨时至，嘉生繁祉，人民和利，物备而乐成，上下不罢，故曰乐正。今细过其主妨于正，用物过度妨于财，正害财匮妨于乐。细抑大陵，不容于耳，非和也。听声越远，非平也。妨正匮财，声不和平，非宗官之所司也。②

可见，伶州鸠的意见与单穆公完全一致。但周景王固执己意，仍然坚持制钟。第二年，大钟制成，王对伶州鸠说："钟果和矣。"对曰："未可知也。"王曰："何故？"伶州鸠曰："上作器，民备乐之，则为和。今财亡民罢，莫不怨恨，臣不知其和也。"③
又说：

> 夫有和平之声，则有蕃殖之财。于是乎道之以中德，咏之以中音，德音不愆，

---

① （战国）左丘明著，（三国吴）韦昭注，胡文波校点：《国语》，第 128 页。
② （战国）左丘明著，（三国吴）韦昭注，胡文波校点：《国语》，第 132 页。
③ （战国）左丘明著，（三国吴）韦昭注，胡文波校点：《国语》，第 135 页

以合神人，神是以宁，民是以听。若夫匮财用，罢民力，以逞淫心，听之不和，比之不度，无益于教，而离民怒神，非臣之所闻也。①

伶州鸠与单穆公一样认为，乐之"和"，不仅是个体生命感受的乐和，也是政治、社会、民生"大生命"的"乐和"。也就是说，个体生命的乐和只有与社会、民生、政治和谐一致，君臣与民"同乐"，才是"先王乐教"的真正目的，也才是伶州鸠所说的"乐正"。

3. "和"与"平"的辩证关系

以上所援引的四人论"和"，有三人都与"平"联系起来，可见和与平的关系之重要。史伯说"以它平它谓之和"，晏子说"君子听之，以平其心。心平，德和"，尤其伶州鸠多次提到平，如说"乐从和，和从平"，"夫有和平之声，则有蕃殖之财"，"声应相保曰和，细大不逾曰平"。史伯认为和与平的关系是因果关系，平是因，和是果，而晏子与伶州鸠认为是互为因果。二者都符合实际，随着时空的发展、变化，果可能变成因，因则变成果。因果关系不是固定的、机械的，而是辩证发展的。

（二）"气"——生命活动的原动力

"气"是什么？气是天地之间"变动不居，周流六虚"之物质存在。气分阴阳两个不同方面，乾卦象征"阳物"称为"乾元"，坤卦象征"阴物"称为"坤元"；阴阳二元气互动相推便成为天地之道运行的发动力，也是万物生命起源与诞生的原动力。"天行健""地势坤"，因此，阴元与阳元二气是相辅相成、优势互补所发挥的合和之力。

气之阴阳概念，最早提出者是西周末期的伯阳父。伯阳父是周朝大夫。周幽王二年（前780），山川发生大地震。伯阳父预言："周将亡矣！夫天地之气，不失其序；若过其序，民之乱也。阳伏而不能出，阴迫而不能烝，于是有地震。今三川实震，是阳失其所而镇阴也。阳失而在阴，川源必塞。夫水土演而民用也。水土无所演，民乏财用，不亡何待？"② 伯阳父的气论只和民生相联系，尚未成生命个体之气。

1. "天有六气，降生五味"

以气解释个体生命活动，最早见于《左传·昭公元年》（前541）载的郑国子产和秦国医和。晋侯有病，郑伯派子产（公孙侨）入晋探视问候。晋国的叔向到寓所探望并询问子产：晋侯的疾病是什么神祇作怪？子产回答说：

---

① （战国）左丘明著，（三国吴）韦昭注，胡文波校点：《国语》，第134页。

② （战国）左丘明著，（三国吴）韦昭注，胡文波校点：《国语》，第42页。

若君身，则亦出入、饮食、哀乐之事也，山川星辰之神又何为焉？侨闻之，君子有四时：朝以听政，昼以访问，夕以修令，夜以安身。于是乎节宣其气，勿使有所壅闭湫底以露其体，兹心不爽，而昏乱百度。今无乃壹之，则生疾矣。侨又闻之，内官不及同姓，其生不殖。美先尽矣，则相生疾，君子是以恶之。故《志》曰："买妾不知其姓，则卜之。"违此二者，古之所慎也。男女辨姓，礼之大司也。今君内实有四姬焉，其无乃是也乎？若由是二者，弗可为也矣。四姬有省犹可，无则必生疾矣。①

晋侯又求医于秦。秦国派一个叫"和"的著名医师去诊视。医师和诊断晋侯的病源与子产的观点完全一致。他说，"疾不可为也。是谓近女室，疾如蛊。非鬼非食，惑以丧志。良臣将死，天命不佑"②。晋侯问："女不可近乎？"③ 医和答曰："节之。"④

先王之乐，所以节百事也，故有五节。迟速本末以相及，中声以降。五降之后，不容弹矣。于是有烦手淫声，慆堙心耳，乃忘平和，君子弗听也。物亦如之。至于烦，乃舍也已，无以生疾。君子之近琴瑟，以仪节也，非以慆心也。天有六气，降生五味，发为五色，征为五声。淫生六疾。六气曰阴、阳、风、雨、晦、明也，分为四时，序为五节，过则为灾。⑤

以上可见，子产与医和一致认为晋侯疾病的根本原因是生命的原动力——气出现了大问题，男女之欢的性欲大大超过了和气中正的限度而走向极端。所谓"六气"——阴阳风雨晦明，阴阳是根本。阴阳二气只有相辅相成或相反相成的和谐中正状态，才是自然、人生和个体生命最需要的原动力。无论阴盛阳衰或是阳盛阴衰，对于自然、人生都会产生大大小小的灾害。人的生命活动产生疾病，也是阴阳二气不和的结果，也是一种灾害。

2. "则天之明，因地之性，生其六气"

郑国的子大叔会见晋国的赵简子，赵简子问"揖让周旋"之礼，子大叔曰，这是"仪"，不是"礼"。又问，那何谓"礼"？子大叔说：

---

① 郭丹、程小青、李彬源译注：《左传》（下册），第 1575 页。
② 郭丹、程小青、李彬源译注：《左传》（下册），第 1575 页。
③ 郭丹、程小青、李彬源译注：《左传》（下册），第 1575 页。
④ 郭丹、程小青、李彬源译注：《左传》（下册），第 1575 页。
⑤ 郭丹、程小青、李彬源译注：《左传》（下册），第 1575 页。

吉也闻诸先大夫子产曰:"夫礼,天之经也,地之义也,民之行也。"天地之经,而民实则之。则天之明,因地之性,生其六气,用其五行。气为五味,发为五色,章为五声。淫则昏乱,民失其性。是故为礼以奉之:为六畜、五性、三牺,以奉五味;为九文、六采、五章,以奉五色;为九歌、八风、七音、六律,以奉五声;为君臣上下,以则地义;为夫妇内外,以经二物;为父子、兄弟、姑姊、甥舅、昏媾、姻亚,以象天明;为政事、庸力、行务,以从四时;为刑罚威狱,使民畏忌,以类其震曜杀戮;为温慈惠和,以效天之生殖长育。民有好恶、喜好、哀乐,生于六气,是故审则宜类,以制六志。哀有哭泣,乐有歌舞,喜有施舍,怒有战斗;喜生于好,怒生于恶。是故审行信令,祸福赏罚,以制死生。生,好物也;死,恶物也;好物,乐也;恶物,哀也。哀乐不失,乃能协于天地之性,是以长久。①

以上援引与前面所援引的史伯"和实生物,同则不继"一段说辞一样,内容丰富,篇幅较长,可以成为一篇独立的哲理论文。这样一篇用文言写成的论文,在这里无法细致地解说,只能概括地"点"出它的大义。这个大义就是对《周易》六十四别卦的卦象及爻象所表征的天地时空意识,解说者乃是春秋生命哲学的作者。《系辞下》说:"八卦成列,象在其中矣;因而重之,爻在其中矣;刚柔相推,变在其中矣;系辞焉而命之,动在其中矣。"② 以及"乾,阳物也;坤,阴物也。阴阳合德而刚柔有体。以体天地之撰,通神明之德"③。圣人设卦立象,构建人道文明秩序,正是体现了天经地义的规律原则,与天地神明之大德一脉相承。"《易》之为书也,广大悉备。有天道焉,有人道焉,有地道焉。兼三才而两之,故六。六者非它也,三才之道也。"④ "六"是六爻之象,上二爻象征天道,中二爻象征人道,下二爻象征地道。天地人三才为一体,天道地道人道一脉相通,都是相反相成的两个对立面相推互动而产生的运动。但两个方面的气象之名却不同,天道称阴阳,地道称柔刚,人道则称仁义。这种区分的根本标准,在于是否有固定的"体"。"天之六气"是阴阳风雨晦明,其根本是阴阳,风雨晦明四者乃阴阳的衍生物,是天地之间的媒介。天气下降靠的是风雨晦明与地气之"五行"(金木水火土)联系、化合而成地道之"体"。故《系辞下》说"阴阳合德而刚柔有体"。无体与有体是天气之道与地气之道区别的根本标志。至于人气之道乃是人的生命活动的有序途径,人道是生命机体与生命精神融合为一,既有"象"又有

---

① 郭丹、程小青、李彬源译注:《左传》(下册),第 1967 页。
② 杨天才、张善文译注:《周易》,第 605 页。
③ 杨天才、张善文译注:《周易》,第 626 页。
④ 杨天才、张善文译注:《周易》,第 638 页。

"体"，兼具天道与地道二者性能，既有体又有神，故而仁称阴柔，义称阳刚。天道阴阳，地道柔刚，人道仁义，仁是阴柔，义是阳刚，名虽不同，一气相通，归根结底是阴阳合和的元气。人道既来自天地自然之道，又不同于自然之道。所谓"人道"，既离不开自然规律，也不能机械照搬自然规律，而是既"人化自然"，创造社会物质存在——"第二自然"，以满足人的物质生活需要，又"自然人化"，创造精神产品，以满足人的精神生活需要。这就是《周易》所说的"人文化成"途径，亦是文化之"道"。这个"道"是中华民族走向文明的核心理念，是礼乐教化、构建人道秩序所由出。

3. 气与和、平之关系

以上所接引的古人之说，不约而同地都提到礼乐教化之事。子大叔还专门论述礼的本质是天经地义，揖让周旋，各种礼品、礼器不是"礼"而是"仪"——表现形式。单穆公、伶州鸠专门论述"先王之乐"及其教化意义，其内容都涉及和与气、平三者之间的关系。至于气，什么是气，气的产生及其作用，以及气与和、平的关系，说法很多。最早提出气之阴阳概念的伯阳父称"天地之气"，气之阴阳两个方面失去平衡，"阳镇于阴"，因而发生山川大地震。医和说："天有六气，降生五味，发为五色，征为五声。"① 子大叔则说："则天之明，因地之性，生其六气，用其五行。气为五味，发为五色，章为五声。"② 子大叔说的不是医和的"天有六气"，而是天地所生的"六气"，六气作用于"五行"而产生"五味"之气。"气为五味"显然是指的人气，人以"五谷""六畜"为食，才产生五官的感觉。单穆公说得明白，"口内味而耳内声，声味生气。气在口为言，在目为明"③。显然，这里的气是人的生命活动之气。

从以上所援引的各种说法，经过分析综合可以得出两点结论。第一，气与和的关系，气是和的境界形成的推动力，二者是因果关系，气是因，和是果，但从辩证发展的过程看二者互为因果。第二，气与平的关系，前面论和与平的关系，平是和形成的基础、原因，平是因，和是果，从辩证发展过程看是互为因果。气与平的关系亦如是。总之，和与气是春秋生命哲学同一层次序列的范畴。

（三）"易象"——天地是万物生命的起源与养育的根基

《序卦》的第一句话就是"有天地，然后万物生焉"④，说明天地这一物质存在形成于生命诞生之先，因而是生命起源之地。《系辞下》云，"天地之大德曰生"⑤，说明

---

① 郭丹、程小青、李彬源译注：《左传》（下册），第 1575 页。
② 郭丹、程小青、李彬源译注：《左传》（下册），第 1967 页。
③ （战国）左丘明：《国语》，第 130 页。
④ 杨天才、张善文译注：《周易》，第 671 页。
⑤ 杨天才、张善文译注：《周易》，第 606 页。

天地始创万物生命，乃是最大的功德。因此，圣人设卦立象以尽意，并反复强调，"在天成象，在地成形"①，"成象之谓乾，效法之谓坤"②，"法象莫大乎天地"③，"易象"遂之而成为乾坤二卦象合称之名。乾坤二卦象征天地，却不能把乾坤等同于天地，因为乾坤二卦象是象征天地之性能，而非象征天地之"全"。《系辞下》云："乾，阳物也；坤，阴物也。阴阳合德而刚柔有体。以体天地之撰，以通神明之德。"④

1. "生生之谓易"

《系辞上》的第一句话："天尊地卑，乾坤定矣。卑高以陈，贵贱位矣。"⑤ 这句话对于认识乾坤二卦的不同性能、作用以及乾坤二卦的关系非常重要。由于天尊地卑的规定，乾元之阳与坤元之阴的不同性能、作用，是方向一致、相辅相成、优势互补的，把阴与阳说成对立统一规律，不符合实际。正因为如此，"生生之谓易"才用两个"生"字表达"易象"之不同的涵义。"生生"二字重叠字形相同而涵义有别。前一个"生"为大天是生命资始即起源，后一个"生"则是"厚德载物"的大地是生命的资"生"，即生命养育的根基。这才符合"天行健"与"地势坤（顺）"的相辅相成关系。

乾卦的彖辞是：元，亨，利，贞。《彖传》解释曰：

> 大哉乾元，万物资始，乃统天。云行雨施，品物流行。大明终始，六位时成。时乘六龙以御天。乾道变化，各正性命，保合大和，乃利贞。首出庶物，万国咸宁。⑥

坤卦的彖辞是：元，亨，利牝马之贞。《彖传》解释曰：

> 至哉坤元，万物资生，乃顺承天。坤厚载物，德合无疆。含弘广大，品物咸亨。牝马地类，行地无疆，柔顺利贞。君子攸行，先迷失道，后顺得常。⑦

"大哉乾元，万物资始""至哉坤元，万物资生"，说明万物生命之"始"与万物生命之"生"，皆不是乾元之阳气与坤元之阴气直接产生的结果，而是由乾元之阳与坤元之阴提供资源，资助其"始"其"生"。因此，"生生之谓易"的前一个"生"是生

① 杨天才、张善文译注：《周易》，第 561 页。
② 杨天才、张善文译注：《周易》，第 571 页。
③ 杨天才、张善文译注：《周易》，第 595 页。
④ 杨天才、张善文译注：《周易》，第 626 页。
⑤ 杨天才、张善文译注：《周易》，第 561 页。
⑥ 杨天才、张善文译注：《周易》，第 6 页。
⑦ 杨天才、张善文译注：《周易》，第 28 页。

命的起源，而后一个"生"则是大地为生命的养育、成长提供时空环境。因此，把"生生"解释为生而又生、进而又进等意义，已经不符合它的本义，至多是后来的衍变之义。

2. "天地絪缊，万物化醇；男女构精，万物化生"

《系辞下》的以上两句话，继续在谈生命的起源，并且与生命的具体产生加以联系、比较。"生生之谓易"是把"乾元"与"坤元"对生命起源的"职司"分开来谈，乾元"资始"而坤元"资生"，把二者的"职司"结合在一起谈生命的起源。那就是"天地絪缊，万物化醇"。所谓"天地絪缊"是阴阳二元气互动相摩而化生万物之"醇"。醇，本义是酒的味道，味醇厚芳香。在这里与"精气为物"的"精"字意义相通，因此"醇"可以解释为"生命原质"或"生命原型"，与"男女构精"所产的生命不能相等同。前者抽象、概括，是一种象征意义；后者比较具体，可以直觉观照。当然，所谓"具体"，也是一种精神的具体而非现实的具体。同时，生命起源是一个非常漫长而条件复杂的历史过程，是"男女构精，万物化生"的过程无法比拟的。正如《系辞上》所描绘的："是故刚柔相摩，八卦相荡，鼓之以雷霆，润之以风雨；日月运行，一寒一暑，乾道成男，坤道成女。"①

3. "易象"乃是"易之门""易之缊"

易象作为周易六十四重卦之首，地位非常重要。它不仅象征、申明天地自然是人的生命的根源与养育成长的时空环境根基，更是整个人生进化、发展，人之成为人的根本推动力。《系辞下》云：

　　"乾坤，其《易》之门邪？"乾，阳物也；坤，阴物也。阴阳合德而刚柔有体。以体天地之撰，以通神明之德。②

以上这段引文显然是说乾坤二卦是整个六十四卦的门户关键，阴阳二元气互动合和而创造出大地上有形有体的万物生命，充分体现天地的创造伟力。阴阳作为生命创造的根本动力，直通人类精神文明的创造，因此，《系辞上》才云：

　　乾坤，其《易》之缊邪？乾坤成列，而《易》立乎其中矣。乾坤毁，则无以见《易》。《易》不可见，则乾坤或几乎息矣。③

---

① 杨天才、张善文译注：《周易》，第 561 页。
② 杨天才、张善文译注：《周易》，第 626 页。
③ 杨天才、张善文译注：《周易》，第 600 页。

总之，阴阳二元气作为万物生命的起源与养育的根本动力，也贯穿于人的生命活动过程之中，成为人生繁衍、进化、可持续发展的总开关，也是易卦成列所涵盖的意义之根本。《说卦》载："昔者圣人之作《易》也，将以顺性命之理。是以立天之道曰阴与阳，立地之道曰柔与刚，立人之道曰仁与义。兼三才而两之，故《易》六画而成卦。分阴分阳，迭用柔刚，故《易》六位而成章。"① 天地人"三才"之道，从根本上说，都是"一阴一阳之道"，只是阴阳二元气互动相推而形成的动变运行，在天、地、人三大领域表现为不同的形态而已。因此《系辞上》才认为："乾坤，其《易》之缊邪？乾坤成列，而《易》立乎其中矣。乾坤毁，则无以见《易》。《易》不可见，则乾坤或几乎息矣。"②

《系辞下》云："天地之大德曰生，圣人之大宝曰位。何以守位？曰仁。何以聚人？曰财。理财正辞，禁民为非曰义。"③ 把天地之大德与圣人之大宝相提并论，可见圣人立天之道、立地之道、立人之道的重大意义。天、地之道虽称谓不同，都是自然之道，都是天地自然的客观规律，而人道既来自天地自然之道，又不是消极地依赖自然之道，而是超越自然之道，主动发挥人的创造精神。人道的"仁"与"义"两个方面不是客观规律，而是人的生命精神。人的生命精神活动，不能"无为"地依赖天地自然，而是要充分认识、利用自然规律，并与人生的根本目标紧密结合而构建人道秩序，向人生的更高阶段的文明不断地攀升。

二　人的生命活动与动物的生命活动的本质区别

（一）人的生命活动与动物生命活动之比较

马克思在他的早期著作《1844 年经济学哲学手稿》一书中，以"生命活动"为核心词语，以有无意识与是不是"类的存在"二者论述人的生命活动与动物的生命活动的本质区别。马克思说："动物是和它的生命活动直接统一的。它没有自己和自己的生命活动之间的区别。它就是这种生命活动。人则把自己的生命活动本身变成自己的意志和意识的对象。他的生命活动是有意识的。这不是人与之直接融为一体的规定性。有意识的生命活动把人跟动物的生命活动区别开来。正是仅仅由于这个缘故人是类的存在物。换言之，正是由于他是类的存在物，他才是有意识的存在物。也就是说，他

---

① 杨天才、张善文译注：《周易》，第 648 页。
② 杨天才、张善文译注：《周易》，第 600 页。
③ 杨天才、张善文译注：《周易》，第 606 页。

本身的生活对他说来才是对象。只是由于这个缘故他的活动才是自由的活动。"①

　　"类的存在"就是社会存在。《1844 年经济学哲学手稿》是马克思早期著作，"类的存在"是沿袭流行的说法。后来在《德意志意识形态》一文中就改为"社会存在"。马克思说："意识一开始就是社会的产物，而且只要人们还存在着，它就仍是这种产物。"② 他还说："人的本质不是单个人固有的抽象物。在其现实性上，它是一切社会关系的总和。"③ 可见，人的内在本质并不是由其个体的生命活动所决定的，而是由人的社会关系、社会存在所决定的。人的内在本质是由人的社会意识与社会性两个方面构成的，而社会关系的总和，乃是人的本质"现实性"的外在表现。所谓生命意识、对象化意识，都是社会意识，而不是黑格尔所说的"自我意识"。

　　从以上马克思对人的生命活动与动物生命活动本质区别的论述来看，《周易》所表达的生命意识还是很高明的。一方面，认识到自己的生命活动与万物活动同根同源；另一方面又深刻认识到，人的生命活动与万物生命较高阶段的动物生命活动又有本质区别。《序卦》云：

　　　　有天地然后有万物，有万物然后有男女，有男女然后有夫妇，有夫妇然后有父子，有父子然后有君臣，有君臣然后有上下，有上下然后礼义有所错。④

　　以上引文论述了人之为人与动物的根本区分的分水岭，其最为明显的标志就是人"有夫妇"，自此，人的生命活动才真正与动物生命活动分道扬镳。

　　因为人类进入原始社会之初，虽然生命可以立身行走，但仍延续群婚之习惯，人只知其母而不知其父，没有形成伦理关系，更谈不上社会关系。只有改掉群婚的劣习，实行"有夫妇"的专婚制，才能形成父子相传承的伦理关系。因而，《易传》认为，只有实行名正言顺的"夫妇"之制，才有父子相传、有家庭尊卑贵贱的伦理关系，进而形成君臣上下的政治等级关系。《序卦》只提到伦理关系、政治等级关系，而没提人的经济关系，对社会关系的认识并不健全。其实，《易传》之《系辞》多次提到圣人治国理政，从不忘记人的经济关系。《系辞下》云："圣人之大宝曰位，何以守位？曰仁。何以聚人？曰财。理财正辞，禁民为非曰义。"⑤ 作为人道的仁与义"两仪"，说的正是圣人管理、调控国家的政治关系与经济关系。《系辞上》谈圣人的职司，总是不

---

① ［德］马克思：《1844 年经济学哲学手稿》，人民出版社 1979 年版，第 50 页。
② 《马克思恩格斯论艺术》第 1 卷，中国社会科学出版社 1982 年版，第 159 页。
③ 《马克思恩格斯选集》第 1 卷，人民出版社 1972 年版，第 18 页。
④ 杨天才、张善文译注：《周易》，第 675 页。
⑤ 杨天才、张善文译注：《周易》，第 606 页。

忘"盛德"与"大业"两个方面，"富有之谓大业，日新之谓盛德"①。"夫《易》，圣人所以崇德而广业也。"②《易传》充分认识到人类的社会关系主要是政治关系与经济关系两个方面。人的生命活动，是在复杂的社会关系中进行并且有人的社会意识进行导引、调节，有序地活动，这就是"礼义有所错"，与动物只凭自己的体力本能而活动有了本质的区别。总之，人的生命活动与动物生命活动的本质区别就在于人已经进入人生的社会大门，成为社会存在。人的生命活动是在复杂的社会关系中进行的，因而产生了社会性和社会意识；社会性与社会意识决定了人的本质。

（二）"有夫妇"——人的生命之"始生"

正是以上原因，《易传》非常重视"夫妇"关系的建立。《周易》六十四重卦，有四卦专门论述婚姻嫁娶与夫妇关系的。

第三十一卦"咸"（艮下兑上）与第三十二卦"恒"（巽下震上），都是专门论述夫妇关系的。"《彖传》曰：咸，感也。柔上而刚下，二气感应以相与。止而说，男下女，是以'亨利贞，取女吉'也。天地感而万物化生，圣人感人心而天下和平。观其所感，而天地万物之情可见矣。"③ 所谓"咸"就是"感"字，即指男女相互感应而产生情爱。所谓"二气感应以相与"，就是阴阳二气相摩互动交感相融，这显然是指夫妇相互感应而交媾。并且"相与"而和，相"止（节制）"是说，即使夫妇交媾是很快乐的，也需要节之以"礼义"。

紧接"咸"后是"恒"。《彖传》载："恒，久也。刚上而柔下。雷风相与，巽而动，刚柔皆应，恒。'恒亨无咎利贞'，久于其道也。天地之道恒久而不已也。'利有攸往'，终则有始也。日月得天而能久照，四时变化而能久成。圣人久于其道而天下化成。观其所恒，而天地万物之情可见矣。"④ 这是说天地之道与人伦之道是一体的。圣人久于观照天地之道，才感知体会天地化生万物生命的道理。夫妇关系也应像天地之道那样恒久，不可朝三暮四。《序卦》曰："夫妇之道不可以不久也，故受之以《恒》。"⑤ 总之，"咸""恒"二卦都提倡夫妇爱情要贞固恒久，要合乎"礼义"。

第五十三卦是"渐"（艮下巽上），也是讲夫妇关系的。"渐"，进也。但不同于一般的进，而是渐进、缓进，有序地进，就是要按照礼义所规定的程序而进。渐卦卦辞曰："渐：女归吉，利贞。"⑥《彖传》曰："渐之进也，女归吉也。进得位，往有功也。

---

① 杨天才、张善文译注：《周易》，第 571 页。
② 杨天才、张善文译注：《周易》，第 575 页。
③ 杨天才、张善文译注：《周易》，第 282 页。
④ 杨天才、张善文译注：《周易》，第 291 页。
⑤ 杨天才、张善文译注：《周易》，第 675 页。
⑥ 杨天才、张善文译注：《周易》，第 461 页。

进以正，可以正邦也。其位刚得中也。止而巽，动不穷也。"① 这是说，"渐"之进，能做到像"女归"那样稳妥有序则吉。"进得位"，指阴阳二爻各位其位。（初、三、五为阳；二、四、上为阴）渐卦取象婚姻嫁娶系统之群象，而爻象是"鸿"，即取象于鸿雁，象征婚姻爱情。各爻象系辞如下："初六，鸿渐于干。"② "六二，鸿渐于磐。"③ "九三，鸿渐于陆。"④ "六四，鸿渐于木。"⑤ "九五，鸿渐于陵。"⑥ "上九，鸿渐于陆。"⑦ 六爻之象是什么意义，这里无须细说。只说明六爻皆取鸿之象，由于这一生命之象处于不同的时间地点，象征夫妇关系中各自应具有的言论和态度。总之，从订婚、嫁娶到夫妇结合，形成家庭，都要遵照"礼义"程序进行。守礼则吉，违礼则凶。

　　紧接渐卦之后是"归妹"（兑下震上）《序卦》云："渐者，进也。进必有所归，故受之以《归妹》。"⑧ 此卦也是讲婚姻嫁娶和夫妇关系的。但与前三卦"咸""恒""渐"不同。前三卦的卦辞都是或吉或利，都很好。而"归妹"却是凶卦，其卦辞曰："归妹：征凶，无攸利。"⑨ "归妹"是兑下震上相重之卦。从卦象看，兑下震上，"说以动"。"说以动"，就是快乐而互动，显然是指男女交欢而互动。但动不当而过分就不符合"礼义"，就会变得不吉利。"归妹"的六爻中，二、三、四、五，都不在正位，初与上虽位正，却是阳在阴下，其实也不算正。"归妹"卦，下体是"兑"，"兑"是少女；上体是"震"，"震"是长男。少女在长男之下，少女从长男，这样的"说以动"，是男女之情胜过夫妇之义，也不符礼教之观念。"归妹"概念，还隐含一个历史典故，即"帝乙归妹"。帝乙是帝辛（纣王）之父，曾把自己的妹妹屈尊嫁给臣下作娣。商王朝规定：诸侯一人可以娶九女为自己的妻妾。其中女方还可把自己的妹妹或侄女随嫁同一个诸侯，妹妹称娣，侄女称姪，但地位很低。正妻称为嫡夫人，姪、娣、媵都是随嫁之女，必须从夫从嫡夫人。这是礼制，不能违反。出身高贵的"帝乙归妹"却要随嫁作娣，是很不光彩之事。归妹卦六五爻辞曰："帝乙归妹，其君之袂不如其娣之袂良。"⑩ 即说，娣之衣冠华丽超过嫡夫人，就有夺嫡之嫌，而夺嫡违礼必凶。

　① 杨天才、张善文译注：《周易》，第 461 页。
　② 杨天才、张善文译注：《周易》，第 462 页。
　③ 杨天才、张善文译注：《周易》，第 463 页。
　④ 杨天才、张善文译注：《周易》，第 464 页。
　⑤ 杨天才、张善文译注：《周易》，第 466 页。
　⑥ 杨天才、张善文译注：《周易》，第 467 页。
　⑦ 杨天才、张善文译注：《周易》，第 468 页。
　⑧ 杨天才、张善文译注：《周易》，第 676 页。
　⑨ 杨天才、张善文译注：《周易》，第 469 页。
　⑩ 杨天才、张善文译注：《周易》，第 475 页。

（三）"礼义有所错"——文化思想是调和社会关系的凝聚力

以上"咸""恒""渐""归妹"四卦，可以清楚地看到"礼义"在古代婚姻嫁娶和夫妇关系中的重要作用。"礼义"不仅调和夫妇关系，也是调和整个社会关系的凝聚力。"礼义"是什么？"礼义"即礼法等级制度、道德规范、仁义观念，一言以蔽之，即文化思想，文化精神。"礼义有所错"，就是文化思想渗透在各种社会关系、各种政治制度以及道德规范中起调节、凝聚作用，因而使社会统一有序。人是社会存在，人有社会意识，人的生命意识是对象化意识，一端与生命个体相连，另一端与社会相连，人性是个性与社会性的统一，因此人的本质不是个体生命活动的抽象，而是人的社会性与生命意识的统一。人的本质不是自然生长的，而是文化教育的成果。《周易》非常重视文化。中国古代"文化"概念的含义即文明教化之义。贲卦的《象传》云："贲亨（亨为衍字），柔来而文刚，故亨。分刚上而文柔，故小利有攸往。刚柔交错，天文也。文明以止，人文也。观乎天文，以察时变；观乎人文，以化成天下。"[1]"柔来而文刚"即阴爻居于乾刚中，变乾为离，文饰乾刚，讲天文。人文，是"文明以止"；"止"即节制、调节，此处是教化之义，意为人类文明靠文化教育得来。古代的"天文"就是天象，时空景观。人文即"人文化成"的一切。"观乎天文，以察时变；观乎人文，以化成天下"这是中国古代文化概念形成的雏形。文化是有生命的，文化生命是在人类生命活动的历史过程中形成发展的。文化生命已经扬弃生命个体而使个体生命意识融于人类普遍意识之中，因此文化生命意识是普遍的，永垂不朽。

三　人的生命活动的哲学解读

《周易》一书的生命意识形态，大约经过六百年的历史过程、发展、衍化、提升而成为生命哲学思想。这是春秋晚期孔子解读《周易》所形成的《易传》之易论。孔子之易论，是对春秋以来他的前辈们的生命哲学思想之集大成，并发展成为系统的生命哲学思想，也是中国古代学术思想史上最早的研究成果。孟子说："孔子，圣之时者也。孔子之谓集大成。集大成也者，金声而玉振之也。金声也者，始条理也；玉振之也者，终条理也。"[2]孟子用礼乐教化之声象来形容孔子对中国古代学术思想发展的巨大贡献。孔子《易传》的生命哲学思想很丰富，因本文文字所限，不能详述，只能提纲挈领式述要。

---

① 杨天才、张善文译注：《周易》，第 207 页。
② （清）焦循撰，沈文倬点校：《孟子正义》，中华书局 2017 年版，第 557 页。

（一）人道——人的文化生命活动之道

人的生命活动，既是生命机体又是生命精神，机体活动与精神活动有机联系构成人的生命活动整体。人的生命精神活动与生命机体活动，理论上可以分说，实际上却不可分割；分割了生命也就不存在了，何谈生命活动！人的生命精神活动不仅是生命机体的，而生命机体活动总是有意识的，是在人的意识目的引导之下进行的，生命机体活动也不可能没有生命精神表现。总之，人的生命活动是身心一体的，绝对不可割裂开来。人的生命机体活动与人的生命精神活动，可以分说，可以偏重，但绝不可以偏废。如说人有脑力劳动与体力劳动、精神生活与物质生活的区分，却不能把二者截然割裂开来，因为它们都是人的生命活动整体。

人的生命活动本来与动物同根同源，但由于进化、发展，原始人类这一生命群体逐渐形成社会，人成为社会存在，并产生社会意识。社会意识与社会存在互为因果的辩证发展，终于使人的生命活动走上文明发展之路，使人的生命活动与动物的生命活动有了本质区别。这种区别的根本标志，就是人创造了属于自己的文化。

文化，是"人的本质力量对象化"（马克思语）的根本标志，改变了人与自然的根本关系：人的生命活动不再是"无为"，不再是跟随自然规律随波逐流，而是强调人生命活动之"有为"，即荀子所说"化性而起伪"①。"伪"者，人为也，与道家的"自然无为"相对立。荀子针对人性恶的方面而提出"善者伪也"②。他的《礼论》载："性者，本始材朴也；伪者，文理隆盛也。无性则伪之无所加，无伪则性不能自美。"③也是人性从恶向善，从"朴"有"文"而为"美"。这是礼乐教化的结晶，是人的有为的文化化成的。人有文化，才有"人化的自然"（马克思语）之谓，从而人创造了"第二自然"，即人的衣、食、住、行等社会物质存在。人有文化，才有"自然的人化"（马克思语）之谓，才有人的精神产品的创造。马克思说："从理论方面来说，植物、动物、石头、空气、光等等，部分地作为自然科学的对象，部分地作为艺术的对象，都是人的意识的一部分，都是人的精神的无机自然界，是人为了能够宴乐和消化而事先准备好的精神食粮。"④

人，因文化才有属于自己的生命活动运行之道。《易传》的《系辞》与《说卦》都提到圣人作《易》为天道、地道、人道命名之事。"昔者圣人之作《易》也，将以顺性命之理。是以立天之道曰阴与阳，立地之道曰柔与刚，立人之道曰仁与义。兼三

---

① 方勇、李波译注：《荀子》，中华书局 2011 年版，第 379 页。
② 方勇、李波译注：《荀子》，第 375 页。
③ 方勇、李波译注：《荀子》，第 313 页。
④ ［德］马克思：《1844 年经济学哲学手稿》，第 49 页。

才而两之，故《易》六画而成卦。分阴分阳，迭用柔刚，故《易》六位而成章。"①"顺性命之理"的"性"是人性，"命"是天命。天命属于天道，天命是天道中职司人性的生成和人寿命运的职能。《中庸》提出的"天命之谓性，率性之谓道"②，讲的正是人道，说明人的生命活动、人性的形成、人的寿命之生死，都是受天命人道动变运行的制约与规定。由此可见，圣人设卦立道说明人道的由来与动变运行特征。因为天地人三才一体，天道、地道、人道为阴阳二元气所贯通。天道与地道虽然有"象"与"形"的不同，但其本质是自然的客观规律。人道虽然根源于天地自然，但经过进化、发展的漫长过程，人道已经发生质的变化。天地自然之道动变运行功能产生巨大物质力量，而人道的动变运行功能同样可以产生巨大的物质力量。而这种物质力量不是物质运动自发的，而是通过人的思维意识、文化精神创造的物质力量，是"人的本质力量对象化"（马克思语）的结果，与自然物质力量有本质区别，可直接视为人道的巨大精神力量。人道的文化创造是人道超越自然之道的主要标志。

（二）人生——有史可考有理想供追求

人的生命活动与动物的生命活动都是现实存在。但是，人不仅有精神与智慧，还有现在、过去与未来。亦即《系辞》的"神以知来，知以藏往"③，"彰往而察来，而微显阐幽"④，人的生活不仅享受现在，还可享受历史与未来。历史可供人们反观、回忆，吸收历史经验有益于现实行动，展望未来的理想，可以体验更美满的精神生活，并引导人们不断追求、进取。"高山仰止，景行行止"⑤，虽不能至，心向往之。有理想有信念，是中华民族从古至今不断前进的精神动力。

1. 中华民族"儿童时代"的社会理想

乾坤二卦之后是屯、蒙、需三卦。《序卦》云："屯者，盈也。屯者，物之始生也。物生必蒙，故受之以《蒙》。蒙者，蒙也，物之稚也。物稚不可不养也，故受之以《需》。需者，饮食之道也。"⑥"屯"有二解：一是"盈"，是女性怀孕之象；二是出生于世即"始生也"。"蒙"者，是蒙昧不明，生命很幼稚。因此"饮食之道"尚不能自食其力，需要父母或他人供养。这种状态的人与动物没有本质区别。暗示人的生命是从动物进化而来的。

从"屯"卦开始至蒙、需、讼、师、比、小畜、履、泰、否共十卦。这连续的十

① 杨天才、张善文译注：《周易》，第648页。
② 王国轩译注：《大学 中庸》，中华书局2016年版，第56页。
③ 杨天才、张善文译注：《周易》，第592页。
④ 杨天才、张善文译注：《周易》，第626页。
⑤ 周振甫译注：《诗经译注》，第339页。
⑥ 杨天才、张善文译注：《周易》，第671页。

卦是对中华民族儿童时代的描述——家庭、私有制、礼法、军队等国家建制已经产生，但尚不健全，属于人类社会原始阶段。圣人作《易》，为这个原始社会初级阶段设卦立象以尽意。"饮食之道必有讼"，因而设立礼法机构，"理财正辞，禁民为非"①，主持人道正义。"饮食之道"还可能引起更大争夺，即域外的族群来抢夺，因而要建立军队——"师"加以反击与防止。师即众、兵，是关于战争的论述。远古时代没有专门的军队，而是农兵合一，平时的农民在战争中便成为拿起武器且有纪律的军队。师卦之后是关于社会关系的比卦，主要讲君臣上下、领导与被领导的关系，强调君臣上下关系要亲近密切。比卦之后是小畜卦。小畜（☰乾下巽上），畜，聚也；小畜就是小聚饮。小畜卦六个爻，只有一爻为阴爻，居六四位，其余五爻都是阳爻。按照《周易》天尊地卑、男尊女卑的价值观认为，一女畜养五男，是"以小养大"，因为女卑是小，男尊是大。笔者认为这样解释很牵强。第一，《周易》所立"屯"至"否"卦的十个卦取象都不是周王朝之事，而是人类原始社会的"童年时代"，周王朝距此是一个漫长的历史过程；第二，小大不能与尊卑相等同，伦理关系中不仅有尊卑，还有敬老爱幼一项；第三，"小畜"之后还有"大畜"一卦，讲国家政府养贤用能、畜聚人才的问题。因此，小畜卦讲家庭畜养人才问题，其规模和人数比国家大畜小多了，所以称为"小畜"。而且人类原始社会的童年时代是母系社会，人只知其母，不知其父，母亲是一家之尊是毫无疑义的。不能把阴与阳一律解释为小和大的关系。

乾坤二卦之后的六十二卦的次序，不是任意的、偶然的，而是按照人的生命活动辩证发展的逻辑次序排列的。"自乾坤二卦往下安排，大体上有一个发展的脉络可见。乾坤反映天地自然的初始，自然界先于人类产生，屯蒙讲天地间万物与人类之初生。有人物便出现养的问题，故有需；有需有养便有争。争的结果产生讼。较大的争执要用战争解决，所以讼卦之后是师卦。对于该争取又能争取的力量，则必须加以团结亲比，故有比。小畜以生聚，履以辨治。接着是泰。泰是《易》作者心目中最理想时代，是上古社会的极治，大概相当于尧舜时代。泰过而否，否过而泰，自此而后的历史一乱一治的发展，而真正的、理想的泰似乎不会再来了。"② 一卦象征一个时代，一卦的六爻象征各个不同的发展阶段。因此，从屯卦到泰卦象征着中华民族初创的原始社会漫长的历史过程，亦即历史传说中的三皇五帝时代。这便是中华民族的"儿童时代"。

人类社会进化发展已草创出来，但还很不完善，人身的进化亦尚未完成，中国古老传说中的伏羲、女娲兄妹还是人首蛇身，而神农则是牛首人身。黄帝始进入人类文明时代。黄帝为五帝之首，开始"垂衣裳而治"，才成"冠带之国"，发明创造衣食住

---

① 杨天才、张善文译注：《周易》，第 606 页。
② 金景芳、吕绍纲：《周易全解》，吉林大学出版社 1989 年版，第 108 页。

行的各种技术、工具、器物。特别是创造了艺术——乐及乐器，等等。五帝时代大约经过二三百年，最后进入尧舜时期，天下太平，君民上下和乐融融。这就是泰卦（乾下坤上）所象征的景象。

  《彖》曰："泰，小往大来。吉，亨。"则是天地交而万物通也，上下交而其志同也。内阳而外阴，内健而外顺。内君子而外小人，君子道长，小人道消也。①

  这是天地亨通、阴阳调畅、万物遂生、人间安和、天地人圆融美满的理想境界。泰卦所象征的意义强调，圣人治理天下，应顺应天时地利人和的发展趋势，秉持"天下为公"的理念，才能实现泰卦所象征的理想境界。尧、舜身居"大宝"之帝位，却一心为公、勤政爱民，年老时主动让贤，通过"禅让"的方式选贤任能，把帝位传承下去，而不把自己所居之位传给自己的儿子，因而赢得人们的赞颂与崇敬。禹是舜帝禅让的继承者。禹作为舜帝朝政的大员，治水有功，三过家门而不入，的确有勤政爱民之心，舜把帝位让给他，是选贤任能的结果，无可非议。但禹到终老时却抛弃了尧舜禅让的好传统，把帝位传给自己的儿子启，从此开启了"家天下"的"私权"的后门，给后代留下一大遗憾。禹把"公权"变成"家私"，完全否定禅让的优良继承方式，是功是过——是非很明白，亦即圣人在泰卦之后设否卦的意义。否（坤下乾上）卦的《象传》云："'否之匪人，不利君子贞，大往小来。'则是天地不交而万物不同也，上下不变而天下无邦也；内阴而外阳，内柔而外刚，内小人而外君子，小人道长，君子道消也。"②

  我们如此解读泰卦与否卦的关系与意义，并非空论臆说，而是有一定的历史依据。在《论语》中，孔子政治上反对世袭，主张任人唯贤，赞美尧舜禅让。对于中国古代三皇五帝与上古三代夏商周等众多圣贤人物中，最推崇的是尧、舜与周公三人。因为他们都是长治久安的缔造者。他们交接传承政权不靠武力镇压，掌权后"为政以德"，实施"礼乐教化"。因此，孔子对尧舜很崇拜，他曾说："大哉尧之为君也！巍巍乎！唯天为大，唯尧则之。荡荡乎，民无能名焉。巍巍乎其有成功也，焕乎其有文章！"③孔子聆听舜乐《韶》感动得"三月不知肉味"，认为《韶》"尽美"又"尽善"，赞美舜的政治业绩完美无缺。尧、舜传承帝位唯贤不唯亲，突破血统开创禅让的方式表现出"天下为公"精神，因而成为孔子最推崇的圣人，而不是黄帝、禹、汤王、文王、武王。

---

① 杨天才、张善文译注：《周易》，第116页。
② 杨天才、张善文译注：《周易》，第126页。
③ 杨伯峻译注：《论语译注》，中华书局2006年版，第83页。

　　2. 人生有史可考，可以反观

　　人的生命活动区别于动物生命活动另一个重要标志，就是人有历史。历史记载人的生命活动所发生的往事，通过文字、符号、图画、音乐、曲谱等书写书册，刻画在器物、山石之上，或埋入地下墓穴之中，可以恒久地保存、流传，可以供后来人反观、回忆、思考，开阔人生精神生活的天地。听听先生、艺人演讲的历史故事、人物传奇，看看艺术家表演的反映历史的话剧、歌剧，听听艺术家演奏的历史名曲，不仅拓宽丰富了精神生活，也获得了美感享受。历史的主要功能是加深对人生的认识，总结经验吸取教训，从而作为继续前进的镜鉴，而不是引导人生走回头路。要知道：历史是人生的起点而不是人生的归宿。《周易》虽不是史书，也不是艺术，而是西周王朝的意识形态。但要读懂《周易》一书，确实与历史密切相关，阅读的方法也与艺术审美很接近。《周易》一书也出现许多历史人物和历史事件的记载，如三皇五帝及夏商周三代的王、臣，及其发明创造。再如"高宗伐鬼方""帝乙归妹""汤武革命"等历史事件。这只是历史事件、历史典故的简单概括，而非历史事实、过程的记载与描述。《周易》六十四重卦所系统表达人的生命活动之意义，既非圣人的凭空想象，亦非空对空所产生的思想理论，而是在历史事实启发下产生的。这个历史事实就是中华民族从人类"童年时代"进化、发展而进入"文明时代"的漫长历史过程。《易》的六十四卦成列所象征的生命意识辩证发展系统，正以此漫长的历史发展过程为事实背景。正如东汉大学者蔡邕说："书乾坤之阴阳，赞三皇之洪勋。叙五帝之休德，扬荡荡之典文。纪三王之功伐兮，表八百之肆勤。传六经而缀百氏兮，建皇极而序彝伦。综人事于晻昧兮，赞幽冥于神明。象类多喻，靡施不协。上刚下柔，乾坤之位也。新故代谢，四时之次也。圆和正直，规矩之极也。玄首黄管，天地之色也。"①

　　作《易》的圣人用六十四个重卦，有序地排列起来，为中华民族从"儿童时代"进入"文明时代"这段漫长历史"立象以尽意"，把自己的"心意"（思维意识）表达出来。很显然，圣人思维意识的表达不是艺术创作，也不是历史过程的纪实、描写，而是用"立象以尽意"进行含蓄的象征与概括表达。如用具体描述的方法则无法表现这一漫长的过程。要解释中华民族的进化与发展，首先是中华民族的由来。圣人设乾坤二卦，位列六十四卦之首。乾坤二卦是天地性能（阴、阳元气）的象征，是万物生命起源与生养的时空环境根基。先有天地，然后才有万物生命的具体诞生。圣人"立卦以尽意"之"意"，有的系以文辞说明，有的则暗含卦象之中，让读者自己领会并体验。例如，人与天地自然的关系、人与万物生命同根同源、人来自动物的进化等，这些都无文字说明而是暗含在卦象中，让人们去体会、领悟，人们也完全可以体会、领

──────────

　　① （清）严可均辑：《全后汉文》，商务印书馆 1999 年版，第 713 页。

悟。乾坤仅仅两个卦象，含义却如此深厚、广博。要知道，一个卦象就象征一个时代，一个爻象则象征一个时代的变化阶段。把六十四卦象有序地联系起来，将象征多么漫长的历史过程。所以，不要用自然的因果必然性来解释卦与卦之间的关系，而是要抓住关键性的两卦之关系，解释历史动变的关键历程。因为六十四个卦相联系的卦与卦之间都是动、变关系。而且这关系抽象、概括，离历史实际很疏远，许多已无法知道其历史事实依据。只好抓住几对关键性的卦说明大略。除乾坤，只有泰与否、革与鼎、既济与未济，是发展过程中三对关键性的卦。

泰与否，是否定泰的原始共产主义的"天下为公"及其禅让传统，而肯定家庭私有制与"家天下"，从而肯定了私有制与"家天下"的合法地位。

革与鼎，是革故鼎新，肯定了汤王以武力推翻夏桀腐败的"家天下"并取而代之，建立新的"家天下"即商王朝政；肯定武王伐纣并取而代之建立新的"家天下"，"汤武革命，顺乎天而应乎人。革之时大矣哉"①。孔子是肯定"汤武革命"符合历史发展潮流的。

既济与未济是《易》的总结论。既济与未济的关系象征人类社会发展的辩证关系：既济过程的结束正是未济的开始，"物不可穷"。

（三）自律——人的生命精神修养

人的生命活动，既是生命机体又是生命精神，机体活动与精神活动有机联系、身心合一是人的生命活动整体。人的生命精神活动和生命机体活动，理论上可分说但实际上却不可分割。因为人的生命精神是不能离开生命机体的，而生命活动是有意识的，是在人的意识目的引导下进行的，机体活动也不能没有人的精神表现。因此，人的生命机体活动与人的生命精神活动可以偏重，却不可以偏废。如说人有脑力劳动与体力劳动的区分，有物质生活与精神生活的区分，但二者不能截然分开，各自独立，因为它们同属于人的生命活动整体。下面要说人的生命修养，就是对人的生命精神活动的偏重，并不意味生命机体活动根本不参与。

1. 人的道德实践修养

乾坤之后的六十二卦很多都论及人的道德实践修养。孔子很重视人的道德实践修养，从六十二卦中选出九卦加以系统论述。《系辞下》载：

> 是故《履》，德之基也；《谦》，德之柄也；《复》，德之本也；《恒》，德之固也；《损》，德之修也；《益》，德之裕也；《困》，德之辨也；《井》，德之地也；

---

① 杨天才、张善文译注：《周易》，第429页。

《巽》，德之制也。《履》和而至，《谦》尊而光，《复》小而辨于物，《恒》杂而
不厌，《损》先难而后易，《益》长裕而不设，《困》穷而通，《井》居其所而迁，
《巽》称而隐。①

　　孔子对以上九卦之论，可以说明道德实践训练的系统性。"履"（兑下乾上），其
象就是礼教，道德之践行。"履"是道德践行基本出发点。谦（艮下坤上）即谦让，
有功而不居，有德而不自满，是品德修养的关键。谦卦的《象传》云，"谦，尊而光，
卑而不可逾，君子之终也"②，是君子终身都应该坚持的。"复"（震下坤上）即反复，
此处是反省之义。道德修养主要靠自己进行内在的反省，坚持自己已有的善性，防止
外在的不道德行为的影响，这是道德修养的最根本方法。复卦的彖曰："'反覆其道，
七日来复'，天行也。'利有攸往'，刚长也。复，其见天地之心乎。"③ 强调自己内心
的重要作用。"恒"（巽下震上），其义就是恒久贞固。道德是操守、原则，不可朝令
夕改，要靠恒心固定之。恒卦象曰："天地之道恒久而不已也。'利有攸往'，终则有始
也。日月得天而能久照，四时变化而能久成。圣人久于其道而天下化成。"④ "损"（兑
下艮上）与"益"（震下巽上），是从相反的两个方面谈道德修养：一方面是要不断地
减损、克服不道德行为；另一方面要增益、完善自己的道德品质。"困"（坎下兑上），
是困难、困境之义。有没有道德，在这种困境中最容易辨别。但困境也是历练道德的
最佳环境。困卦象曰："险以说，困而不失其亨，其唯君子乎！"⑤ "井"（巽下坎上），
水井，养人利物，居而不改，故立水井之象，喻人之道德修养当如此。"巽"（巽下巽
上），风象，风之性能为人顺而贵断，是说人之道德行为是发自人之内心，因此人要仔
细思考裁度，以便顺时制宜。
　　道德修养的根本目的是什么？孔子通过对以上九个卦象的解读，得出论述。《系辞
下》载："《履》以和行，《谦》以制礼，《复》以自知，《恒》以一德，《损》以远害，
《益》以兴利，《困》以寡怨，《井》以辨义，《巽》以行权。"⑥《论语》载："礼之用，
和为贵。"⑦ 只有以谦让的精神制礼，才能有求和的行动。人有自知之明，才能有始终
如一的操守。只有如此之初心、恒心，才能主持正义，"为政以德"，仁政爱民，才能
领导人民兴利避害，深入有效地行使自己手中的权力。孔子的道德说教都针对君子而

---

① 杨天才、张善文译注：《周易》，第 628 页。
② 杨天才、张善文译注：《周易》，第 149 页。
③ 杨天才、张善文译注：《周易》，第 225 页。
④ 杨天才、张善文译注：《周易》，第 291 页。
⑤ 杨天才、张善文译注：《周易》，第 412 页。
⑥ 杨天才、张善文译注：《周易》，第 628—629 页。
⑦ 杨伯峻译注：《论语译注》，第 8 页。

言，并不包括"小人"。孔子关于九德修养之论述，一言以蔽之，就是所谓的"尽性"。一方面要不断地自我完善，做一个合格的君子；另一方面，作为君子，应做一个对国家、社会有益的人，做一个毫不利己而专门利人之人。

道德是构成人格的重要方面，是形成高尚的人格精神的基础。道德修养与智慧、情操的修养密切联系在一起，三者才构成全人格。

2. 人的智慧修养

人的智慧修养，主要是靠读书学习、求师问道和在社会活动、生产实践中经验的积累。目的是认识天地自然与社会人生，以便处理好人与自然、人与社会、人与人之间各种复杂关系。

如何进行智慧修养？孔子通过对《易》的解读，领会《易》的意识的基本意义而发挥。《周易》是孔子一生中最为重视的一部书。司马迁说："孔子晚而喜《易》，序《彖》《系》《象》《说卦》《文言》。读《易》，韦编三绝。曰：'假我数年，若是，我于《易》则彬彬矣。'"① 孔子自己也说："加我数年，五十以学《易》，可以无大过矣。"② 在孔子看来，《易》不仅可以学到许多历史知识、天地自然知识，更是修身养性的哲理教科书。所以他才为自己订出读书计划：五十学《易》，要和《易》"彬彬矣"。孔子人生的最后二十年，不仅认真读《易》，以至于"韦编三绝"，还写出系统的述评，即《易传》，对后世产生了深远影响。《系辞上》载：

> 夫《易》，广矣大矣，以言乎远则不御，以言乎迩则静而正，以言乎天地之间则备矣。③
>
> 夫《易》，圣人之所以极深而研几也。唯深也，故能通天下之志；唯几也，故能成天下之务；惟神也，故不疾而速，不行而至。④
>
> 极天下之赜者存乎卦；鼓天下之动者存乎辞；化而裁之存乎变；推而行之存乎通；神而明之存乎其人；默而成之，不言而信，存乎德行。⑤

以上所援引说明，圣人所作的《易》书内容深刻，博大精深。天地自然的运行规律、动变趋向，天下事业之"开务成务"以及"民之故""民之用"，都在圣人考察、研究的视线之内，"化而成之""推而行之""默而成之，不言而信"。天地间凡与人生

---

① （汉）司马迁撰，陈曦、王珏、王晓东、周旻译：《史记》，中华书局 2020 年版，第 2841 页。
② 杨伯峻译注：《论语译注》，第 71 页。
③ 杨天才、张善文译注：《周易》，第 574 页。
④ 杨天才、张善文译注：《周易》，第 591 页。
⑤ 杨天才、张善文译注：《周易》，第 600 页。

相关联的事，圣人都"神而明之"。所以孔子提倡：

> 是故君子所居而安者，《易》之序也；所乐而玩者，爻之辞也。是故君子居则观其象而玩其辞，动则观其变而玩其占，是以自天佑之，吉无不利。①

这段引文出现两个"居"字，其意义是不同的。前一个"居"不是起居的居，而是"居仁由义"的居——守仁而行义，后一个"居"是相对"动"而言的，是"静"的意思。《易》之序指六十四卦的排列之序。六十四卦排列次序的序是"时序"，不是偶然的，而是有意义的。一个卦就是一个时代，具有一个时代的特点，例如否卦是天地隔绝、闭塞不通的时代。处于这样的时代，君子就要俭德辟难，顺时而行，居而安之，静观其变。因而要学习圣人之《易》，"居则观其象而玩其辞，动则观其变而玩其占"②。这样才能不违天命，得天佑之，逢凶化吉，远祸近福。《系辞上》认为，《易》书的智慧是无限大的，具有"不疾而速，不行而至"③的神力。

3. 人的情感陶冶

情操陶冶不同于道德修养、智慧修养，更需要生命整体论的方法，也就是圣人作《易》的方法，仰观俯察，近取诸身，远取诸物的直觉观照与立象以尽意的方法。通过俯仰的直觉观照天地之象，把握天地万物运转变动之理以及万物生命活动之情状，并设卦观象系辞以尽意、以尽情伪。因为人的情感是流动不居的，最能体现生命活动"动""变"之特征。要使人的自然情感陶冶成符合人的道德原则的操守——情操，必须运用能引起情趣的美感形式如古代礼的仪式活动，尤其要运用乐舞艺术活动，这就是先王圣人重视礼乐教化的根本原因。《系辞》认为：天地生养万物生命是默默无闻的，是圣人"立象以尽意"才把天地"生生"之"大德"宣示出来。人们只有通过直觉观照与生命体验的功夫，才能"穷理尽性以至于命"④，才能推究"生命之理"。孔子说，研习圣人之《易》书，要"乐而玩者，爻之辞"，"观其象而玩其辞"，"观其变而玩其占"。⑤ 孔子为什么不说学《易》要认真阅读、刻苦钻研、严肃思考，而说"乐而玩"，一再强调"玩"？实际上，孔子是把自己学《易》的亲身体会与经验告诉大家要"乐而玩"。乐，是情趣、乐趣。孔子读《易》不是来自外、内的理性强制他去做，而是由于《易》的设卦观象系辞的独特形式引起他的兴趣，因此，读《易》是感性自

---

① 杨天才、张善文译注：《周易》，第 565 页。
② 杨天才、张善文译注：《周易》，第 565 页。
③ 杨天才、张善文译注：《周易》，第 591 页。
④ 杨天才、张善文译注：《周易》，第 646 页。
⑤ 杨天才、张善文译注：《周易》，第 565 页。

由而感到快乐。玩，是玩味，反复地体会、品鉴。用现代的话说，孔子是带着浓厚的审美兴趣去读《易》的，决心做到"与易彬彬矣"。"文质彬彬"是人美的表现，由孔子最早提出，表白着自己与《易》的精神融合为一的决心。总之，《易》书不是抽象的认识，不是纯粹的理性，而是理性与感性紧密结合为一体，是"设卦观象系辞"结合的综合体。仅用概念—判断—推理的逻辑思维方法，是窥不到《易》书的堂奥的，必须用直觉观照与生命活动去体验与领会，理性与感性要密不可分地结合在一起。孔子在《系辞上》中说了"书不尽言，言不尽意"①的历史局限性后，立刻设问道："然则圣人之意，其不可见乎？"②然后自问自答说："圣人立象以尽意，设卦以尽情伪，系辞焉以尽其言。变而通之以尽利，鼓之舞之以尽神。"③这句话十分重要，把圣人"立象以尽意"的"意"四个方面的内涵说得很明白。第一，"尽情伪"是表现圣人的情感态度；第二，"尽其言"是表达圣人的理与义；第三，"尽利"是通过爻的适时变化掌控事业发展趋势以趋利避害；第四，"以尽神"，以乐舞表达圣人的精神，因为礼乐教化活动是圣人"设卦观象"中最为重要的"象"。由此可见，圣人"立象以尽意"的"意"是圣人的思想意义、理义观念情感态度等的综合体，是圣人心理意识活动的整体。"尽意"并非单纯的说理言事，也非单纯的情感表现，因此圣人才用"设卦观象系辞"的综合方法以"尽意"。《周易》六十四卦的表现方法含有很大一部分艺术审美表现方法的元素。孔子抱着"乐而玩"的情感态度来读《易》，由于浓厚的兴趣，使他反复玩味、体悟领会，以至于"韦编三绝"，《易》不离手。

以上从三个方面论述了人作为人的人格修养，鲜明地体现了中华民族的自律精神。人只有自律精神，才能走进人类文明的大门，才能处理好人与自然、人与社会、人与人之间的关系。自律精神，代代传承，是中华民族的优良传统，传世之宝。中华民族从小到大，从弱到强，不断地繁衍，不断地扩大，不断地昌盛。从文明发源地一直走到今天，已有五千年的历史行程，却从未中断，这个奇迹值得回忆反思！

（四）"乐天知命"的生死观

人从哪里来，又到哪里去？人的生是什么，死又是什么？人活着有什么意义？这些人生根本问题，作《易》的圣人都明白无误地回答了。《系辞上》记载：

> 与天地相似，故不违；知周乎万物，而道济天下，故不过；旁行而不流，乐

---

① 杨天才、张善文译注：《周易》，第599页。
② 杨天才、张善文译注：《周易》，第599页。
③ 杨天才、张善文译注：《周易》，第599页。

天知命，故不忧；安士敦乎仁，故能爱。①

这段话说的是包括生死在内的人生观。人生是天地自然恩赐下生成、养育的，和万物一样，是在天地之道的相济之下发展的，因此不违反自然规律，"旁行而不流"。人的性命决定于天命，这是不可逆转的客观规律，不必思虑，听天由命而已。"原始反终，故知生死之说；精气为物，游魂为变，是故知鬼神之情状。"② 人之生死，不过是作为物质的气动变转化的一种"情状"。气之聚为"精"，"精气为物"就是人的生命形成产生了；人的生命是可见的可触摸的"物质存在"。"精气"散佚了，就是人的死亡"情状"，是生命之气转化为"游魂"。"游魂"是什么？谁也没见到，更没有触摸到，人云亦云，就算是"游魂"吧。实际上，人之死，其精神随风而去，不知所踪，其机体又回归到"厚德载物"的大地母亲的怀抱。这就是生死循环，"原始反终，故知生死之说"。③

总之，《周易》的生命意识与《易传》的作者孔子，对于万物生命之始终，人之生死，看得很明白，很透彻。人的生命之生与死，都是以气为根本动力。"精气为物"就是精气有机地集聚凝结为人的生命，人的生命活动经过一定的历史过程，其精气凝聚力衰竭，气随之散佚就是死；精气的凝聚力从形成到衰竭，就是生与死相互转化的过程。如同四季运转、昼夜交替，都是自然运行规律，不可违抗。人之生死，是物质气运转化的常理，无须大惊小怪。作《易》的圣人与作《易传》的孔子生死观很明智，很"唯物"，毫无宗教神秘主义色彩。既乐生，也不怕死，对于生与死，皆安然处之。当然，孔子对于生与死的观点还是有区别的，不是道家那种"一生死"——生与死是一回事，无所谓区别。孔子是重生而轻死，因为人的生命对于人生社会是有价值意义的，生命死了，这种价值意义也就失去了。孔子云："朝闻道，夕死可矣。"④ 他认为，有生命可以"成仁"，可以"取义"，为社会人生的"大生命"作贡献。为此，孔子愿意舍弃自己的生命换来社会"大生命"的价值意义。

结束语：生命整体论的思想方法

圣人作《易》也首创了一套生命整体论的思维方式与表现方法。《系辞下》载：

① 杨天才、张善文译注：《周易》，第 569 页。
② 杨天才、张善文译注：《周易》，第 569 页。
③ 周振甫译注：《周易译注》，中华书局 1991 年版，第 233 页。
④ 杨伯峻译注：《论语译注》，第 37 页。

古者包牺氏之王天下也，仰则观象于天，俯则观法于地，观鸟兽之文，与地之宜，近取诸身，远取之物，于是始作八卦，以通神明之德，以类万物之情。①

对于这段话，有人认为不是孔子《系辞下》所原有而是后人增添的，笔者对此也很赞同。但这段话对圣人的直觉观照方式说得很到位，并与孔子的一段话相互补充。《系辞上》载：

然则圣人之意，其不可见乎？子曰："圣人立象以尽意，设卦以尽情伪，系辞焉以尽其言。变而通之以尽利，鼓之舞之以尽神。"②

前一段话说的是圣人直觉观照大地万物，以便"设卦观象系辞"进行思维认识感知；后一段话是圣人"立象以尽意"表达自己的心意。两段话结合起来才成为一个完整的意义："观物取象"以便进行"象思维"，"立象以尽意"以便表达象之含义。这个"意"不是西方心理学所说的意志道德，而是心理意识活动的整体——既有对天地万物感知认识，又有圣人情感态度和价值判断。总之，是圣人的精神表现。这两段话就是对圣人作《易》的思维方式与表现方法的恰当解释。

本文把圣人作《易》的直觉观照感知认识的途径与"立象以尽意"的表现方法称作生命整体论的思想方法，是为了更明显地区别于纯粹理性的科学分析方法。这两种方法是不同的，但又是互补的，并非先进与落后的区别。近现代以来，在"科学万能""全盘西化"的思想影响下，中西方的一些人极力贬低中国古代圣人所创造的生命整体论的思想方法，德国唯心主义哲学家黑格尔甚至说中国人的思维是"儿童思维"，国内有的教授认为这是种"低级思维"，要向西方人的所谓高级思维升级。以生命哲学为理论根基的中医学与中医的实践，已经延续了两三千年，出现了多少著名的医者和中医学理论家，恐怕谁也说不清楚。可是，到了近代竟然有人主张取消中医。可见对中国文化的偏见、谬说，何其多矣！

否定、贬低古代圣人所创造的生命整体论的思想方法，否定、贬低中医学与中医实践的人，大概不知道这种思想方法、这种医学实践，其思想理论是来自《周易》的生命意识与春秋生命哲学，这样的医学学说及其医学实践，其寿命如此之长，而且仍在健康发展着，这在全世界也是很罕见的。你说一声"取消"就能销声匿迹吗！一种学说与思潮的兴起是适应社会人生的需要、顺应历史规律而发展的，不是某些人起哄

① 杨天才、张善文译注：《周易》，第607页。
② 杨天才、张善文译注：《周易》，第599页。

煽动所能成事的。想当年西方美学跟着科学研究方法的脚步走，兴起实验心理学美学，用科学实证方法构建美学，兴起于一时，大有以实证方法代替原有的研究方法之势，书籍、论文出版、发表了很多，还登上了大学课堂，经过多年的实践检验，人们发现这种用科学方法写成的书本与论文远远没有用哲学方法写成的美学有价值，因而早已经销声匿迹。这说明，科学非常重要却不是万能的，它也有局限性。

生命整体论思维方式与立象取义的表现方法适用范围很狭窄，远不能与科学方法相比。但在文学艺术创造与审美观照活动中运用生命整体论的思想方法又是非常必要的。例如，一个作家要写一部小说，首先必须深入实际生活当中，直觉观照某个人或某些人的生命活动，甚至直接参与到生命活动之中进行情感交流，进行生命体验。然后观物取象，进行思维创造。作家创造虽然运用的是文字概念，但是概念都是对人物生命活动的具体描绘，整个书或文，都是生命的形象系列，而不是概念—判断—结论的逻辑体系。再如，中医治病所使用的"取象比类"方法，正是对《周易》观物取象的方法的继承与发展。中医学的藏象经络与辨证论治的理论，从思维方式的角度来说，正是源于《周易》。

时至今日，中医学实践，艺术创造，审美活动，各种文化娱乐活动，仍应采取生命整体论的思维方法，因为，这些都是人的生命活动。

（作者单位：中国社会科学院哲学研究所）

学术编辑：张朵聪

An Outline of the Philosophy of Life in the Zhou yi and Spring and Autumn Annals

NIE Zhen-bin

Philosophical Institute of Chinese Academy of Social Sciences

Abstract："Zhou yi" is divided into "Yi Jing" "Xi Ci" "Shuo Gua" "Xu Gua" and "Za Gua" etc., which is neither a logical deduction of the modern philosophy nor a book of divine using the trigrams, but rather, it is an abstract symbols superimposed on each other to form specific trigrams and "set up an image in order to fulfil the meaning", which characterises the fundamental way of existence of everything in the universe—yin and yang, the harmony of virtue and the operation of life. It is not only a view of the existence and consciousness of life, but also a construction of the order of life after experiencing life. As a prerequisite for the existence of life and the driving force of life, "qi" is not only an important category in the life philosophy of "Zhou Yi", but also cited and interpreted in the ancient Chinese classics "Shi jing", "Guo yu" and "Zuo zhuan", showing the sages' concern and thinking about human life activities and ideology. This shows that the sages paid attention to and thought about human life activities and ideology. It also emphasis the uniqueness of "Yi Xiang" as a source of power that is indispensable to the life of all things. The human characteristics of human beings distinguish them from animals in that they have a husband and wife, and a sense of propriety and righteousness, which reveals the degree of civilisation and social relations among human beings. This reveals the extent of human civilisation and social relations, and leads to the humanistic, life-centred and self-disciplined pursuit of life and spiritual cultivation. The "primitive and anti-terminal" is the ultimate proposition of the Zhouyi's objective view of human life and death, and the "essence and qi are things" shows an open-minded materialistic spirit, as well as a macroscopic philosophy of life. This holistic way of thinking about life is not only applied in literary and artistic creation and aesthetic activities, but also in the practice of traditional Chinese medicine, where it is related to the significance of life, life and death.

Key Words: He; Qi; Yi Xiang; Life Activities; Philosophy of Life

庄子、海德格尔与"象思维"

王树人/文

摘　要　《庄子》之文诗意表达是寓言、卮言、重言三位一体。这种三位一体，不同于概念思维规定性之所指的表达，而是作为寓旨性之能指的表达。因此，《庄》文之思本质上是以言筑象的"象以尽意"。《庄》文这一特征，使研究《庄子》也必须以体悟的"象思维"才能进入。即使富于名辩意味的《齐物论》，其名辩也以体道为出发点和归宿。海德格尔在反思和批判西方形而上学传统过程中，表现出向中国道家趋近的倾向。他的晚期著述的诗意表达，可以说是超越概念思维局限而呈现的一种"象思维"的西方现代版。

关键词　庄子；海德格尔；"象"；"象思维"

笔者在研究庄子过程中，经过对比庄子与海德格尔的思维方式，发现两者有值得注意的共同点。特别是后期海德格尔，趋向中国道家"象思维"的特点比较突出。下面试将庄子与海德格尔在"象思维"上的特征分别论述之并欢迎有兴趣的研究者一起讨论。

一　"说不完的庄子"

自《庄子》成书以来，解《庄》之书之文就未尝断过。由此，流行一种"说不完的《庄子》"之说。《庄子》何以"说不完"呢？这个问题，不能简单回答，而是有其需要探索的深意。所谓"说"，有口头语言之说，又有文字语言之说。就是说，其说总要诉诸语言或文字。但是，用语言文字表意，一般而言，就要进入概念思维或逻辑思维。这是语言之为语言、文字之为文字的一种本性。因为，语言文字产生的初始，就是为事物命名，或形成事物的概念。这样，一般使用语言文字，就自动进入了概念思维。实际上，语言文字与逻辑几乎是并生的。语言文字这种命名的意味，使得中国相当于西方逻辑学的学问，被称为"名学"，研究这种学问的古代学者被称为"名家"。

就概念思维的自觉和成为思想主导而言，乃产生于古希腊的西方并流传至今。与此不同，中国虽然在先秦墨家那里也产生了《墨经》逻辑，其水准并不亚于亚里士多德《工具论》逻辑，但是，后来不仅没有达到在社会文化界的自觉使用和成为主导，而且到汉代就中断了。在中国不能说完全没有概念思维，但近代以前占主导的，一直是悟性的具有诗意的"象思维"。可以说中国先贤的经典，主要是在这种思维方式下创造出来的。应当说，概念思维与"象思维"各有长短。可以互补，却不能取代。从现今西方概念思维的特点来看，它是主客二元、对象化的思维。在这种思维方式下，尽管能抽象出事物的本质性规定，但就其用语言文字对于事物的把握和表意来看，无论是对于大宇宙整体还是具体事物的小宇宙整体，都是"言不尽意"的。

那么，中国先贤又是怎样使用语言文字的呢？就《庄子》之文而言，公认其文体可分为寓言、卮言、重言。虽然《庄子》之文有这种形式的区别，但我们认为实质上三者一也。何以这样说？因为卮言的支离，并不离开寓言之旨，也是言外之意的表达。至于所谓重言，所引史实，也并非如历史学家那样澄清事实真相或讨论历史问题，而是服从其文整体的寓旨性。而所谓寓言的寓旨虽说是不确定的，甚至是模糊的，不如概念规定那样确定和明晰，但却具有概念所不能比拟的深邃意蕴。如上所述，庄子的寓旨，同概念思维清楚确定之所指相比，乃是一种不确定的能指。也就是说，《庄子》既然给予读者一个大方向的能指，那么读者接着要做的重要事情，就是在这个大方向下作出可能的所指（包括回归文本和发挥文本）。就此而言，在《庄子》寓旨的不确定性中，又包含有确定性。这里的确定性，是由解《庄》者自己作出的。由此可知，无论是内涵还是外延，筑象的语言文字都大于概念的语言文字，甚至具有无限的可解性和启迪性，如同"诗无达诂"一样。这样一来，对于"象以筑境"和借境象以尽意的《庄子》就确实是说不完了。

二 庄子以言筑象

也许有人会问：《庄子》之文不也是用文字语言所写的吗？那么，按照前面的说法，《庄子》的文字语言岂不也可能进入了概念思维或逻辑思维？毫无疑问，对于解《庄》来说，这确实是一个关键问题。正如老子所说："道可道，非常道。"①（《老子》第一章）但是，老子不也是用文字语言写了五千言吗？还有禅宗，虽然指出"不立文字以心传心"，但是在参禅活动中不也是不能完全避开语言并且留下了典籍吗？显然，人类既然发明了语言文字，那么在人事活动中，完全不用语言文字，着实不可能。然

---

① 陆永品：《老子通解》，中央编译出版社 2015 年版，第 1 页。

而，语言文字既为人所发明所使用也就可以有不同的使用。

特别是对于汉语言文字来说，从其创造的源头看，乃是以"象形性"为根基的语言文字。所谓汉字造字法的"六书"，其实只有前四书，即"象形""指事""形声""会意"，属于造字法。后两书的"假借""转注"则是用字法。其中，"象形"自不必说。所谓"指事""形声"，本质上不过是"象事""象声"，而"会意"也不过是"象意"之会。由此可知，汉语言文字比西方拼音的语言文字在根基上更富于"象"之性，或"象以尽意"之性。尽管中西语言文字如此不同，但在使用上，两者各自都可分为两种不同的使用：其一是用于抽象的、规定性的概念思维或逻辑思维；其二是用于"筑象"以把握动态整体的"象思维"或悟性思维。例如，前一种语言文字的使用，主要是用于理性分析论理上，属于科学思维理性领域。后一种语言文字的使用，则主要用于悟性或与动态整体作直觉式的一体相通上，属于体道的诗、艺术、宗教信仰等领域。概括地说，前一种语言文字使用，归结为科学性语言文字之用，后一种语言文字的使用，则归结为诗艺性语言文字之用。

可知，庄、老、禅的语言文字使用，显然主要不是概念思维或逻辑思维的使用，而主要是作为诗艺性语言文字来使用的。对于庄子来说，主要是"文以筑象"和"象以筑境"，最终是以情境之象来尽其意的。无论其文中的鲲与鹏，也无论神人、圣人、至人、真人，以及朝菌、斥鷃、彭祖、山木、秋水、无何有之乡等，所有这些天地人间之象、联想创造之象、虚幻之象，可以说，都是"象以筑境"、"境以蓄意"和"境以扬神"。不难理解，正是这里所说的"象""境""意""神"，才是真正进入《庄子》文本和领会其本真意蕴的思想通道。显然，这个通道，不是概念思维或逻辑思维的通道，而是悟性的"象思维"的通道。这个悟性的"象思维"通道，不是从定义的概念出发，而只能是从体悟"象"与"境"出发。这是解《庄》也包括解《易》、老、禅等中国古代经典，必须注意的一个根本问题。

三 庄子的"象思维"

对于道家来说，从老子到庄子，他们的"象思维"可以从两方面看。一方面，他们在把握"道"这个大小宇宙之魂时，是诉诸悟性，而不是理性，是"在象的流动与转化"中去体悟。这种体悟的结果，表现在联想或想象这种体验意识流的"中断"。如庄子所描述的"心斋""坐忘"。亦如禅宗所说"识心见性"的顿悟。也如老子所表述的"致虚极，守静笃，万物并作，吾以观其复"[①]（《老子》第十六章）。这种通于整体

---

① 陆永品：《老子通解》，第 36 页。

的体验意识流的中断，实质上，乃是道家体道而得道，或禅宗参禅而"见性成佛"。这是在精神境界上所实现的一种关键性的飞跃，即飞跃到"道通为一"的境界，或禅宗"即心即佛"的境界。所谓体悟至"道通为一"的境界，或"即心即佛"的境界，不过是使有限的人能与永恒、无限的道或佛在精神上一体相通，从而使人在精神上能得到"无待"或"无执"的自由自在。实质上，禅宗所说的"心性"与道家所说的"道"，不仅是相通的，而且几乎就是一种东西。人一旦与道通，一旦悟而成佛，不仅能进入精神自由无碍的大境界，而且还可能原发地创生出大智慧。当然，这里所说的智慧，不是老子批判的"智慧出，有大伪"那种智慧，而是能摆脱"大伪"的智慧，能超凡脱俗而进入与造物者游的"逍遥游"之大智慧，或者说是出淤泥而不染的大智慧。

另一方面，庄子"象思维"的语言文字表达，则主要是借用语言文字的诗艺的表现形式。从庄子的寓言、卮言、重言来看，三者在本质上都属于诗艺的表现形式。与概念思维的语言文字表达相比，这种富于诗艺性的语言文字表达，无疑是更需要作者的天才之才性和在创造中的神来之笔。理性的概念思维下的语言文字表达，是一般人经过努力都可以达到的。但是悟性的"象思维"的诗艺性语言文字表达，则唯有天才甚至大天才方可为之。

当然，从形式上看《庄子》之文也不乏概念的分析和理论内容。例如在《齐物论》中关于"是与非"，关于惠施、公孙龙的"指非指"和"白马非马"等辨析。但是，即使这些概念的分析和论理，也不是游离于《庄子》之文的整体"象思维"之外。相反，它们也都服从于《庄子》之文"象思维"的寓旨。这种寓旨，大不同于西方语言中心论的概念思维之"能指"和"所指"。就是说，概念的分析和论理，在西方语言中心论那里，是主客二元的、对象化的，亦即对有限物所作的规定性的把握。但是，在《庄子》那里，这些概念分析和论理，都服从于庄子的寓旨，最终归结为"道通为一"。或者说，《庄子》之文的立场或主要倾向，对于那种执着于事物有限性和对之加以规定性把握的态度，是予以批判和超越的。在这里，如何看待庄子的概念分析与论理问题，可以说是解《庄》的又一个关键问题，但却为许多解《庄》者所忽视。

在《庄子》内篇七篇中，涉及概念分析理论内容比较多者，当数《齐物论》。但是，在《齐物论》中，庄子的出发点与归宿点，可以说都是"道"或"道通为一"。在此篇开始提出"天籁""地籁""人籁"之声时，其所描述的南郭子綦就自称"今者吾丧我"，并批评颜成子游："汝闻人籁而未闻地籁。汝闻地籁而未闻天籁！"这段话明确地指出，能体悟天、地、人一体相通之道，乃在于"吾丧我"。所谓"吾丧我"，就是《逍遥游》篇中庄子曾经描述神人、圣人、至人的精神境界，表现为"无功""无名""无己"而"道通为一"的境界。《齐物论》篇一开始，借子綦之口说出的"吾丧我"这个体道而"道通为一"的精神境界，就是《齐物论》全篇的出发点。从此出发，庄子在展开"人籁"的描述中，提出"人籁"的具体内容包括"知与言"，"是与非"，惠施、公孙龙等名家所提出的"指非指""白马非马"等认识和逻辑问题。不难看出，在对这些逻辑问题的具体辨析中，庄子在语言、逻辑等名辩的知识修养上，不仅不亚于惠施、公孙龙等名家，而且由于庄子还具有"道通为一"的高境界和大视野，从而又使庄子能超越惠施、公孙龙等执着于名辩逻辑不能自拔的思想局限。庄子在讨论"是与非""知与言"等问题时，他的寓旨乃指向文明发展的负面效应问题。他洞察到，正是"知与"的分辨能力的出现，使人陷入"是与非"无穷争斗的严重异化境地。这种异化境地，认为人乃与生俱来严重到甚至生不如死。如庄子所描述的，"一受其成形，不亡以待尽"，"终身役役，不见其成功；苶然疲役，而不知其所归，可不哀邪！人谓之不死，奚益"。① 为什么会这样？庄子对此的回答与老子一样，认为这是人和社会在文明中"损道"或失道所造成的结果。如老子所说"大道废，有仁义，智慧出，有大伪"（《老子》第十八章）。庄子也说："道恶乎隐而有真伪？言恶乎隐而有是非？道恶乎往而不存？言恶乎存而不可？"② 值得注意的是，在对文明的负面效应批判上，庄子比老子更加深化了。就是说，庄子在批判中已经深入与人们思考须臾离不开的"知与言"这个领域。的确，人间的一切"是与非"的争斗，都首先表现于这个"知与言"。或者说，人类在文明进程中的一切异化现象，也都首先表现在人借"知与言"所陷入的文明牢笼之中。庄子所要解构的，正是文明为人所造的这种牢笼。"齐物"就是他所用的非常厉害的解构方法。以往，对于庄子齐是非之论，如"彼亦一是非，此亦一是非"等，都简单地给扣上"相对主义"帽子加以抛弃。今天看来，这种简单的抛弃，实质上是把庄子在揭露和批判文明负面效应上的深刻思想简单地抛弃了。如果我们注意到前面所指出的《齐物论》高境界和大视野的出发点，就不难看出，加给庄子的所谓"相对主义"帽子，不过是就"是非"论"是非"，眼界狭窄，境界低下，甚至是完全不解庄子的本真之意。

实质上，庄子齐是非之论，乃从道出发又回归于道，使一切是非都在道中化解而"道通为一"。如他所说："果且有彼是乎哉？果且无彼是乎哉？彼是莫得其偶，谓之道枢。枢始得其环中，以应无穷。"③ 就是说"知与言""是与非"在人的不同境界和视野中是不同的。在世俗的低境界中，在异化中的"是与非"，不仅存在，而且可以无穷地争斗下去。相反，如果能超越世俗之境界和视野，而入庄子这里所说的"道枢"之境界，人们就可以在眼前展开一个超越异化的新境界和新视野，并进而有可能进入化干戈为玉帛的"道通为一"之大同世界。在这里，我们必须清醒地认识到，当西方世界宣称"上帝死了"之后，东方的整体思维，特别是中国之"道"，乃必须特别加

---

① 孙通海译注：《庄子》，中华书局 2007 年版，第 28 页。

② 孙通海译注：《庄子》，第 31 页。

③ 孙通海译注：《庄子》，第 32 页。

以珍视的一种救世之思。这一点，在西方的大科学家和大思想家那里，如丹麦物理学家玻尔（1885—1962）、德国物理学家海森堡（1901—1976）、德国大哲学家海德格尔（1889—1976）和法国大思想家梅洛·庞蒂（1908—1961）等，都自觉或不自觉地从各自不同的研究领域走入"道通为一"的境界。所谓物理学的"测不准定理"的发现，不过是宣布实体论形而上学的破产，而承认非实体性亦即"道"的存在，并且这个道才是更加本真的存在。而海德格尔的"天地人神四位一体"论，不过是"道通为一"的西方现代版。

关于名家的"指非指"论和"白马非马"论，庄子根据他的"齐物"之说，认为亦可提出反题而加以解构。如他所指出的："以指喻指之非指，不若以非指喻指之非指也；以马喻马之非马，不若以非马喻马之非马也。天地一指也，万物一马也。"① 我们知道，名家之论在立论上，不过是就名与所名之物的区别，以及名之为共相如"马"与殊相如"白马"之区别，并加以辨析和争论，其眼界局限于道外之思，是不言而喻的。庄子提出反题，并不是陷入与名家的无穷争论，而是认为在"齐物"的"道通为一"之视野下，就可以把名家的正题与庄子的反题加以解构。如他所说："道行而成之，物谓之而然。有自也而可，有自也而不可。"② 就是说，既然是为物命名，这种所指，乃无可无不可的。或者说，事物都可以用指、马称谓。甚至极而言之，"天地一指也，万物一马也"。这充分表明，如果能站在"道通为一"的高度，世间的一切差别和对立，皆可融于大道而被化解和超越。

四 "道通为一"之思

我们对于前述庄子的"道"或"道通为一"之思，还必须加以进一步诠释。那么，如何领会"道"或"道通为一"之思呢？首先，与概念思维不同，这不仅是一种动态整体之思，而且是一种整体直观之思。必须指出，这里所说的直观之"观"，包括眼见之观，但不归结为眼见之观，而有更深刻的体悟之意。如老子所谓"观其妙""观其徼""观其复"之观，亦如庄子"外物""外生""朝彻""见独"之观，即超越于眼见之观的体悟之观。或内视之观。还必须强调，这种整体直观之思乃动态的，即作为"象的流动与转化"的"象思维"。再者，这里所谓的"象思维"之"象"，包括眼见之象，但不仅仅是眼见之象，而是具有"象"的众多层次。其最终的"原象"，乃是老子所说的"大象无形"之"象"，或"无物之象"。"象思维"之思，在"象的流

---

① 孙通海译注：《庄子》，第33页。
② 孙通海译注：《庄子》，第33—34页。

动与转化"中，就是在思的不断超越中能回归这种"原象"或"道"之境域。如前所述，这种"原象"或"道"作为道家的最高理念，不同于西方形而上学的最高理念，而是非实体性的、非对象性的、非现成性的，从而具有原发创生性。在庄子那里，"象思维"的动态整体性及其悟性，表现为"物我两忘"的境域，或超越主客二元的思之境域。如他所说："天地与我并生，而万物与我为一。"① 可以说，这是中国道家特有的精神大视野和高境界，也是最具原发创生价值的大视野和高境界。

但是，自 20 世纪初的新文化运动以降，道家这种大视野和高境界却逐渐被淡忘，或被逐渐强化的西方中心论所遮蔽。然而，令人惊异的是，源于中国的这种悟性的"象思维"的大视野和高境界，在中国人淡忘之时，在西方一些思想家那里却成为启迪他们创新的重要思想资源。与中国的学人的淡忘不同，这些西方思想家特别重视这种中国传统的思想境域并向之趋近。西方思想家的这种表现，在海德格尔那里最为典型。由于他在反思和批判西方形而上学传统中，特别是批判其逻辑的概念思维方式中，很注意吸取与融合中国道家的思想。所以在他后期思想里，非常倾向动态的整体直观之思。甚至可以说，源于中国传统的悟性的"象思维"，在海德格尔那里出现了西方的现代版。当然，这个西方现代版在向中国道家思想趋近中，还有其自己的特点，或者说有他的发挥。

五　海德格尔与"象思维"

正因为海德格尔有了新的思想视野和境界，所以才能重新发现"存在"（einai sein, to be）范畴之被西方形而上学遮蔽的本真意义，即"存在"作为最高理念的非实体性、非对象性、非现成性之意义。其中"存在"的思想境域，它的动态整体性和非逻辑性、原发构成（Ereignis），都接近于中国传统悟性的"象思维"的思想境域。也正是这种思想境域，使海德格尔在他所研究的各个领域都作出了具有划时代意义的创新和开拓。下面试举两例，侧重说明他的动态整体直观的大视野和高境界。

例一，海德格尔在论述"艺术作品的本原"时，以凡·高名画《一双农妇鞋子》为例，具体展现了他的"象思维"的思想境域。他所作的描述是：

　　……只是一双农鞋，再无别的。然而———从鞋具磨损的内部那黑洞洞的敞口中，凝聚着劳动步履的艰辛。这硬邦邦、沉甸甸的破旧农鞋里，聚集着那寒风料峭中迈动在一望无际的永远单调的田垄上的步履的坚韧和滞缓。鞋皮上粘着湿

---

① 　孙通海译注：《庄子》，第 39 页。

润而肥沃的泥土。暮色降临，这双鞋底在田野小径上踽踽而行。在这鞋具里，回响着大地无声的召唤，显示着大地对成熟的谷物的宁静的馈赠，表征着大地在冬闲的荒芜田野里朦胧的冬冥。这器具浸透着对面包的稳靠性的无怨无艾的焦虑，以及那战胜了贫困的无言的喜悦，隐含着分娩阵痛时的哆嗦，死亡逼近时的战栗。这器具属于大地，它在农妇的世界里得到保存……

……夜阑人静，农妇在滞重而又健康的疲惫中脱下它；朝霞初泛，她又把手伸向它；在节日里才把它置于一旁。这一切对农妇来说是太寻常了，她从不留心，从不思量。虽说器具的器具存在就在其有用性之中，但有用性本身又植根于器具之本质存在的充实之中。我们称之为可靠性（Verlasslichkeit）。凭借可靠性，这器具把农妇置入大地的无声召唤之中，凭借可靠性，农妇才把握了她的世界。世界和大地为她而存在，为伴随着她的存在方式的一切而存在……①

海德格尔的这段描述性述说，常见于哲学、艺术、美学的著述的引文中，但是能从"象思维"视角领会海氏这段描述的价值和意义者则罕有。的确，如果从逻辑的概念思维视角去解释和领会海氏这段描述，几乎是难以下手的。即使归纳出命题加以分析，也是南辕北辙的。因为，他的思考和表达方式，都属于逻辑的概念思维之外的另一路。在这里海德格尔所显示的思路，就是上述所谓悟性的"象思维"之西方现代版。首先，我们在海氏生动的诗意描述中，能清楚地感受到"象思维"的动态性，即一系列"象的流动与转化"。从鞋的"黑洞洞的敞口"之象的联想，过渡到"劳动步履的艰辛"之象；由鞋的"硬邦邦"之象的联想，过渡到"寒风料峭中"田野上步履的单调、"坚韧和滞缓"之象，以及暮色中"踽踽而行"之象。进而又由鞋具在田野上种种象的联想，过渡到秋日丰收之象，作为大地馈赠之象，冬闲之象，对面包的焦虑和战胜贫困的喜悦之象，以及农妇分娩时的阵痛之象，死亡逼近时的战栗之象……这种种由鞋具联想而生出"象的流动与转化"之思，最后归结为鞋具属于大地，归结作为农妇生活世界本质的"存在"这个动态整体。

显然，这个动态整体的"存在"不是实体，不是现成的对象，所以不能用逻辑的概念思维把握。对此，只能诉诸悟性的"象思维"加以体会和领悟。因此，对其表达也只能诉诸诗意的描述。当然，这种描述，不是概念思维的规定，可以给人提供一种确定的知识，而是只给出一种需要人自己发挥联想力去领悟的方向指引。正如海德格尔在《艺术作品的本源》"附录"中所说的："艺术归属于本有（Ereignis）（张祥龙译为'原构发生'），而'存在的意义'（参看《存在与时间》）唯从本有而来才能得到

---

① ［德］海德格尔：《海德格尔选集》上卷，孙周兴译，上海三联书店1996年版，第253—254页。

规定。艺术是什么的问题，是本文中没有给出答案的诸种问题之一。其中仿佛给出了这样一个答案，而其实乃是对追问的指示。"① 海德格尔作出这种不确定的、看似无可奈何的答复，恰恰说明进入艺术和一切精神底蕴之难。只有悟性的"象思维"，才有可能对其有所体悟并经过体悟作出诗意描述的表达。而这种表达，不是规定的知识，而是启发性的指引，即海氏这里所说"对追问的指示"。

例二，海德格尔在《物》这篇文章中，以壶为例，在"象思维"的联想或"象的流动与转化"中，揭示壶的"存在"之本质，乃在于天、地、人、神四位一体的统一。他指出，壶的虚空具有容纳作用或"承受和保持"作用。但是，这种容纳还不构成壶的存在之本质。壶的"存在"之本质，乃在于把壶倾倒时使所容纳的东西倒出来的这种动态。海德格尔把壶倾倒出来的东西，称为"馈赠"。正是在"倾倒""馈赠"的联想或"象的流动与转化"中，海氏把壶的"存在"之本质展现为天、地、人、神四位一体的统一。他这样描写道：

> 在赠品之水中有泉，在泉中有岩石，在岩石中有大地的浑然蛰伏。这大地又承受着天空的雨露。在泉水中，天空与大地联姻。在酒中也有这种联姻。酒由葡萄的果实酿成。果实由大地的滋养与天空的阳光所玉成。在水之赠品中，在酒之赠品中，总是栖留着天空与大地。但是，倾注之赠品乃是壶之壶性。故在壶之本质中，总是栖留着天空与大地。
>
> 倾注之赠品乃是总有一死的人的饮料。它解人之渴，提神解乏，活跃交游。但是，壶之赠品时而用于敬神献祭。如若倾注是为了敬神，那它就不是止渴的东西了。它满足盛大庆典的欢庆。这时候，倾注之赠品既不是酒店里被赠予的，也不是终有一死的人的一种饮料，倾注是奉献给不朽诸神的祭酒。作为祭酒的倾注之赠品乃是真正的赠品。在奉献的祭酒的馈赠中，倾注的壶才作为馈赠的赠品而成其本质。奉献的祭酒乃是"倾注"（Guss）一词的本义，即：捐赠（Spende）和牺牲（Opfer）……
>
> ……在倾注之赠品中，各各不同地逗留着终有一死的人和诸神。在倾注之赠品中逗留着大地和天空。在倾注之赠品中，同时逗留着大地与天空、诸神与终有一死者。这四方（Vier）是共属一体的，本就是统一的。它们先于一切在场者而出现，已经被卷入一个维一的四重整体（Geviert）中了。②

---

① ［德］海德格尔：《海德格尔选集》上卷，孙周兴译，第 306—307 页。
② ［德］海德格尔：《海德格尔选集》下卷，孙周兴译，上海三联书店 1996 年版，第 1172—1173 页。

在海德格尔充满诗意的描述中，由"象的流动与转化"所展现的画面，使人感受到，由壶倾倒所"倾注的馈赠"不仅不是孤立的现成物，在本性上也是与大地、天空、终有一死的人和诸神联系在一起的整体。"馈赠"的泉水来自土地岩石之间，而这泉水又为天空的雨露润泽所成，并成为人的一种饮品。同时，泉水又为酿酒所不可缺少。至于酒，其原料葡萄等，乃生长于大地，亦为大地和天空的土肥、阳光、雨露所滋养。酒不仅是人的饮品，也是祭祀神灵的祭品。在泉水、岩石、葡萄、饮品、祭品诸象的"流动与转化"中，作为壶性或其本质的"存在"，就在天、地、人、神四位一体的动态整体中跃动着。由此可知，"存在"在海德格尔那里，不是概念思维意义下的实体性范畴，而是非实体性、非对象性、非现成性的最高范畴，其意义趋向中国道家的"道""无"。这种非实体性范畴，其动态的"惚兮恍兮"之特征，绝非概念思维的定义、判断、推理所能把握和表达的，而只可体悟并借诗意的描述加以表达。值得注意的是，海德格尔强调作为祭品的"馈赠"，对于领会壶性或壶之本质"存在"的重要意义。但是与其说祭酒的奉献，是献给"诸神"的，毋宁说海氏是强调"诸神"在四位一体中的重要性和本质性。那么，又怎样领会"诸神"在四位一体中这种重要意义呢？海德格尔借此所暗含的指引又如何呢？对此，似乎可以从海氏阐发老子"知其白，守其黑"的意蕴去领会。直接地说，在天、地、人、神四位一体中，神无疑是最隐晦的"黑"，也就是最应当加以守护的。海氏这里所说的"神"，是否就是基督教的"上帝"呢？我们的领会，可以说又是又不是。虽然在 20 世纪 60 年代《明镜》周刊采访海氏时，他曾说过"只还有一个上帝能救渡我们"，但是联系到他在《关于人道主义的书信》中透露出的立场，既非无神论也非有神论，那么海氏对神的态度，也许更接近于康德。① 就是说，对于科学所不能涉足的宗教信仰领域，海氏不仅不否定它们的价值和意义，而且试图从哲学家的立场就其重要价值和意义作出自己的解释。在海德格尔的描述中，他所用的"馈赠""捐赠""牺牲""奉献"等词语，都具有神学意味。但是，海氏借以发挥的，显然不是引入神学，而是引入他的哲学境域。就这些词语的神秘和神圣指向而言，最典型的要数：耶稣降世为世人赎罪而被钉在十字架上的牺牲和奉献。海德格尔主要不是讲这种神秘和神圣，而是讲潜藏于天、地、人中的神秘和神圣。对于天、地、人中的神秘和神圣，就是指应当"守其黑"的"黑"。为什么把这种"黑"看得如此重要呢？因为，它是天、地、人的生命之根。现在世界文化学术界都在警惕和批判的"现代性"，就因为这种"现代性"以其"科技失控"的发展正在毁坏天、地、人这种生命之根。②

---

① 参见［德］海德格尔《海德格尔选集》下卷，孙周兴译，第 1305—1307 页。
② 参见王树人《中西比较视野下的"象思维"——回归原创之思》，《文史哲》2004 年第 5 期。

前面指出，海德格尔在思维方式上所表现的"象思维"的西方现代版，在"象思维"上还有他所作的丰富和发展。这涉及海氏整个思想的一个大问题，本文不便展开。这里只想略谈一个问题，即如何领会语言文字与文化的问题。从"象思维"视角看语言文字，则语言文字本身就是一种文化，而且是文化的文化，是最根本的文化或称文化的根，这一点，海德格尔在以言筑象中和对词语意义内在关联的分析上，都表现出他关于"语言是存在的家"这一深刻洞见。例如，海氏所说奉献的祭酒的意义，就是"倾注"，而"倾注"就是"捐赠"和"牺牲"。我们在这种语言筑象和意义的内在关联上，确实能感受到语言文字的链条，乃是文化的血脉流淌。作为"生存"的存在（海氏的 Dasein）确实就生存在这类奉献祭酒的"倾注"等语言文字的文化血脉中。由此对我们的启发是，中国汉语言文字作为"存在的家"之内涵，不是很值得我们去发掘吗？

原载于《江苏行政学院学报》2006 年第 3 期

（作者单位：中国社会科学院哲学研究所）

学术编辑：袁青

Zhuang Zi and Heidegger and "Image Thinking"

WANG Shu-ren

Philosophical Institute of Chinese Academy of Social Sciences

Abstract：The book Zhuang Zi shows the trinity of fable, randomness and tautology, which is different from the signified of conceptual thinking but is the signifier with implied meanings. Therefore, the essence of the book is to express by means of images which makes the study of the book possible with "image thinking". Even in his dialectic book of "On Leveling All Things", he starts with and finally returns to morals. During Heidegger's reflection and criticism of western metaphysics he shows a tendency to Chinese Taoism. The poetic expression of his works in his later years is a contemporary western version of "image thinking" by transcending the limitation of conceptual thinking.

Key Words：Zhuang Z i；Heidegger；"Image"；"Image Thinking"

论生态式艺术教育

滕守尧/文

摘　要　生态式艺术教育是继灌输式艺术教育、园丁式艺术教育之后的一种新型艺术教育。生态式艺术教育改变了各种知识之间的生态失衡状态，通过音乐、戏剧、舞蹈、绘画等多种艺术间的交叉、融合，通过美学、艺术史、艺术批评、艺术创造等多种学科之间的互生、互补，提高学生的人文素质和艺术能力。这种新型的艺术教育形式意在培养具有可持续发展能力的人，培养具有真正智慧的、适应现代社会要求的"全面发展"的人。

关键词　生态观；生态式艺术教育；对话；美育

正当我们跨越通往 21 世纪的门槛时，世界上出现了两大生态保护潮流。一是全球自然生态保护潮流，二是世界文化生态保护潮流。越来越多的人已经认识到，如果我们再不采取措施保护地球的自然生态，就会失去物质家园；同样，如果我们再不努力保护我们的文化生态，就会失去精神家园。如果说保持自然生态平衡是使地球得到可持续性发展的保证，那么生态式艺术教育就成为保护我们的精神家园、使人本身得到可持续发展的保证。而遗憾的是，人们对后者的认识却远远没有上升到应有的高度。

在当今社会，很多人大谈生态、大谈自然的可持续发展，却偏偏忽视了社会以及个人（尤其是那些作为精英的个人）的可持续发展。事实上，如果一个社会缺少了开放型的或具有可持续性发展的人，就失去了自己的精神家园，失去了精神上的蓬勃生气，必然走向死板和停滞。个人之可持续发展的重要标志，是具有一个接纳百川的开放心理和心态，而艺术恰恰是造就这种心态的重要途径。但并非所有自称为艺术的东西都能起到这种作用。即使是真正的艺术，也不是对人人有效。对艺术的创造、接受和欣赏，是一种高级的文化的素质。而获取这种素质的重要途径，就是健康的艺术教育。健康的艺术教育不只是一种技法的教育，还是一种更全面的文化素质的教育。这样的教育将在下一个世纪对整个世界有着举足轻重的意义。因而我们必须从此刻起，不断加强艺术教育，将艺术课程变成学校教学的核心课程。

一 关于艺术教育的回顾

艺术是人类的一种基本的和经常的精神活动，也是使人类成为人类的最重要原因之一。艺术促进人类文化的形成，同时也是文化的核心和精华，它不断向文化的其他领域发射能量，并渗透到人们生活的深处。

正因为艺术如此重要，所以从远古时代，人们就开始了艺术教育。中国早在三皇五帝时代，就已经用音乐培养统治者人选。至周代，周公开创了"制礼作乐"的历程。在这个最高统治者的推动下，整个社会礼乐并举，相辅相成，相互加强，为的是造就一种祥和的社会和人的心理世界。这一举措不仅成为西周的一项根本社会制度，同时还是它的一种主要的教育形式。在西周社会中，音乐与教育几乎是一种合而为一的关系。《周礼》规定：学校负责人必须都是搞音乐的，所谓"大司乐"和乐师，其实就是负责大学与小学教育的官长。甚至所有教育内容或目标，包括"乐德""乐语""乐舞"，全部与音乐有关。所谓"乐德"，是受祥和的音乐影响的行为和德行，具体指忠、和、敬、孝等；所谓"乐语"，即具有音乐韵味的语言，包括诗、辞等；所谓"乐舞"，即受祥和音乐影响的歌舞。据说，那些掌握了这种歌舞的学生，一般都会具有优雅的神态和举止。"乐德""乐语""乐舞"三者合成，就成为当时的"礼"。归根结底，"礼"就是受到音乐影响和规范的语言和行为，其形式和韵味与音乐同构。音乐不仅是教育的方法或工具，它已经与教育的内容完全融为一体。

到孔子时代，礼乐不仅被列为"六艺"之首，而且成为整个教育的基础。孔子提出"乐以教和"的主张，并明确指出，艺术化的行为和人格，是社会教育和自我修养的最终目的或最终阶段。在它提到的学习内容中，不管是像"书"和"数"这样抽象的东西，还是像"射"和"御"这样技能性的东西，都必须服从艺术的原则，不然的话，它们怎会被称为"艺"！

在西方，古希腊人一直把艺术教育作为公民教育中不可缺少的重要方面。艺术活动成为普通古希腊人生活中的一项重要内容。据说，希腊全盛时代的统治者伯里克利本人就十分爱好艺术。有记载说，伯里克利对艺术爱到成"痴"，有一次，在生死搏斗的前夕，他还在与人秉烛夜谈诗的理论问题。为了鼓励人们欣赏艺术，他甚至向雅典市民颁发观剧津贴。很明显，这些古希腊人之所以被后人赞誉为"不仅在体格上，而且在精神上都接近完人"，与他们注重艺术修养是分不开的。

在近代和现代社会中，由于对科学学科的强调，学校教育逐渐忽视了艺术。这一点在西方尤其明显。20 世纪早期，不管是美国还是英国，艺术教育都是与教育的总体目标相脱离的。学校艺术课就是教授学生唱歌画画的技巧，艺术课成了地地道道的副科，人们普遍感到，艺术课只是训练一门手艺，与发展儿童的智慧无关。既然艺术与知识和智慧无关，也就是与总的学校教育目的无关。

19世纪末20世纪初，随着心理学和人类行为学的发展，点燃了人们对儿童画的兴趣，人们开始探察儿童画是怎样揭示出人的情感和精神的发展的。很多人开始把艺术视为儿童的自我表现和创造性表达，艺术课被视为对学生进行情感教育和个性培养的机会。

到了20世纪二三十年代，西方世界受杜威教育思想的影响，艺术教育越来越强调培养儿童的个人创造能力和自由表现能力，开始把儿童视为"儿童艺术家"。这种倾向后来在美国心理学家和艺术教育家罗文费尔德的著作中得到了系统阐述和发展，其影响一直延伸到20世纪80年代。与此同时，一种实用主义倾向也在并行发展着。在许多地区，视觉艺术教育集中于学生对各种艺术的构成要素，如线条、色彩、形状等的把握，目的是为学生以后从事工业制作和设计等工作打好基础。在20世纪四五十年代，这种倾向进一步发展，艺术教科书中出现了"日常生活艺术""做一个好公民的艺术""工业设计艺术"等。

20世纪60年代以后，一种综合性艺术教育思潮得到逐渐发展和壮大，至90年代，已经成为美国乃至世界艺术教育的主流。实际上，它是对下面两种观点的综合和超越。一种观点是，艺术教育的重要性在于，从艺术中学生可以学到有关我们自身和世界的知识、信仰和价值，这些知识、观点、体验和意义是任何其他学科不能提供和代替的。因此，艺术教育是公民教育必不可少和关键的部分。另一种观点认为，开展艺术教育，不仅是因为艺术本身值得教和值得学，更重要的是它还为其他学科的学习带来好处。一方面，艺术为学生的情感表达和创造性冲动提供了一个出口，使学生心理更加健康；另一方面，通过艺术进行的普通教育，是更生动活泼的教育，也是最成功的教育。这种观点进一步发展，人们又认识到，艺术教育强化了学生的知觉能力和表现能力，进而使其语言交流能力、表现能力、批评性思维、问题解决能力有了大幅度提高。

通过对上述两种观点的综合和提炼，加之这一时期许多艺术心理学家和艺术理论家对知觉问题、读者反应问题、交叉文化问题的系统和精密研究，人们更加清晰地认识到，艺术不仅有利于儿童的个性发展和创造能力的发展，还有利于儿童的认识能力的发展，有利于提高儿童的全面的文化素质。在此基础上，艺术教育逐渐发展成为一种综合式艺术教育。综合式教育不仅使艺术教育本身成为一种多元交叉学科，还注重艺术精神向其他学科的渗透。例如，早在1977年，美国就出现了一份题为"回到我们的感觉：艺术对美国教育的意义"的国情报告，这一报告提出这样一种思想："只有艺术变为每个学生在校内外和在各个学习阶段上个人学习经验的中心时，美国教育的基本目标才能实现。"1984年，美国"盖悌艺术教育中心"发表了题为"超越创造：艺术在美国学校中的地位"的报告。3年后，美国"国家艺术基金会"又发布了另一个报告，题目是"走向文明：关于艺术教育的报告"（1988）。这一报告把艺术教育的总的目标描述为：使学生接触和学习到人类文明迄今取得的所有富有意义的成就；培育学生的创造力，发展学生的交流能力，帮助学生在批判性评价的基础上作出选择。1994 年，《美国国家艺术教育标准》（下称《标准》）出台，这一《标准》罗列出每一个美国年轻人最起码应该掌握的艺术知识和创造能力。它明确指出，任何一个受教育的人，如果缺少基本的艺术技能和艺术知识的教育，就不算是受到完备的教育。《标准》还确定，今后的艺术教育，绝不像过去那样仅仅是学习画画和唱歌的技能，还包括从文化、美学、历史的角度分析、欣赏、评价作品的能力和智慧。这一《标准》的出台，标志着世界艺术教育从此进入了一个全新的时代。

从对艺术教育历史的简要回顾可以看到，当前教育改革之最健康的趋向，是从各科的无限分裂走向新的融合，使各科之间形成一种生态关系。也就是说，从现在起，必须发展一种生态式教育。生态式教育的关键，是找到一种可以连接艺术各科以及艺术与其他非艺术学科的教学主题——一个艺术、语文、外语、数学、伦理、环保等课程都可以使用的主题。在上这种课时，各科各自有不同的偏重，但无一例外地，艺术（包括戏剧、音乐、图画、舞蹈等）要在其中发挥一种核心辐射作用，各个学科的教学过程也因为艺术的辐射，变得更有趣味，教师愿意教，学生愿意学。因为整个教学过程本身，已经不是死的知识的灌输，而是智慧的点燃，是使整个教学成为一个充满奇妙的感觉、想象、思考和解决问题（顿悟）的过程。很明显，这个过程本身已经成为艺术。笔者本文提出的生态式艺术教育观，盖出于此动机。

二　生态式艺术教育的理论基础与现实依据

在这个不同领域的理论和事实相互联系和相互启发的时代，当代教育学从哲学和生态学中得到了大量启示，一个提倡师生对话和互动、多学科互补的生态式教育观正逐渐形成。这种新型教育观不是空穴来风，而是有强大的多学科理论作为基础，更有事实作为依据。

（一）来自生态学的启示

1. 生态与人

（1）人与自然生态

从社会生态学的阐述中可以看出，整个自然是按照一种大智慧运行，这就是生态智慧。生态智慧既然是宇宙和自然本身的大智慧，理应是世间最高的智慧。这种智慧不仅适用于地球，也适用于人。人是自然万千物种中的一种，如果自然是一个大整体，人只是这个大的有机整体的一部分。在这样一个巨大的有机整体中，部分与部分之间、部分与整体之间都息息相关，任何支配整体的规律，都支配其部分。这一点越来越为现代科学所证明：人作为一个生物人，从来都不是一个独立的实体，人不是由自身一层层复杂零件逐级组合成的生物，也不是一种仅仅生活在某一个地区和一个城市的生物，而是生活在整个地球生物圈中的生物，大气污染和海洋污染会影响地球的每一个角落和每一个人。

（2）人与文化生态

人不仅是一个生物人，还是一个社会人和文化人。每一个人不仅吸收自然的空气，而且吸收文化的空气。人不仅生活在自己的文化中，还生活在与自己的文化相异的其他人和其他文化中。文化圈与文化圈之间密切联系，环环相套，形成一种互融、互生关系。中华文化就是多种文化融合和共生的产物，汉唐文化如此、宋明文化如此，清代文化同样如此。中国如此，世界其他文化也如此。例如，希腊文化的鼎盛，就与多种文化的交融和共生有关。希腊本土是由许多文化上比较独立的小城邦组成的，小城邦各有不同的部族和文化，如爱奥尼亚族、多立安族、伊奥里斯族的文化等。各个部族的文化通过共同的史诗、奥林匹克运动会和共同抵御波斯的入侵，形成一种相互支持、相互依赖的共生关系，构成了希腊文化繁荣的基础。同样，在当今世界，比较发达的美国文化也是多种民族和多种文化交流和共生的结果。

但遗憾的是，这种文化的共生和互生关系，在当今世界范围内日益受到破坏。由于美国和欧洲经济的强大，世界文化变得越来越欧洲化和西方化，欧洲中心主义成为强大的世界潮流，少数民族和弱小民族的文化正在消失。许多少数民族的年轻人，甚至以继承和发展自己的文化为耻辱，从而加快了文化西化的步伐。在整个世界范围内，文化的物种正日益减少，各种不同文化的共生关系被打破，文化的沙漠日益扩大，文化生态遭到严重破坏。文化生态的破坏又进一步导致了人类智慧生态的破坏。

2. "生态农业"与"生态式教育"

"生态农业"是当代人把破坏生态的生产方式转化为有益于生态环境的生产方式的一种努力。"生态农业"的最大特点，是始终贯穿一种系统观点和整体观点，把农业同人类群体及其生活方式联系起来，把人视为整个自然的一部分，最终建立一套可持续发展的农业生态系统，使系统内各种生命成分相互补充、互生和共生。与这种"生态农业"相对应的"生态式教育"，则是在克服了以往的灌输式教育、园丁式教育和融合式教育的一系列缺陷和不足后发展出的新型教育。

在生态式教育看来，灌输式教育是一种为适应工业化大潮而加速培养专业人才的教育。这种教育的最可怕之处，是像工业化农业那样，把学生看成一种可以开发和榨取的土地，而不是像生态农业那样，主要培养土壤的自然生育能力。工业化农业大量使用化肥的结果，是土地高产了，土壤的自然结构和肥力却被破坏了，环境也受到污染。灌输式教育拼命给学生灌输知识，希望迅速地培养出具有丰富知识的人。但它带来的结果却是灾难性的，学生也许学到很多知识，得了高分，但其自身的心理生态结构却遭到严重破坏，不仅失去了创造能力，而且污染了整个学习环境。

生态式教育同样超越了园丁式教育。园丁式教育借鉴了生态恢复的观念，认为人必须学会尊重自然和顺从自然。儿童本来就有一种潜在的发展可能，教育者的任务就是像一个园丁一样，为儿童潜能的发展创造条件，使它以预定的程序发挥出来或发展起来，让儿童像一棵植物那样自然地成长。生态式教育认为，园丁式教育有其致命之处，即把人的潜力看成一种像海底的石油一样早已经存在的东西，只要穿破表层，搬掉障碍，潜力就能自动喷发出来。而事实上，潜力不是现成的和早已经存在的东西，而是在一种不断相互作用中生发出来的。潜力既不处于先天领域，也不处于后天领域，而是处于先天与后天交接处，正是在这一边缘地区不断生发出新智慧。先天领域的"潜力"是固定的和有限的，先天与后天之间的边缘领域的潜力才是无穷的。由于这种潜力来自先天与后天之间的相互作用，通过对话和碰撞不断生发，因而永远是动态的和不断发展的。它还看到，由于园丁式教育过分强调学生的自主和自由发展，往往使教师的作用变得形同虚设，教师的能力和潜力不能得到发挥。生态式教育认为，教育是一项系统复杂的工程，教师的工作是一项复杂的工作，教师必须对自己的教学做出整体的和综合的考虑。

（二）来自人类对自身认识的不断深入

1. 对脑功能研究的深入

随着当今世界对"学习者"看法的变化，科学对大脑左右半球功能的研究也日益加强。科学研究证实，人的大脑由物理上相等的两半球组成，每一半球都分别控制着另一半身体的活动。大脑左右半球各有分工、各有专门的功能。具体表现为，左半球具有语言的功能和分析的功能，右半球具有非语言的和整体性的功能。随着研究的深入，人们进一步认识到，大脑左半球具有分析的、理性的、逻辑的和线性的功能，大脑右半球具有非理性的、直觉的和整体的功能。

这一系列的发现对教育具有直接的和重要的意义。越来越多的教育人士认识到，大脑左半球和右半球具有的功能和能力都应该得到同样的承认，具有同样重要的地位，应该通过教学科目的平衡设置得到同样的发展。传统教育仅仅集中于逻辑数学和语言的学习，范围过于狭窄，学生的大量潜在能力被忽视了，许多应该得到发展的能力没有得到发展。

基于上述发现，哈佛大学零点研究中心的心理学教授加德纳对大脑之多元功能和不同区域之特殊认知能力进行了独到的研究，发展出多元智能的理论。按照这一理论，人具备各种不同的智能，最主要的是语言智能、数学逻辑智能、音乐智能、空间智能、身体动感智能、人际关系智能、自我认识智能、与环境协调的智能。每一个人都程度不同地具有以上八种智能，只不过有的人把一种或多种智能发展到高级水平，有的人则把其他智能发挥到高级水平。这一发现对传统教育再次发起重大冲击。既然这八种智能都是重要的和有价值的，它们都应该通过一种全面而综合的教育课程，得到同样的发展机会。但可惜的是，传统教育仅仅重视学生语言智能和逻辑数学智能，忽视了其他六种智能的开发。

加德纳的重大发现使当今教育把焦点指向艺术教育，因为越来越多的人发现，在传统教育中被忽视的六种智能，均可以在艺术教育中得到开发和锻炼。这意味着，新一轮教育革命的突破点，应该发生在艺术教育领域。其实，杰出的艺术理论家爱斯纳早就指出，人类理解世界的通道绝不仅仅是科学，艺术具有一种非比寻常的作用，它可以发展我们的感性，丰富我们的知识，使我们的意识达到更高级的水平。

2. 对人类心理深层的生态系统的认识

人类对大脑功能的认识给了生态式艺术教育很大的启发，但在生态式艺术教育看来，这些认识还远远不够，起码是认识上还不够深入，有些问题尚待解决。如，人类大脑的八种智能是否等于我们通常所说的智慧？现代社会所需要的智慧是否等于多种智能的叠加？如果不是，这种智慧又从何而来？

要想回答这个问题，还要从深层心理学的研究说起。弗洛伊德对梦的研究以及荣格对人类集体无意识的研究都证明，人的巨大潜力，即真正决定着人的智慧程度高低的东西，有可能存在于"个人无意识"和"集体无意识"领域。"个人无意识"是独立于个人意识而存在的意识。"集体无意识"则是一种不仅独立于个人的个别存在，而且独立于个人所在的民族或全人类的意识而存在的意识。荣格在研究中发现，集体无意识总是以自己特有的意象或符号呈现在人的梦中或某些不自觉的行动中。这些集体无意识的意象或符号一般有两种类型，一种是特殊个体或文化特有的，另一种是普遍的。普遍性集体无意识是在一个漫长的时间和广阔的地域中存在的意识。荣格称这种普遍的无意识意象为"原型"。英国著名艺术教育家赫伯特·里德在研究儿童画时，发现了荣格所说的曼陀罗原型形象。他在一次调查时偶然看到，整整一个班的儿童静下心来，将脑子中所浮现出的意象画出来时，所画的"心画"差不多全都是曼陀罗形象及其变种。里德观察了这些意象后指出，这就是荣格经常提到的原型形象。它们涉及的绝不是儿童表层的心理状态，而是代表着一种更基本、更深层的心理能力。

从今日生态学的角度看，荣格和里德所说的原型，不是一种静态的图像，而是存在于人的心理深层的一种具有自动调节、自我补充和自动平衡能力的高级生态系统，这一系统具有直接组织或稳定神经能量，形成一种无意识原型秩序的能力和力量。这种人类深层的动态生态系统及其意象，不是哪一个儿童个人的，也不受个人的外在知觉的影响，更不同于人知觉外物时得到的种种事物的具体意象。它基本上是一种抽象的东西，但又鲜明地反映了心理深层从混乱状态突显出秩序的过程。根据里德的观察和研究，这种过程总是倾向于去组织和改造那些侵入组织的（如看到的或听到的）不规则的或粗糙的形象，将它们组织成和谐而规则的式样。

按照马克思主义的实践观，这种深层心理的生态模式不是由作为大脑活动的物质基础——脑分子的独特化学结构——决定的，而是千百万年人类实践活动在个人心理深层中的积淀，因而是人类经验中精华的精华。这种深层生态系统生成后，就通过异质同构的方式影响着个人的知觉、直觉和想象的活动，使人的行为保持审美式样特有的和谐和稳定，进而使人有了追求和欣赏美好的东西的先天倾向。但不管从形式上还是从本质上，人类心理深层的这种先天生态系统及其功能都具备审美的特性，它是我们人人具有并作为我们集体美好存在之一部分的东西。有了它，我们每个人就都有了成为一个艺术家的可能性，因为它完全可以使我们以一种异质同构作用达到对世界上各种形式价值的分辨和质的理解，从而更快地理解宇宙和人生。假如这种原型在某些人身上长期得不到激发或不能自由发挥，人就缺乏直觉能力、理解能力和智慧。

（三）来自学科自身的发展

进入 21 世纪后，随着社会和科技向信息时代的长足迈进，视觉形象和声音形象开始进入世界的各个角落，充斥于人们生活的每时每刻，艺术在调节人的精神生态时起着更为重要的作用。感受、筛选、解读和创造这些形象的艺术能力，随之成为这个社会所看重的综合性素质的不可缺少的部分。为培养现代社会需要的这种新型素质和人才，全球教育日益重视艺术课程的建设，出现了"没有艺术教育的教育是不完整的教育"的普遍共识。

与此同时，由于社会对具有艺术素质的综合型人才的渴求，促使艺术教育自身也不断向综合的方向发展，形成各艺术学科之间相互交叉、渗透和综合的大趋势。在这一综合趋势的推动下，基础教育阶段的艺术课堂发生了令人瞩目的变化：不仅音乐、美术、戏剧、舞蹈、影视等不同艺术门类开始以生态的方式交叉和融合，美学、艺术批评、艺术史、艺术创造等不同领域间也开始相互渗透。这一"生态式综合"趋势使人们的艺术教育观念发生了深刻的变化，具体表现为：（1）由仅仅重视艺术技能的传授转向关注人的整体生命存在；（2）由重视知识和技能的传递过程转向研究人的感性生成、理解和反思过程；（3）由有限性的知识把握转向无限性的人生理解；（4）由单纯的集体性教学转向重视学生的个体发展、个人选择、个人参与和个人创造；（5）由孤立性的单科教学转向探讨艺术各学科之间的相互联系，分析不同艺术的共同美学价值，研究如何使各种艺术相融，以发展学生的通感能力，使其听觉、视觉、动觉等多种感官发生综合作用；（6）由机械的学段划分转向充分研究义务教育各个阶段以及义务教育阶段与幼儿阶段以及高中、大学阶段艺术教育的衔接，以建立整体艺术教育观念；（7）由单纯的学校艺术教学转向充分利用社会文化资源（如家长、艺术社团、美术馆、音乐厅、民俗艺术活动场所），并把这些资源作为课堂教学的延伸。

当代心理学和脑科学的发展，强化了人们对这种新型艺术教育的共识：只要摆脱单纯追求技能的倾向，艺术教育就能开发人的多种智能——不仅激发人的直觉和想象能力，还能开发包括语言智能、空间智能、数学—逻辑智能、音乐智能、身体—动感智能、交际智能、自我认识智能、环境适应智能在内的多元智能。在按照生态规律施行的生态式艺术教育中，人的每一种智能都不是孤立的，各种智能相互交叉、相互对话和融合，不断产生新的智慧和新型人格。而由生态式艺术教育所造就的可持续性发展人才，正是这个信息社会欢迎的人才。因为在这个信息高度发达的社会中，只有多领域、多方面的知识在人的头脑中相互联系和对话，才有可能培养出具有现代智慧的"全面发展的人""文化人""贯通而求洞识的人""通达而识整体的人"和经常获得"芝麻开门式发现"的人。

（四）生态式教育对传统教育的批判

生态式教育认为，传统教育重理轻文（如使艺术等学科变得可有可无）或为保住少数几个所谓"尖子生"而牺牲多数的做法，破坏了教育的生态。最成问题的是，这种教育还仅以学生考试分数和升学率衡量教育质量，而分数低的人和升学率低的学校，统统被打入"普通"的范畴，而这里的所谓普通，就是无希望，不值得下功夫培养。传统教育对主课和副课的区分，实际上就是认为主课有益于智力，副课对智力可有可无或干脆有害。它对好坏学生的判断则用主课的成绩衡量。这种区分和判断明显违背了产生智慧的生态规律。

按照生态式教育的观点，一个仅仅具有专业知识的人与一个具有智慧的人是不可同日而语的。智慧不同于普通的知识，知识仅仅是获得智慧的一个前提。如果仅仅是把各种知识硬塞进学生的头脑，每一种知识互不联系，那么知识塞得越多，心灵中"自我思考""自我想象""自我判断"的领地就越小，当心灵完全被塞满时，"自我"就被完全排斥了。其结果只能培养出"单视野的人""生物人""文明的野蛮人""破碎的人""考试人""有 IQ 而没有 EQ 的人"。相反，如果各种知识在人的头脑中建立联系，具有碰撞、对话和交融的机会，就有可能产生智慧，人就有可能变成一个智慧的人。在这种关系中，不仅有各种知识之间的对话和交融，还有构成自我的各种要素——感觉、意象、观念（包括意识与无意识）、感情、生活态度、信仰、知识——之间的碰撞、对话和交融。这些异质要素之间相互碰撞和交融的结果是碰撞出智慧的火花。一句话，智慧绝不是纯粹的信息，而是信息与自我深层碰撞的明丽火花。

因此，所谓"生态式教育"就是一种为改变各种知识之间生态失衡状态，形成各专业知识之间、知识与自我之间的生态关系的教育，它的目的是培养出真正具有智慧的"开放型的专家"。这种人就是现代社会要求的"全面发展的人""文化人""贯通而求洞识的人""通达而识整体的人"和经常获得"芝麻开门式发现"的人。

生态式艺术教育成功的标志之一是大大减轻了学生负担。它认为，目前教育界进行的"减负"有两种，一种是被动的"减负"，一种是积极的"减负"。被动式减负简单地砍掉许多学习内容，使学生有了空余时间和休息时间。但学生毕竟是好动的，有了空闲时间而不知做什么好，这种时间就变成空虚而不是空闲，其学习生活也会变得毫无意思，有时甚至要做坏事。积极式减负就是要用艺术、游戏等有意思的事情和事件填补其空闲时间，变空闲为充实，变游手好闲为创造，使学生的学习生活变得丰富多彩。在生态式艺术教育看来，学生的创造性素质不是靠从外部灌输知识得到的，而是靠多学科之间以及学生与教师之间的生态关系得到的。既然创造性素质不再靠灌输得来，学生的负担自然减轻了。以作文为例，在灌输式教育中，虽然教师给学生讲解大量作文知识，但由于学生无真切感受，学生还是不愿意或写不好作文。而在生态式艺术教育中，通过艺术欣赏造就了学生的丰富感受，通过创造强化了这种感受，通过学生与教师、学生与学生之间的讨论和对话又把感受转换成语言表达。在具有感受力的基础上再作文，作文也就容易多了和生动多了。生态式艺术教育正是通过积极建立艺术课与其他各科之间、艺术课与课外活动之间的生态关系，来提高每一堂课的兴趣性和质量，从而积极地减轻学生的负担。这样的减负不仅是积极的和有效的，而且与提高学生素质的教育方向是一致的。

正是出于对人类心理深层中的基本生态模式的认识和因违背这一生态模式造成的弊病的深刻检讨，才出现了当今的生态式教育。

三 对话：生态式艺术教育的主旋律

生态式艺术教育是一种既符合人类深层无意识二元对话的生态模式，又符合整个自然的二元对话模式的教育。也就是说，通过对立二元之间的联系和对话（而不是对立），促成人的可持续性发展，是这种教育的主旋律。它不仅强调教师和学生、学生与学生、学生与自然、主课与副课、课内与课外、学校与社区、东方文化与西方文化等对立二元之间的联系和对话，还强调人文意识和科学意识、人文学科与科学学科之间的对话和相互生成。

概括起来，生态式艺术教育的对话性有如下八种表现。第一，在这种教育中，教师必须从教训者的高位上下降，学生必须从被动接受的低位上上升，二者形成一种相互激发、相互提高、互补和互生的生态关系。也就是说，教师与学生、家长与孩子、学习者和所学对象之间，不再是教训与被教训、灌输与被灌输、征服与被征服的关系，而代之以平等的、对话式的、充满爱心的、双方都以一种积极态度参与的双向交流关系。这种教育充分运用各种对话形式，引导教师和学生乐于对话、随时准备对话和能够对话。"对话"不是一种专门的科目，而是一种渗透于一切教学项目中的最基本和最持久的态度和素养。对话意识形成的关键在于教育者世界观和态度的改变。尽管教育者和被教育者年龄不同、地位不同、成熟程度不同，但要平等相待。

第二，在生态式教育中，"对话"不等于"讨论"。或者说，"对话"不完全等同于"讨论"。"讨论"可能是"对话"的一种方式，也可能是反"对话"的。一般说来，凡是"讨论"，都有自身的一套规则，有一个确定的主题，甚至有激烈的争吵。"讨论"在教育中当然有很大的作用，但它绝不能取代对话。一般说来，"对话"不是专门探讨一个确定的主题，而着意于在不同意见和见解之间建立一种互生关系，在随意交谈和碰撞中找到一条真理。"对话"从不把在场的人分成教育者和被教育者。在对话式教育中，所有的人都认为自己在接受教育，因为在这种教育中人们总是着眼于得到新的东西，在这种新的东西面前，所有的人，不管你过去是教育者还是被教育者，都有可能处于一种无知状态。

第三，生态式教育必须彻底消除以"我"为圆心的封闭意识，采取一种开放的态度。对话者绝不是要消灭一切与"我"不一致的人的意见，更不能因为别人同"我"不一致，就要千方百计地取消这种不一致。生态原理告诉我们，"异己者"不一定是敌人，在这个世界上，土地、植物、野生动物以及与"我"不同的人，虽然此间有种种差别，但这种差别是生态的需要，如果执意铲除与"我"不同的东西，就严重违背了生态规律。这种教育坚信，人与人之间的不一致乃这个多样性世界的自然，一切与我们不一致的人和观点不仅都有权利存在，而且很可能对我们自己的发展有利，因为同那些与我们不一致的人或物对话，可以通过相互作用不断生成新的东西，使我们的生活更加丰富。对话意识要人们走一条现代旅游主义之路。旅游者的特点是，每发现与自己不一致的东西，就感到新鲜、惊奇和振奋。惊奇是进行审美欣赏的重要条件，因而能使人感到他者的美好和友谊，从而很快地打破自我的封闭状态。

第四，相应地，生态教育注重的是一个人的整体素质，素质高低的标志是看其是否具有不断创新和持续发展的能力。因此，它衡量一个人所受教育高低的标准，不再单纯看其掌握知识的多少。仅仅掌握了一套死板的知识，而不知道知识是怎样得来的，不知道怎样应用和发挥，就不符合生态原则，因而不算得到了完整健全的教育，也不算是一个有学问的人。生态式教育要求人们，既应该知道事物是"什么样子"，又应该知道它何以是这个样子；既拥有关于事物的真理，又拥有一套如何发现真理的办法。通过与异质要素的不断"对话"而不断发现真理，是一个必要的途径。

第五，这种生态式教育非常注重在各不同学科之间建立一种生态关系。它认为，以往教育把某些课固定为主课，另外一些课固定为副课的做法是违背生态关系的。在生态式教育中，主课和副课是可以相互转化的，也是可以相互融合的。当然，转化要有一定的条件，融合要有一定的原则。如果违背了生态原理，一切就都无意义了。具体说来，一种符合生态原理的融合首先要有一种整体观念。也就是说，每科教师在教学时，都必须有一种全局观念，自己所教的课程，不管是语文、数学、英语，还是绘画和唱歌，都被看成同一个整体的不同部分，它总是以一种恰当的比例与其他科目融合和交叉，以达到一种整体效果。其次是相互联系的原则。例如，数学教师如果教的是一个新的几何图形，在简单地交代它的定义后，就可以把它与某种地理形象或体育活动形象联系起来，与之形成一种相互补充和生发的生态关系，使学生在这种生态关系中很自然地掌握这个几何图形的概念和名称。同样，在上地理课时，也可以让学生根据地图比例，用数学知识计算某地到某地的距离，使地理知识和数学知识都变得具体和生动起来。

第六，单元式教学：把一个单元视为一个生态系统。事实证明，在幼儿、小学，甚至中学教育中，采用单元式教学法是一种聪明的选择。每一个单元都有一个主题，各科教学都围绕着同一个主题进行，以便相互之间形成一种生态关系。举例说，在小学一年级新生入学后，第一单元的学习，不管是语文、数学和英语，还是绘画、音乐和体育，都从不同学科和不同角度指向"爱"的主题，以便相互之间互相折射、互相补充、互相加强。另外，这种教材所规定的特殊教学程序也会迫使教师建立一种相互联系的整体观念，使他们在上语文时想到英语和数学；上英语课时，又同时想到语文和其他课。至于音乐、绘画等艺术课程，一方面是独立的，另一方面又可以交叉融合在其他各门课程中，从而使本单元所学的中心内容更加形象化和美学化，以利于学生的学习和记忆。经过这种联系和融合之后，各科之间不再有明显的界限，但又没有抹杀各科的个性和侧重点。如近年来各国流行的双语教学，便为这种单元式生态融合和联系提供了一个有说服力的范例。

第七，活动式教学。近年来，活动式教学的出现，为这种单元式生态式教育增加了新的融合和联系向度。所谓活动式教学，就是把一个单元中所学的专业知识与学生的真实生活活动联系和融合起来。还以外语教学为例。与语言有关的"真实生活内容"主要有二，一是人与人之间的真实交流，二是指用外语进行的专业学习。以前一种方式学外语，就要鼓励学生大胆地用外语与同学和教师交流学术和社会问题。在这种试验性交流中，学生犯了语言的错误不被认为是一个坏事，反而被看作他们掌握一种复杂的语言系统时的创造性努力的标志。以后一种方式学习外语，其侧重点不是要求学生说出正确的语言，而是要他们准确地理解所学课程的内容，并能用外语准确地表达出能让别人理解的内容。它虽然没有有意地强调语言，却因理解了讲课的内容和取得了知识而使语言能力自然地得到提高。概言之，这种融合式语言教学中第一位的东西，是让学生表达所掌握的学问和知识，外语语言反而降为第二位的东西，对它的学习应不露任何"语言学习"的痕迹。

第八，建立人文学与理工科之间的生态关系。在传统教育中，人文学与理工科基本上是对立的，而在生态式教育中，二者之间形成一种生态关系。当然，这种生态关系不是形式上的，而是意识上的，或者说，主要是人文意识与科技意识的相互促进和相互支持。

毫无疑问，艺术中贯穿着很强的人文意识，所以艺术是一门标准的人文学科。而即使这种作为人文学科之典型的艺术教育本身，也可以把人文思想和科学精神融合起来。虽然说向学生教授艺术的主要目的是使他们更敏锐、更细致和更自觉地观看和倾听作品，由此而生发出审美快乐，但毕竟不是把画向学生面前一放，他们就能得到这种感受和快乐。在生态式教育中，艺术的教学必须引进科学的精神和科学的教学步骤，二者的结合使艺术教育成为高级的审美教育。虽然一般人对艺术的直接审美体验很难达到科学探索的精确性，但在真正的审美体验中，都必须经过审美期望、审美识别、审美想象和审美认识的逻辑和步骤。很明显，这些步骤与科学探索中的步骤是十分相似的。另外，要想成功地欣赏一件艺术品，还必须有许多通过理性获得的知识。西方美学家亨利·爱肯（Henry Aiken）在其《艺术课教学》中指出，欣赏作品至少应该掌握七个方面的知识。奥斯本也指出，审美欣赏涉及的认识性技能与理性有关。通过这些技能，我们便能把握和区别审美对象的各种性质。近年来，米恰尔·帕森斯也以科学理性对艺术理解进行了分析。帕森斯认为，人们对艺术的理解是随着人们对艺术经验的增加循序发展的。帕森斯将艺术理解分为五个发展阶段，对各个发展阶段的划分主要是依据一个人欣赏和理解艺术的能力，而不是依据人的生物年龄（早期阶段除外）。只有科学地认识人们审美理解力的发展步骤，才能进行有效的审美教育。以上学者的论述表明，人文教育必须同科学精神融合，形成一种互补的生态关系，才能获得成功。

四 生态式艺术教育与美育

按照生态式教育观，美育是通过生态式艺术教学实现的。这种教学分两大类，一是生态式艺术教育，二是使美的法则渗透于其他学科的大美育教学。美育不是美学知识的教育，不是纯粹的艺术技法教育，而主要是在培养学生审美感受力的基础上完善其人格、提高其素质的教育。因此，以往流行的灌输式艺术教育和园丁式艺术教育都无法肩负这一任务。只有生态式艺术教育才是一种切实可行的理想美育形式。它主张不同艺术学科的融合，但"融合"又必须是一种"生态式融合"。也就是说，要在美学、艺术史、艺术批评、艺术创造等多种不同学科之间，在艺术作品与学生之间、在作品体现的生活与学生日常生活之间、在教师与学生之间、在学生与学生之间、在学校与社会之间、在学生与自然（包括动物）之间，建立多方面和多层次的互生和互补关系，提高学生的审美感觉和创造能力。生态式艺术教育认为，谁具有可持续性发展能力，谁就具有高级的素质。而大美育教学主要是建立起美学与其他各课之间的生态关系，使学校内各课教学把"美的法则"作为灵魂。其整个教学机体一旦有了"美的灵魂"，就会按照美的规律运转起来。更重要的是，美的法则还可以把死板、枯燥、令人厌烦的知识变成可爱的、有感情的和美好的东西。

生态式艺术教育的重点和难点是如何做到像自然"生态系统"那样，使美学和艺术各学科之间达到最佳组合，以形成一种互生、互补、生机勃发、持续发展的生态关系，最后培养出知识经济时代最需要的智慧。要达到这一目标，第一要打破美学、艺术史、艺术批评、艺术创作、艺术心理学、艺术社会学、文化人类学等不同学科之间的隔离状态，建立它们之间的生态关系。第二是强调审美欣赏与艺术创造之间的相互融合和相互渗透，使敏锐的美感与艺术创造相互贯通，使艺术欣赏不再是纯粹为了愉悦和好玩，而是要在欣赏的同时思考美学、批评和历史问题，而这些问题的讨论和澄清又反过来影响和指导学生的创作活动。但究竟欣赏哪些艺术品和创造什么样的艺术品，又不是随意的。首先是要选择艺术史上的经典艺术品，其次是这些杰作体现的人文主题和意味必须与学生的情感生活建立生态关系。最后是这种教育强调通过对艺术形式的感知和分析，分辨和识别艺术作品中不同要素和不同事物之间"物物相需"的生态关系和由此而导致的可持续性生命过程。学生如果长期接受这种训练，其心理结构就会通过慢性熏陶和异质同构作用，成为一种与杰出艺术品有同样开放性和可持续性发展的结构。

生态式艺术教育还纠正了当前美育界出现的一个偏向：认为美育就是取消独立的艺术课，直接把美术、唱歌、舞蹈等渗透到数学、语文、化学中，让它们成为学生更好地理解科技知识的手段。生态式艺术教育认为，这是一种致命的偏向，必须予以纠正。按照生态原理，两种（或多种）不同要素之间首先要有力量上的平衡，才可能产生相互激发和对话作用，不断产生出新的东西。如果一个西瓜和一个芝麻相互接触，就无法建立生态关系。美育同样如此。如果学生的艺术感觉还只是个"芝麻"，其理性思维能力已经是个"西瓜"，二者就无法相互对话和加强，在这种情况下取消艺术课，或即使有艺术课也只教艺术技法而很少艺术感的培养，艺术感就会被理性思维吞没，在二者无法对话的情况下，当然也就无法碰撞出高级的创造性智慧。生态式艺术教育不仅不取消艺术课，而且要在艺术课中加进艺术欣赏，在艺术欣赏中融进美学、艺术史和艺术批评。一句话，生态式艺术教育是在加强学生艺术感的前提下使艺术与其他课程相互渗透的，其关键是要把课程按照主题分成一个个教学单元，再把每一个教学单元变成一个生态系统。在这个系统中，不仅要考虑艺术欣赏和艺术创造之间的生态关系，还要考虑艺术课与其他各科之间的生态关系。

综上所述，可以看到，生态式艺术教育是继灌输式艺术教育、园丁式艺术教育之后的一种新型艺术教育。生态式艺术教育意在通过不同艺术门类之间的交叉融合，通过美学、艺术史、艺术批评、艺术创造等多种学科之间的生态组合，通过经典作品与学生之间、作品体现的生活与学生的日常生活之间、教师与学生之间、学生与学生之间、学校与社会之间等多方面和多层次的互生和互补关系，提高学生的艺术感觉和创造能力。这种新型的艺术教育形式意在培养具有可持续发展能力的人，培养具有真正智慧的、适应现代社会要求的"全面发展"的人。

原载于《陕西师范大学学报》（哲学社会科学版）2003 年第 3 期

（作者单位：中国社会科学院哲学研究所）

学术编辑：刘俊含

On Ecological-styled Education of Art

Teng Shou-yao

Philosophical Institute of Chinese Academy of Social Sciences

Abstract：Following the cramming-styled and the gardener-styled education of art, the ecological-styled rises as a new style of education of art. By changing the ecological imbalance between varied fields of knowledge, the ecological-styled education of art intersects and incorporates such forms of art as music, drama, dancing, and painting and promotes the mutual generation and supplementation between such disciplines as aesthetics, history of art, artistic criticism and artistic creation to better the human quality and artistic competence on the part of students. As a new style of education of art, the ecological-styled aims at fostering "overall-developed" man of sustainable ability, real intelligence and adaptability to modern society.

Key Words：view of ecology; ecological-styled education of art; dialogue; aesthetic education

佩特的唯美主义理论取向

王柯平/文

　　提　要　沃尔特·佩特是英国唯美主义的首倡者和推动者。其所主张的审美学说，在当时遭到来自热情支持者与传统卫道士的不同误解。前者偏好的是其中凸显感官享乐和艺术鉴赏的"瞬间"意义，后者苛责的是其中有悖宗教伦理和宣扬及时行乐的消极意向。实际上，维特的唯美主义理论取向，与伊壁鸠鲁式的快乐主义密切相关，其中不乏道德化自省意识的内在机制。换言之，佩特宣扬的唯美主义立场，表面上看似强调艺术给人的快乐享受，背后却竭力追求艺术化人生的理想价值。在目的论意义上，佩特十分看重艺术与人生的互动融通关系，坚信艺术与审美中所蕴含的高雅文化与道德修养诉求，既是抵制维多利亚时期物质主义和庸俗主义的一种方式，也是找回人类真正精神如何在艺术中得以表现的一种尝试；既是打破枯燥乏味生活的一种途径，也是追求美好生活质量的一种构想。因此，佩特不惮其烦地激励和引导人们在追求光彩瞬间的艺术欣赏过程中，不断提升自身的艺术鉴赏力和审美敏感性，进而实现艺术化人生的终极目的。

　　关键词　佩特；唯美主义；快乐主义；道德化；"瞬间"哲学；艺术化人生

引　言

　　在英国维多利亚时期，沃尔特·佩特（Walter Pater, 1839—1894）是唯美主义的首倡者和推动者。所著《文艺复兴历史研究》（*Studies in the History of the Renaissance*）于1873年付梓问世，一举奠定了他在英国文艺评论界的学术声誉和开启英国唯美主义的历史地位。此书的"序言"部分，概述了作者对印象式批评的基本看法；其"结论"

部分，凸显了"为艺术而艺术"的唯美主义观点。该部分运思灵动，文采斐然，令片面解读的青年群体欣喜不已，其中的代表人物王尔德（Oscar Wilde，1854—1900）更是赞不绝口，竟能熟读口诵。不过，此书流露出的怀疑主义论调以及对感官唯美主义的推崇，因有悖于当时的道德观念与宗教习俗，也招来一些笃信传统道德与宗教信仰者的误读曲解与批评指责，其中有人断言佩特所倡的唯美主义是一种及时行乐式的快乐主义（hedonism，亦称享乐主义）变种。亨弗利·沃德夫人撰文回忆说：此书首版曾经轰动一时，其中充满优美而刺激性的描述，对于牛津的天主教传统态度冷淡，对于强烈的审美快感称颂有加，作者有意倡导有别于天主教克己教义的认知"激情"[①]。这里所言的认知"激情"，今日看来已然司空见惯，但在当时则是离经叛道，承载着"敢冒天下之大不韪"的勇气与风险。

另外，此书是据佩特发表过的一组论文整理而成的，内容关乎重要艺术家的作品鉴赏与艺术史家的评点要略，并未涉及相关的历史研究及其发展渊源，致使该书标题显得名不副实、有失学术严谨。有鉴于此，佩特在随后的修订版中，将原书易名为"文艺复兴：艺术与诗的研究"（*Renaissance*：*Studies in Art and Poetry*，1877），并且删除了充满上述"激情"的"结论"部分，以免引发更多的误解与负面的反应。

数年后，为了澄清自己的唯美主义立场与快乐主义思想的内在关系，佩特在撰写《享乐主义者马利乌斯》（*Marius the Epicurean*，1885）一书时，借助主人公的内在精神探险故事和思想转变成长过程，对快乐主义及其审美维度进行了拨乱反正的阐释和推介，同时对自己先前的理论观点进行了深度的阐发和匡正。在佩特看来，只要你心静神宁，悉心发掘生活中每一时刻里所蕴藏的精华与曼妙，凝思观照生活中每一瞬间里所展现出的那些优美、积极、富有启发意义的事物，你就会发现生活是多么有滋有味，多么意义无穷。因此，举凡明智敏悟之士，绝不以一种追求享乐的态度去游戏人生。随着自己思想的成熟与跃升，佩特毅然改造了传统的快乐主义学说，将斯多葛式的"责任"融入伊壁鸠鲁有关快乐主义的古老教义之中。这样一来，佩特就形成和确立了唯美主义与快乐主义相辅相成的基本思路，其主要目的在于将人生艺术化的追求同艺术鉴赏的敏悟能力结合起来。与此同时，他进而将其予以理论化和具体化，这在维多利亚时期的审美文化思潮中可谓别具一格。

值得一提的是，在易名修订后的《文艺复兴：艺术与诗的研究》一书于1877年付梓时，佩特为了疏解误解之风的蔓延，有意删除了该书1873年首版中轰动一时的"结论"部分。但在该书于1893年再版时，佩特又将原来的"结论"部分复置其中，只是就其中个别词句稍加修改而已。诚如他在脚注中所说：

[①] R. M. Seiler（ed.），*Walter Pater*：*The Critical Heritage*，London and New York：Routledge，1980，p. 29.

这一简要"结论"在本书第二版里曾被删除，因为我推想它可能会误导某些手捧此书的年轻人。大体说来，我认为最好将此"结论"重印在此，为了更加接近我的原意，我对其作了少许细微改动。这部分所表达的那些想法，我在《快乐主义者马利乌斯》一书中进行了更为充分的阐述。①

在笔者看来，佩特对于"结论"部分如此难以割舍，除了恢复此书学术历史的原貌和自己思想发展的轨迹，恐怕还有时过境迁后衍生的诸多原因，譬如社会压力的消减、读者群体的成熟、思想火花的余热、全面理解的条件，等等。当然，借助《享乐主义者马利乌斯》一书充分阐明"结论"中的相关思想，也给予佩特更多的理论自信和担当底气，使他能够重新面对原来情采激扬的文字与破旧立新的理念。

一 唯美主义的诉求

唯美主义（aestheticism）作为一种艺术理论和生活态度，宣扬艺术作品的绝对自律性与审美优先性，断言艺术自为自在，旨在提供感官愉悦，无关道德说教与社会责任，鼓励艺术家放弃艺术承载道德的功利主义立场，主张人们热情拥抱生活，在单纯追求艺术美感的过程中实现生活的艺术化。19 世纪末，唯美主义思潮一度盛行于法、英、意、德、美等国，其中某些主张，常与"为艺术而艺术"运动以及文学"颓废派"纠缠不清。其在法国的代表人物有戈蒂耶、波德莱尔、梅里美与普罗斯特等作家，在英国的代表人物有斯温伯恩、佩特、济慈、叶芝和王尔德等文人。一般说来，唯美主义的思想根基主要源自以康德、谢林、歌德和席勒为代表的德国哲学与文学。有些学者甚至将康德的《判断力批判》视为"为艺术而艺术"的思想来源，认为其中对艺术与审美特性（譬如"无关利害的满足感"、"纯粹美"、"独立美"与"无目的的目的性"等思想）的论述，恰好为唯美主义者所推崇的"为艺术而艺术"提供了顺理成章的理论支撑或依据。

在历史上，英国唯美主义勃兴于 1870 年前后。佩特的美学与艺术理论，当时被视为英国唯美主义的基石，他本人的大名也一直与英国唯美主义思潮紧密相连。实际上，佩特于 1873 年首版的《文艺复兴历史研究》一书，因传布审美快乐主义而名噪一时，对唯美主义思潮起到推波助澜的作用。在该书结论部分，他鼓励人们要让心中永远燃烧着宝石般的炽烈火焰，同时保持心醉神迷的审美状态，借此追求诗的激情，满足美

---

① Walter Pater, *The Renaissance*: *Studies in Art and Poetry*, The 1893 Text, ed. Donald L. Hill, Berkeley and Los Angeles: University of California Press, 1980, p. 186.

的渴望，确保人生的成功。他的一些富有诗情与振聋发聩的观点，在当时引起大批青年的关注，同时也在学界引起诸多争议，这不仅是因为此类观点有悖于艺术与道德的传统认知，有悖于倡导克己的宗教精神，而且有悖于维多利亚时期的艺术导向和社会风潮。不过，佩特本人的唯美主义思想，经历了一个发展与调整的历史过程。这方面主要涉及两部作品：一是《文艺复兴：艺术与诗的研究》这部理论著作，二是《享乐主义者马利乌斯》这部哲理小说。①

1. 最初的倡议

1873 年首次发表的《文艺复兴历史研究》一书，其研究对象主要包括波提切利、罗比阿、达·芬奇、米开朗琪罗、乔尔乔内画派与温克尔曼等重要艺术家和艺术史家，意在陈述作者本人对文艺复兴时期代表性艺术成就的总体性认识。在佩特看来，人们对文艺复兴的关注与兴趣，虽然主要集中在 15 世纪的意大利，但文艺复兴的实际意义，已然远超 15 世纪古典文化复兴人士的初衷，已然成为人类心智的广泛振奋和启蒙的诸多结果之一。可以说，文艺复兴代表人文精神焕发新生的一次革故鼎新运动，其根本特征在于关注物质美，崇尚形体美，冲破中世纪宗教体系强加给人类心灵和想象的种种禁锢。为了佐证这一观点，佩特抬出古代艺术史家温克尔曼，认定这位德国学者虽然生活在 18 世纪，但在精神上却真正属于更早的古典时代，这主要是因为温克尔曼对理智和想象的事物充满热情，对自己向往的希腊主义情有独钟，为领略古希腊精神而踔厉奋斗一生。②

在佩特心目中，文艺复兴类似一场唯美主义运动。在该书"序言"中，佩特首先认同阿诺德引述的这一立场——所有真正的评论旨在"按照本来面目看待事物"。据此，佩特随之补充说：在审美批评中，按照本来面目看待事物的第一步，就在于了解自己印象的本来面目，继而对之加以辨析，并明确地予以把握。由此看来，那些对相关印象有强烈感受并直接致力于区分和分析它们的人，根本不必费心费力地去考虑"美本身是什么"。在此，佩特断言：美的事物是令人"产生快感的动力或力量"，会促使鉴赏者不得不解析这些力量的成分，继而借此解释这种奇特的印象。为达到这一目的，评论者必须拥有某种气质，拥有被眼前美的客体深深感动的能力。③ 在论及罗比阿的艺术时，佩特断然指出：唯有艺术家的情感及其个性表现，才是艺术具有真正审美价值之处。所谓唯美主义批评，就是将艺术欣赏从道德桎梏中解放出来的一种途径或理路。

如前所述，该书最具争议之处就在于其"结论"部分。这一"结论"常被视为佩

① 国内的汉译本是《马利乌斯：一个享乐主义者》，陆笑炎等译，哈尔滨出版社 1994 年版。
② 参见［英］佩特《文艺复兴：艺术与诗的研究》，张岩冰译，广西师范大学出版社 2000 年版，第 1—3 页。
③ 参见［英］佩特《文艺复兴：艺术与诗的研究》，张岩冰译，第 1—2 页。

特唯美主义的宣言，代表佩特对文艺复兴研究的总体认识及其唯美主义的批评范型。佩特有感于生命的短暂与无常，积极倡议人生的唯一机会，就在于尽可能延长我们称之为生命的短暂瞬间；只有这样，才会使人尽可能增多心脏脉搏跳动的次数；也只有在对艺术本身的爱好中获得的激情，才会让人生变得尽可能地热烈和完整。① 在这里，佩特步戈蒂耶（Théophile Gautier，1811—1873）② 的后尘，极力宣扬"为艺术而艺术"的信念，由此赢得以王尔德（Oscar Wilde，1854—1900）为代表的诸多青年唯美主义者的拥戴。与此同时，其中宣扬感官愉悦与审美享受的思想，也被传统的牛津学者们斥之为有悖道德的"享乐主义"复现。

2. 思想的流变

从 1893 年重版的《文艺复兴：艺术与诗的研究》里可见，"结论"部分开篇伊始，描绘了一幅经验世界在现代心理和认知理论分析拆解下的境况。佩特引用赫拉克利特名言——"一切皆流，无物常驻"，意在表达自己的这一观察：将一切事物及其原理看成常变的风尚或时尚，正日益成为现代思想界的趋势。③ 显然，佩特清楚地意识到，在人类当时所处的时代中，所有传统意义上可靠的东西，正在被新生的哲学与知识予以颠覆，正由于时间的流逝而遭抛弃。若以人类自身内外的永恒运动为例，个体内心世界中的那些印象是不稳定的和不断飞逝的。现代经验科学已将生活肢解得支离破碎，致使每个人都好像被禁锢在必然性或自然律所构筑的魔网之中，结果陷入心理上的瘫痪状态。也就是说，现代经验科学已将生活完全分解为"自然组成部分"或基本过程。当我们进行反省时，那些印象均成为个人孤独时的印象；每个心灵就像孤独的囚徒一样，仅仅保留着自己对世界的梦幻似的感觉，每个人的经验都缩减成不断飞逝的印象。这对人类而言，唯一真实存在的就是生命长流中的每一"瞬间"。可当我们想要去把握这一"瞬间"时，它却一去不返。故此，只有这一仅存的"瞬间"，才能让某种热情、见解或理性的激动，具有不可抗拒的真实感和吸引力。人们在这一"瞬间"里所得到的，乃是一种多样化的、戏剧性的人生。不过，囿于自然期限（natural term），人生的脉搏跳动次数是有限的。那么，为了获得完满的人生，我们如何才能捕捉住更多这样的脉搏跳动呢？佩特所开出的灵丹妙方，正好是艺术鉴赏的"瞬间"体验。

3. 艺术的馈赠

应当说，佩特是从生存哲学角度来描述和标举这种"瞬间"的。在他看来，每一

---

① 参见［英］佩特《文艺复兴：艺术与诗的研究》，张岩冰译，第 227 页。

② 法国作家戈蒂耶积极主张"为艺术而艺术"，在长诗《阿贝杜斯》的"序言"中宣称：一件东西一旦变得有用，就立刻成为不美的东西。因为它进入了实际生活，从诗变成了散文，从自由变成了奴隶。在他看来，人类的艺术追求，应该与实际生活中的追求分开。后来，戈蒂耶又在其小说《莫班小姐》的"序言"里强调："只有毫无用处的东西才是真正美的；一切有用的东西都是丑的，因为那是某种实际需要的表现。而人的实际需要，正如人可怜与畸形的天性一样，是卑污且可厌的。"这篇序言被看作"为艺术而艺术"思潮的一面旗帜。

③ ［英］参见佩特《文艺复兴：艺术与诗的研究》，张岩冰译，第 225 页。

"瞬间"完全是个人的和特定的。每个体验或印象，都因其独特性而与其前后的"瞬间"分割开来。每一"瞬间"在眨眼之间转瞬即逝，但时间之流却永无尽头。在个体人生中，构成时间之流的是诸多形态的印象。这些印象是不稳定的，闪烁的，不协调的。人们能感觉到它们在不断燃烧与熄灭。这一体验过程精彩而短促，人所应为的就是让这种宝石般的炽烈火焰一直燃烧，借此保持一种心醉神迷的审美境界，借此实现成功且又完满的曼妙人生。

值得重视的是，有意义的"瞬间"尽管稍纵即逝，尽管搏之难得，但只要人们用志不分，凝神观照，借助我们最细微的感觉，或许会在体验之中，敏锐地从一点转到另一点，甚至会伫留在"焦点"之中，从而使为数众多的生气蓬勃的能量，劲头十足地聚合起来，结为一体。这里所言的"焦点"，预示着特定的时空感受，代表鉴赏艺术时获得的快乐"瞬间"，也就是让人生更富有意义的"瞬间"。佩特将其喻为"宝石般的炽烈火焰"，不仅是以诗性的话语来激活人文之心，而且是用艺术的魅力来创立希望之光。佩特建议人们以此为追求目标，尝试新意见，追求新印象，而不是墨守成规，默然接受任何轻易得来的正统观念。否则，人们就无暇创造，只会逆来顺受，沦为旧有意识形态的辅助性附庸或实验性工具。

为此，人们需要"精神上的敏捷"，以便抓住这些飞逝的"瞬间"，抓住任何可以暂时解放人类精神的"瞬间"。当人们将此"瞬间"提升到情感或知识的较高层次上时，任何刺激感官的东西，譬如奇怪的染料、奇特的颜色、奇异的香味、艺术家的作品、朋友的脸庞，都会给人以新的启示或愉悦感受。[1] 反之，人们若被淹没在一个充斥着规则与理论的世界里，其缺乏敏锐的感官就无法捕捉住那些稍纵即逝的独特"瞬间"。如此一来，当人们回顾自己的一生时，难免会产生诸多遗憾。譬如，人之将死，方知没有真正生活过的遗憾。在这里，佩特鼓励人们在艺术鉴赏中培育感官的敏锐性，以便获得艺术的馈赠，享受艺术给予的那些独特"瞬间"及其相应的审美品位和生活质量。

与永恒的时间之流相比，死亡乃人生不可避免的结局。用雨果的话说：我们都是被判死刑的人，只不过处在不定期的缓刑阶段罢了；我们有一短暂的间隙期，在其过后就会物是人非。[2] 佩特试图以此来警示世人，不可因为死亡的不可避免性而无精打采地荒废人生，也不可因此而使自己沉迷于追求感官享受之中。举凡明智之士，应把时间用于欣赏艺术和诗歌，以此来丰富自己的人生体验。用佩特的话说：我们唯一的机会是扩展这一间隙期，在此期间争取获得尽可能多的脉搏跳动，设法使心中宝石般的

---

① 参见［英］佩特《文艺复兴：艺术与诗的研究》，张岩冰译，第226页。
② 参见［英］佩特《文艺复兴：艺术与诗的研究》，张岩冰译，第227页。

炽烈火焰一直燃烧，照亮人生之途。因为，高昂的激情也许会给予我们充盈的生命感，给予我们爱情的狂喜和悲哀，给予我们不为实利而朝夕营营的审美活动。① 这些活动伴随着人生的智慧、诗的热情和美的追求，大多来自人们对艺术本身的爱好和鉴赏。要知道，艺术之所以能够给予人们那些光彩夺目的"瞬间"，是因为艺术品完整地体现或表现了理想的生活。有鉴于此，佩特的唯美主义，虽然不乏快乐主义的基调，但其背后蕴含着追求艺术化人生的终极目的。

二　快乐主义的实质

在以王尔德为代表的唯美主义者眼里，佩特的《文艺复兴历史研究》（1873）初版被奉为"心灵与感官的宝典"②。可在佩特执教的牛津布雷兹诺斯学院某些同事（如约翰·华兹华斯）看来，此书尽管文思俱佳，但其论调有悖道德，其中令人无法忽视的事实是：该书的"结论"部分表达了全书的主旨，断言一切宗教与道德准则均不可靠，宣扬人生的唯一目标就是享受"瞬间"的快乐，认为死亡来临时灵魂就会消逝、永不复返；另外，该书的名称容易让人产生误解，因为它名不副实，其所缺乏的正是历史分析，此乃该书最为苍白无力之处。③

佩特专论文艺复兴的著作可谓一波三折。作者当初或许并未预料到此书会遭到如此强烈的非议。1877 年，他重新修订《文艺复兴历史研究》。作为回应，他将书名易为《文艺复兴：艺术与诗的研究》（1877），觉得此名更加契合该书所论内容，同时删除了原来的"结论"部分，担心自己的相关论述太过简略，容易误导某些年轻读者。再者，经过重新反思快乐主义思想，他特意撰写了《享乐主义者马利乌斯》（1885）这部哲理小说，借以阐明自己对快乐主义的新解，同时对原来的"结论"加以充分论证。但到后来重版《文艺复兴：艺术与诗的研究》（1893）一书时，他又将原来的"结论"部分纳入其中。相关原因前文已表，此处不赘。

《享乐主义者马利乌斯》一书，以公元 2 世纪罗马皇帝奥勒利乌斯统治时期的社会生活为背景，讲述了马利乌斯从异教徒皈依为天主教徒的思想历程，再现了主人公在追求审美享受和寻求理性认识之间的矛盾心理与观念转化。实际上，佩特将自己的思想与感受，有意倾注到这一人物身上，在其不断反思的意识变化过程中，着实勾勒出一个真正的快乐主义者，并借此来表达自己的快乐主义审美原则与哲学思想。

---

① 参见［英］佩特《文艺复兴：艺术与诗的研究》，张岩冰译，第 226—227 页。
② Roger Kimball, *Experiments Against Reality：The Fate of Culture in the Post-modern Age*, Chicago：Ivan R. DEE, 2000, p. 38.
③ 参见 Roger Kimball, *Experiments Against Reality：The Fate of Culture in the Post-modern Age*, p. 71。

佩特笔下的马利乌斯，出身豪门，幼年丧父，在一座乡间别墅里长大。在他早年居住的当地，人们一直恪守古罗马的生活方式。有一次他去邻村上学时，遇到成为他好友的弗拉维安，后者对他一生影响甚大。在母亲去世后，马利乌斯启程前往罗马，有幸在途中结识了一位年轻骑士柯内留斯。后来，马利乌斯在罗马皇帝奥勒利乌斯的宫廷中担任文官，其间又结识了阿普雷厄斯和卢西安，接受了快乐主义学派"瞬间快乐"主义的观点。再后来，马利乌斯皈依了天主教，对其庄严与宁静的教义深信不疑，对其精神与情感的慰藉推崇备至。到了奥勒利乌斯统治末期，马利乌斯作为天主教徒，在一场宗教迫害运动中被捕，最终患痘疫殒命，死前未领受圣餐，也未接受洗礼。

在一些学者看来，佩特撰写此书的主要目的，一方面是为了反驳那些指责其《文艺复兴历史研究》一书相关思想的学者，另一方面是为了引导布雷兹诺斯学院的学生为快乐而生活的行为。事实上，佩特确曾宣称，人应当为快乐而生活；但他始终认为，对快乐的仔细区分，实属自己所倡的唯美主义理论有别于庸俗快乐主义和非道德主义的一大特征。

在《享乐主义者马利乌斯》一书中，佩特相继明确区分过不同流派的快乐主义。总体而论，快乐主义（hedonism）的行为理论由来已久，通常是把某种快乐（hedone）当作行为准则。大多数批评家对快乐主义的误解，主要源于他们认为快乐主义所追求的快乐都是肉体上的享乐。这种看法完全有悖于快乐主义的初衷，实则将基于理智取舍的快乐主义等同于喜好声色犬马的享乐主义。实际上，真正的快乐主义者所认同的快乐，是来自名誉、友谊、同情、知识和艺术的快乐。在历史上，快乐主义主要分为两大流派。早期较为极端的快乐主义，是以公元前 5 世纪的雅典哲学家亚里斯提卜（Aristippus）为代表的昔兰尼学派（the Cyrenaics）。亚里斯提卜的出生地是位于北非的昔兰尼（Cyrene），与他同名的嫡孙承继祖父的相关思想，借用昔兰尼城邦之名建立了这一学派。该学派在认识论上持守感觉优先立场，夸大感觉的主观性和真实性，宣称人类至高的善就存在于瞬间的快乐之中。此外，他们还将快乐等同于一种生理过程，等同于"肉身的柔顺运动"（smooth motion of the flesh）。他们用以支撑其快乐主义思想的主要论点就是：包括人类在内的所有动物，均追求快乐而非痛苦。这种专注于即刻快乐的做法，蕴含一种及时行乐意识与怀疑主义思想。据此，他们认为唯有即刻快乐，才是为人所知所感的东西。如此一来，即刻快乐便被奉为衡量人类目的价值的标准和支配行为的准则。

快乐主义的另一流派是伊壁鸠鲁学派（the Epicureans），即以古希腊哲学家伊壁鸠鲁（前341—前270）为代表。与昔兰尼学派不同的是，伊壁鸠鲁学派以办学立说起家，故此门生众多，思想传布甚广，在希腊化时期遍及多地，随后传到罗马帝国，影响了西塞罗、塞涅卡、普鲁塔克与琉善等拉丁哲学家，从而在公元前 1 世纪上半叶形成声名远播的伊壁鸠鲁学派。该学派既关注心理的满足感，也探索事物的真实本性，重视世俗快乐的生活方式。他们不愿涉入政务，推崇友谊为上，提倡男女贫富平等，喜好志同道合者欢聚一堂，共享坐而论道和交流灵思的乐趣。他们的核心目的就是享受快乐，这种快乐的本质在于心灵不受干扰，身体免于痛苦。

遗憾的是，伊壁鸠鲁学派所倡的快乐主义，在一般读者的曲解中，被冠之以迷恋酒色淫佚的坏名声。后来在基督教那里，伊壁鸠鲁学派的自然主义被视为完全拒斥神性非凡力量的异端，伊壁鸠鲁学派的人本主义学说被视为"可恶的想法"（anathema）。到了公元 5 世纪之后，伊壁鸠鲁学派的快乐主义被夸张地描述成反基督的思想学说。针对一般读者的曲解，塞涅卡不以为然，曾直截了当地指出：伊壁鸠鲁主义所背负的坏名声与坏声誉，均名不副实。事实上，伊壁鸠鲁学派的快乐主义，尽管在理论上允许寻求快乐，但在现实中要求严苛，提倡苦行或禁欲。在伊壁鸠鲁的伦理学中，其所肯定的善好生活，需以人们周围的友爱与友谊为保障。虽然它不会禁绝任何东西，但要求践行者务必恪守适度原则。故此，举凡以功利主义准则作为衡量自己欲望尺度并且拥有最少需求之人，才会以最佳方式把握住快乐的真谛。至于基督教的指责，恐怕是源于伊壁鸠鲁对于宇宙所持的开放态度及其对神性采取的怀疑态度。要知道，伊壁鸠鲁接受了德谟克利特的原子论。在他心目中，宇宙由物质和虚空组成。物质由不同形状与不灭不分的原子组成。宇宙是永恒和无限扩展的，因此存在多个世界而非一个世界。所有原子及其运动，乃单一的终极事实，关乎事物的存在方式。生命乃特别优良的原子复合体，由此形成身心合一的自然实体，死亡是不可改变或逆转的个人分离散化结果。诸神静止无为，远离人世，永恒常在。人类从诸神那里无所希冀，因此也就无所畏惧。显然，相比于诸神，人类成为自在的生物，生于原子组合，死将不可避免，这样便可顺其生而不怕死。后来，伊壁鸠鲁主义对科学的发展起到积极作用。到了文艺复兴时期，人们之所以将目光从天堂转向尘世，从神祇转向人类，伊壁鸠鲁学派的快乐主义功不可没。

返回到佩特的快乐主义。他对于"快乐即至善"这一格言的解读，在很大程度上是受苏格拉底的理性审慎原则与亚里士多德的完满人生观念的影响。因此，他认为真正的快乐，应是持久的快乐；真正的快乐主义者，理当追求的是一生持久的快乐。这种快乐只能在理智的生活中获得。故此，有必要将痛苦减少到最低程度，将对快乐的选择建基于自我克制的原则。由此可见，佩特的快乐主义，在本质上更接近于伊壁鸠鲁学派的快乐主义。也就是说，这两者均非倡导及时行乐的自我放纵，而是讲求理智生活和伦理原则的积极修为。

佩特撰写此书的主要用意何在？是为积极的快乐主义伦理学辩护，还是对维多利亚时期的社会风气表示不满？是在修正自己的唯美主义立场，还是在倡导一种诱人的人生价值系统？或者是在为当时的年轻人提供一种新的生活方式？答案均是。这些问题与此书用意皆有关联。比较认同的看法是：佩特笔下的享乐主义者马利乌斯，其思想成长的时代背景，与受过教育的年轻人在维多利亚时期的社会意识背景有些相似。在社会与经济快速发展过程中，各种思潮相继登场，道德说教各执一词，价值观念伪善难辨，矫揉造作已然成风，附庸风雅四处盛行……凡此种种，不一而足。面对这些情境，佩特独辟蹊径，返回古典，重估伊壁鸠鲁的快乐主义，试想从中探求一种务实而明慧的人生哲学。

在该书第九章里，佩特专门论述一种新快乐主义，实则是在澄清人们对伊壁鸠鲁主义的传统误解。在此，他不仅嘲讽那些迫不及待为伊壁鸠鲁思想盲目定调之士，而且讥笑那些以笼统方式推测希腊词语 hedone 含义的人士。他继而指出，该希腊词语可以代表各种各样的快乐，这些快乐在性质和因果上各不相同。譬如，美酒与情爱带来的快乐、艺术与科学带来的快乐、宗教信仰与政治抱负带来的快乐，等等。由此可见，快乐是多样化的和分层次的。美酒带来的快乐与味觉有关，情爱带来的快乐与身心有关，艺术带来的快乐与审美有关，科学带来的快乐与理智有关，宗教信仰带来的快乐与精神有关，政治抱负带来的快乐与志向有关。若将快乐统摄于任何一种，显然是太过简单或太过肤浅的认知。

在该书第二卷和第十四卷中，佩特阐述了自己对昔兰尼学派的重新解读。他借主人公马利乌斯之口，道出自己的如下看法：昔兰尼学派热情真诚，但失之偏颇，甚至近乎疯狂，故而具备青年人乐于尝试新潮的特征。因为，青年人更多追求的是主观片面的理想，其对经验的认识是生动而有限的。他们一方面感知到人世的美好，另一方面领悟到人生的短暂。然而，当青年人有能力去思考和接纳某种理想时，昔兰尼学说或许会成为他们感兴趣的对象，因为这种哲学可以纳入某一更为庞大的体系里面。

那么，应当如何建立这个体系呢？佩特给出的解决方案如下：当各种理论发展登峰造极时，相互之间就会彼此相似或暗通款曲。人们对经验的反思，并非看似那么千差万别，因为经验本身并非如此。因此，在思索人生、追求完美和领悟时间价值的过程中，激情和庄重犹如献祭，与古代伦理并不相悖，即使昔兰尼学派与伊壁鸠鲁学派刻意超越了古代伦理。[①] 借此对照一下《文艺复兴历史研究》"结论"部分中佩特对激情式唯美主义的推介和由此招致的指责，这里的陈述或辩解可以说是一种理论上的回应或反驳，其意在于表明：唯美主义或快乐主义作为审美与生活方式，与所谓宣扬异教精神或非道德生活的误解并无关联。若用中国传统的说法，此两者可"风马牛不相及"。

---

① 参见［英］佩特《马利乌斯：一个享乐主义者》，陆笑炎译，哈尔滨出版社 1994 年版，第 148—151 页。

在详细重释了快乐主义的主要学说之后，佩特发出这样的呼吁：让我们开怀畅饮吧，因为我们明天就将死去。对于口味与趣味不同的桌边就餐者，这一倡议具有不同的含义。从字面上解读，近乎在灯红酒绿中及时行乐。从寓意中解读，那就是如何在一书鉴赏中抓住审美"瞬间"。由于自身的内向性格，佩特从不咄咄逼人，既不会将自己的观点强加于人，也不会在乎那些庸俗的中产阶级。实际上，他是将具有品位和教养之人当作自己学说的主要知音，认为只有这类人才能辨别纯粹感官式快乐主义与真正的伊壁鸠鲁快乐主义，也只有这类人才能过上最为完满的生活。与此同时，佩特持守"为艺术而艺术"的立场，笃信从热爱和鉴赏艺术中所获得的快乐，才是高雅而有价值的快乐。在他心目中，生活的理想并非享乐，而是完善的生活。但要想过上一种充实而完善的生活，即一种充满各种高雅品位和感觉的生活，那就须具备敏锐的洞察力这一必要的辅助条件。在原则上，敏锐的洞察力只能通过艺术鉴赏与审美教育来培养。因为，艺术鉴赏与审美教育主要包括事物作用于我们感官之后留下的愉快感受，能够使人欣赏到大自然与人类所有美好的特征。自不待言，这种敏锐的洞察力离不开眼睛的敏锐性，因为透过眼睛所观察到的东西，会对人生产生重大的影响。要知道，即使我们生活里的一切全都是影像，可是我们出于自尊也会装饰和美化自己的灵魂以及灵魂所触及的一切。奇妙的肉体、服饰、娱乐与社交活动，乃暂时储存这些影像的物质寓所。① 当然，不光是暂时储存，还有直接显现。在这里，佩特尝试采用振奋人心的言辞和积极向上的态度，力图鼓舞其同时代的人们去改善自己的生活质量，去追求艺术化的人生。

总之，佩特所倡导的快乐主义，大多源自伊壁鸠鲁的快乐主义，这更加贴近他所宣扬的艺术化人生，同时也更能体现他所补正的唯美主义思想。佩特在 1893 年的《文艺复兴：艺术与诗的研究》重版文本中，既延续了自己原先提出的基本审美观点，同时也更为清晰地阐释了自己热衷的快乐主义人生哲学。这其中相对突出但容易忽视的一点是：佩特在传承伊壁鸠鲁思想的过程中，接受和强调了快乐意味着心灵平静与无欲无痛的重要观点。这种快乐只能依靠高尚思想与自我节制来获得。相应地，这种快乐不是一种放纵，而是一种平静，一种高于肉体快乐的精神快乐。如此看来，这显然有别于他早前标举的"激情"学说，显然存在某种内在逻辑的脱轨。

遗憾的是，后来伊壁鸠鲁主义者所推崇的快乐信念，不仅与伊壁鸠鲁所倡导的宁静哲学理念相去甚远，而且与伊壁鸠鲁所推崇的精神品位不相匹配。按照佩特的倡议，只要你以宁静审慎的态度，审视出现在每个生活瞬间里的那些美好的、积极的和具有启发意义的事物，同时细心地发掘生活中每一时刻中所蕴藏的精华，你就会领悟生活

---

① 参见［英］佩特《马利乌斯：一个享乐主义者》，陆笑炎译，第 81—86 页。

的真谛，享受生活的乐趣，过上值得一过的人生。

三　道德化的理论倾向

　　无论是佩特所倡的唯美主义还是快乐主义，虽然得到当时不少青年读者的热捧，但由于在理论主旨上有悖于英国传统的宗教信仰，不同于当时流行的道德说教，异于附庸风雅的社会风尚，因此遭到正统派卫道士的批评，被斥之为不合道德的思想意识与生活观念。其实，就佩特的思想本质来看，对其作出"不合道德"的指责，近乎对其不合时宜的言论作出主观性的或臆断性的批判。换言之，佩特所言超出了那些卫道士的接受能力或容忍程度。虽说佩特的某些观念与当时的道德说教不甚合拍，但他自己并非无视为人处世的道德伦理，只不过在意趣与取向上与主流传统迥然有异罢了。譬如，传统道德强调克己，唯美主义推崇激情；宗教伦理重视信仰，快乐主义标举快乐；天主教徒追求超越，佩特本人倡导瞬间……然而，在虚幻的理想与生活的现实之间，人类个体的选择取决于各自对人世经验的相关认识与判断结果。举凡采用冠冕堂皇的言辞来伪装自己和遮盖生活现实的"卫道士"，不仅自欺欺人，而且"毁人不倦"。

　　那么，在这方面，佩特本人是如何认识和判断的呢？他发现人世间的生死轮回与无常变化，使每一时刻充满激情的欢乐，均成为人类所能捕获的至善体验所在。此类体验本身便是目的。在时间之流中，人生具有多样化、戏剧性和有限性。但在短暂的瞬间，人会感觉到体验的精妙和事物的美好，由此汇成值得一过的人生或艺术化的人生。在某些正统派道学家眼里，佩特的这一论点无异于离经叛道，就像是在号召人们为体验美好而抛开道德，为体验瞬间快乐而否定永恒超越。如果不是草率匆忙地下此结论，而是静下心来对佩特的唯美主义理论进行仔细剖析，读者就会发现佩特的初衷并非那么简单笼统。也就是说，他并非以牺牲道德为代价，来换取人生中充满激情的体验；而是在尊重道德的前提下，通过对瞬间体验的把握，来充实人生值得一过的意义。遗憾的是，佩特并未明确标示这一前提，而是在宣扬唯美主义理论时，将道德前提当成无须赘述的既定准则。这可以说是他遭到支持者与反对者双方误读曲解的主因之一。

　　在我看来，佩特在立论过程中的上述"失算"之举，或许涉及如下缘由。其一，佩特假定其唯美主义理论的受众，既具有较高的文化教养，也具有较高的道德修养。因此，他只论审美而不谈道德，自以为"一切都在不言之中"。其二，佩特上承柏拉图的观点，认为美与善、审美特性与道德品性、美学与伦理学之间相互关联，密不可分。[1] 的确，美的理念在柏拉图至为抽象的思辨中占据重要位置。在其数篇对话中，柏

---

[1]　参见 Walter Pater, *Plato and Platonism*, London：Macmillan, 1912, p. 269。

拉图十分重视美与善的性相，经常标举美即善的互动关系学说，甚至多次将美与公正这一综合性德行并列起来加以比照。[①] 尽管柏拉图声称美与善两者的形态存在趋同与别异现象，但在美自体与善自体的本体论意义上，因善而美的因果关系是确然无疑的。[②] 据此，佩特因循柏拉图的理路，秘而不宣地站在审美立场上，隐去了美所内含的道德维度。其三，佩特向来认为道德感是人类个体的必备品质，该品质在审美过程中不可或缺，属于亲力亲为的活动，因此也就无须赘述。其四，佩特是在评论文艺复兴时期伟大艺术家及其艺术特征时，阐述自己唯美主义思想的，由此不难推知他的主要读者并非普通大众，而是社会精英——引领风尚和体现时代精神的精英。这一阶层如果缺失道德修养与品质的话，那就不是佩特的过错，而是社会的悲哀了。

在事关道德的问题上，狄劳拉（David J. Delaura）的观察是比较中肯的。他认为，佩特的唯美主义尽管糅合了道德与审美两部分，但基本上属于一种特殊的道德论，即他倡导的不是"为艺术而艺术"，而是"为完善人生理念而艺术"。[③] 在笔者看来，佩特所言的"为艺术而艺术"，在一定程度上就像是从柏拉图艺术思想中脱胎出来的观念之一。按照佩特的理解，柏拉图是"最早的优美艺术批评家"（the earliest critic of the fine arts），是最早预测出"为艺术而艺术"这一现代观念的古代哲学家。柏拉图虽然推知"艺术没有目的，只求自身完善"，但肯定艺术的意义关系到人类的心灵，艺术的审美要素是其道德和教育学说的重要组成部分。[④] 换言之，艺术如同法律一样，"是按照正确的理性，对心灵的一种创构"，人们总不能期望少年儿童仅像鸟儿一样唱歌吧。[⑤] 这等于说，人类不应是头脑简单的本能型模仿者或鸣叫者，而应是具有人文修养和审美情趣的创造型鉴赏者或表演者。的确，佩特深信，柏拉图所倡的艺术观，是奠定艺术地位的重要基石；艺术鉴赏或艺术教育，是建构理想城邦和公民德行的重要一环。不过，佩特似乎更进一步，认定艺术实际上是完善人生的唯一形式，艺术的存在有赖自身的审美价值。在艺术鉴赏中，感性取代了道德，审美创造了快乐，体验丰富了人生。在柏拉图和罗斯金的影响下，佩特重视美德，试图将审美与道德融为一体。尤其是在《享乐主义者马利乌斯》里，他对道德的阐述与探讨，通常会特意设定相关的审美语境。主人公马利乌斯生活观念的确立与转变，也显现在审美与道德互动的坐标之

---

① 参见 Plato, *Republic*, Loeb edition, pp. 476-480, 505-509a；*Philebus*, Loeb edition, p. 64c-65b；also in Plato, *Complete Works*, Indianapolis and Cambridge：Hackett Publishing Company, 1997。

② 参见王柯平《柏拉图的美善论辨析》，《哲学动态》2008 年第 1 期；另见王柯平《古希腊诗学遗韵》，文汇出版社 2012 年版，第 124—140 页。

③ David J. Delaura, *Hebrew and Hellene in Victorian England：Newman, Arnold, and Pater*, Austin：University of Texas Press, 1969, p. 179.

④ 参见 Walter Pater, *Plato and Platonism*, p. 267.

⑤ Walter Pater, *Plato and Platonism*, p. 275.

中。在现实生活中，特别是在艺术鉴赏中，迅捷而丰富的审美体验，对道德意识产生的影响，有时会超过那些传统道德的惯性规范。

总体而言，佩特本人对美与审美价值的信仰，已然升华为一种道德化的内在激情或心理机制。在他心目中，艺术与人生，携手并进；艺术鉴赏过程中的审美体验，与所有至善的精神不无关联。一旦艺术殿堂敞开大门，多彩的人生就会成为这座殿堂的中心，人类个体就有更多机会去体验那些独特瞬间所蕴含的美及其滋生的美感。佩特曾经宣称：任何一种抽象理论、概念或体系，如果为了传统惯例或者为了某种我们不能分享的利益，而要求我们牺牲这种体验的任何组成部分，那么我们就没有必要去理会这种理论、概念或体系。① 这就是说，人生正因为这种审美体验而值得一过，故此没有必要去刻意墨守那些抽象的理论概念或僵硬的陈规陋习。当然，这种审美体验与至善精神，是互为表里和实存直观的，而非彼此背离和虚幻空洞的。

需要指出的，佩特所言的激情，指向强烈的体验和敏锐的感觉。这种激情在表面上虽是就审美体验或艺术鉴赏而言，但其背后关涉情感与思想上的道德情怀与道德修养。佩特的确力证人类个体有权培养和扩展自我的观念，可这一切都离不开人之为人的道德意识与伦理行为。长期以来，激情一直被视为传统道德心理的对立面，被视为人心宁静和谐以实现幸福和养成美德的障碍。然而，在佩特的唯美主义和快乐主义理论中，激情竟然"脱胎换骨"，被升华为潜在的审美准则和道德准则。

由是观之，在佩特的理论背后，美与善、审美与道德，相互关联，彼此互动。正因如此，他的唯美主义可以说是具有道德化理论取向的唯美主义，他的快乐主义可以说是具有道德化理论取向的快乐主义。事实上，佩特始终将美与善等同视之，将审美与道德等量齐观，因此坚信人生的一切都可用美来衡量。在牛津任教期间，当学生问及"人为何要为善"时，佩特作出如此回应："因为善是多么美好的事情啊！"② 另当问及佩特在皇后学院求学期间为何要去教堂礼拜一事时，佩特作出如此解释：礼拜活动中"说些什么并不重要，只要你说得优美就好"③。在《享乐主义者马利乌斯》一书中，佩特在描述主人公思想转变时，顺势表达了人对道德的顺从。不过，颇为有趣的是，他的真实用意并非因为道德顺从本身关乎某种美德或权威，而是因为道德顺从本身涉及个体艺术这一快乐和激情的源泉。说到底，他的这种表述，意味着人们在道德顺从的保障下，可在提升自身修养的同时，充分享受艺术给予他们的快乐与激情。

---

① 参见［英］佩特《文艺复兴：艺术与诗的研究》，张岩冰译，第227页。

② Gene H. Bell-Villada, *Art for Art's Sake & Literary Life: How Politics and Markets Helped Shape the Ideology & Culture of Aestheticism 1790–1990*, Lincoln and London: The University of Nebraska Press, 1996, p.74.

③ Gene H. Bell-Villada, *Art for Art's Sake & Literary Life: How Politics and Markets Helped Shape the Ideology & Culture of Aestheticism 1790–1990*, p.74.

佩特一生为学，待人诚恳，处世低调，恪尽职守。他深知诚实、勤奋与守时等普通美德，实乃物质繁荣和道德完备的必要条件。就他自己为人处世的审慎方式来看，他显然无意出风头，搅世局，扰乱各种或大或小的道德规范，他只是希望提供一种自认为有益有效的途径，能够更好地服务于人类个体及其人生情趣。换言之，他只是希望在自身生活与外界秩序得以保障的前提下，人类个体需要严肃认真地思考各自人生的真谛与价值所在。有鉴于此，艾略特确然勘破佩特的真意，故而批评佩特借机宣扬"道德论"。这一说法虽有笼统之嫌，但在原则上可谓实至名归的定性之语了。

四 "为艺术而艺术"的变奏

诚然，佩特曾受法国文学思潮的影响，成为"为艺术而艺术"思潮的积极拥护者。不过，他在英国推行的唯美主义理论，实质上更像是一种艺术化人生的哲学理论。从目的论上讲，佩特从一开始对人生与艺术关系的探讨，就注定了他的理论取向与追求目标。

1. 目的论追求

在维多利亚时期的英国，唯美主义之所以大行其道，实则与当时艺术面临的困境密不可分。在社会意义上，"为艺术而艺术"运动的勃兴，可以说是物极必反的结果，或者说是过度利用艺术进行道德说教与社会服务的反转结果。在这方面，传统僵化的宗教道德，狭隘自私的功利主义，虚伪庸俗的社会风气，在遭到各种质疑与批判的同时，反倒助长了"为艺术而艺术"思潮的逆袭。这一现象先前均有论说，故此不再赘言。

需要补充的一点是，当时的工业化有力推动了出版业，加速发展了报刊与小说的发行和传播，却让诗人难以适应新的文学形式与发行体系，使得盛极一时的诗歌创作遭到新型商业文化与工业化的冲击，结果导致维多利亚中期的文学创作相对惨淡，艺术个性日渐式微。无论是出于上述原因还是出于振兴目的，热衷于"为艺术而艺术"运动的文学家，大多曾经是当时世人瞩目的诗人。

针对此况，阿诺德在 1869 年发表的《文化与无政府状态》一书里表达了自己的担忧，同时也提出了自己的解救方案。佩特虽然没有阿诺德那样激进，但在而立之年出版了《文艺复兴历史研究》一书，借此彰显了自己的唯美主义思想内核，提出了自己解决当时精神危机与艺术困境的替代方略。恰如佩特的研究者所描述的那样：当佩特这类学者在谈论当时精英文化对人类灵魂的影响时，他们认为高雅的头脑需要更好的环境。于是，他们会列举各自漫步于伦敦街头时的遭遇，借此说明令人期许的美好愿景：在街道的喧嚣中，在时代的嘈杂声里，越来越多的人开始有意识地抵制这些东西，全身心地沉浸在过往幸福的艺术时光中。借此机会，他们返回雅典，返回意大利，返回达·芬奇时代，返回伯里克利时代。对他们而言，当今时代的辉煌、趣味及争斗，都可谓乏味之极。① 切记，这里谈论的是古典时期的"艺术时光"。沉浸在其中的感受，是幸福的，快乐的，也是审美的。至于"伯里克利时代"，那是希腊古典艺术的鼎盛时期，是雅典民主政体的辉煌时期，也是希腊人精神自由与趣味高雅的黄金时期。相比于19世纪附庸风雅的维多利亚时期，对其"金玉其外，败絮其中"的种种社会弊端，英国有识之士的沮丧与焦虑是难以言尽的。故此，佩特试图用自己的唯美主义理论，为人们提供一条借以摆脱社会浮华与精神困顿的出路。

2. 佩特与王尔德

佩特在论述"为艺术而艺术"的过程中，所传布的是唯美主义与快乐主义思想，因在文字表述上没有阐明其道德前提，故此遭到正统派卫道士的批评，同时也遭到青年支持者的误解。对于前者的指责，佩特随后做了补充说明；对于后者的影响，结果造成理论的分叉，这在王尔德那里表现得尤为显著。

作为唯美主义的狂热信徒，王尔德声称佩特所著的《文艺复兴历史研究》是一部圣典。在同叶芝初次会面时，王尔德就坦诚相告自己随身携带这部圣典。② 后来，在其撰写的《道林·格雷的画像》里，王尔德进一步承袭和发挥了佩特此书的相关思想，其中不乏转述与误用佩特原作的部分结论。

应当承认，佩特与王尔德均为维多利亚后期唯美主义的代表人物。不过，两人的风格不尽相同。王尔德是"为艺术而艺术"思潮最为张扬的宣传者，佩特则更像一位虔诚寡言的信徒，坚信自己可"在艺术中找到远离尘嚣的一片净土"。③ 王尔德以自己的聪明才智与乖张行为，为促进唯美主义的流行添枝加叶，佩特则以含蓄的方式对唯美主义进行启示性的理论阐述。王尔德从不掩饰自己对佩特的崇拜之情。他曾在《作为艺术家的批评家》一文中，将佩特奉为"当代最完美的英语散文作家"。相比之下，佩特更为持重，尽管十分赞赏王尔德这位青年作家的才华与激情，但并不赞同"王尔德误将庸俗当作美"④ 的做法及其肆意招摇的做派。所以，当《道林·格雷的画像》出版后，佩特借机澄清了自己与王尔德对伊壁鸠鲁主义的不同解读。如其所言：

　　真正的伊壁鸠鲁主义所提倡的是个体身心全面与和谐的发展。因此，若像王

① 参见 Edward Thomas, *Walter Pater: A Critical Study*, London: Martin Secker, 1913, pp. 42–43。

② 参见 W. B. Yeats, *The Autobiography of William Butler Yeats*, New York: The Macmillan Company, 1916, p. 80。

③ Walter Pater, *Appreciations*, London: Macmillan and Co., Limited, 1889, p. 18.

④ Gene H. Bell-Villada, *Art for Art's Sake & Literary Life: How Politics and Markets Helped Shape the Ideology & Culture of Aestheticism 1790–1990*, p. 88.

尔德先生书中的主人公那样急于求成，以致丧失了罪恶与正义的道德观，那就如同让个体组织简单化，成为低级层面上成长的发端。无论是该书中的亨利勋爵，还是从一开始就走上毁灭之路的道林·格雷，均因为丧失太多而无法成为真正的伊壁鸠鲁主义者。①

真正的伊壁鸠鲁主义者虽然重视基于快乐哲学的生活方式及其重要要义，但他们终究因循一定的道德原则和哲学智慧，更何况他们矢志追求的是友爱、友谊与善好生活所带来的持久快乐与精神快乐。佩特的快乐观与其审美观紧密相连，但在本质上源自伊壁鸠鲁伦理学的初衷；而王尔德的快乐观虽然与其审美观不可分割，但却扭曲了伊壁鸠鲁伦理学的基本原则。佩特思想的研究者赛勒（R. M. Seiler）专门就此指出：

> 尽管奥斯卡·王尔德让公众聆听到佩特对美与快乐所做的那种含蓄内敛而又充满激情与文采的阐述，但他对佩特观点的误解以及他本人在实践中的不当行为，却给唯美主义蒙上一层庸俗的外衣。②

可见，在审美与快乐的经验中，佩特虽然重视审美与快乐的敏悟性和洞察力，但从未忽略审美升华的可能性和道德修养的必要性，这便成就了其唯美主义理论取向的道德基质。相反，王尔德偏执地将审美置于道德之上，宣称审美比道德重要，持守艺术与道德分立，坚信"艺术与道德是截然不同且相互独立的两个领域。一旦将其混为一谈，便会产生混乱③"。他甚至断言，"审美高于道德。审美属于一个更高的精神领域。在个体发展过程中，即便是色彩感也要比区分对错的判断力更为重要"④。在他的心目中，艺术就是艺术，道德应被抛却，因为作品没有道德或不道德之分，只有好作品与坏作品之别。⑤

总体说来，佩特本人的思想发展有一过程，一般可分为早期与后期两大阶段。在王尔德那里，他更多的是顾前（早期阶段）而不顾后（后期阶段），这自然会造成理解上的偏差与思想上的变异。佩特的传记作家莱特（Thomas Wright）的见地颇为公允，他通过研究发现，"王尔德所信奉的并非佩特后期的观点，而是佩特在《文艺复兴历史

---

① Roger Kimball，*Experiments Against Reality*：*The Fate of Culture in the Post-modern Age*，p. 39.

② R. M. Seiler（ed.），*Walter Pater*：*A Life Remembered*，Calgary：The University of Calgary Press，1987，p. 158.

③ Gene H. Bell-Villada，*Art for Art's Sake & Literary Life*：*How Politics and Markets Helped Shape the Ideology & Culture of Aestheticism 1790−1990*，p. 90.

④ Gene H. Bell-Villada，*Art for Art's Sake & Literary Life*：*How Politics and Markets Helped Shape the Ideology & Culture of Aestheticism 1790−1990*，pp. 90−91.

⑤ 参见 Oscar Wilde，*The Picture of Dorian Gray*，New York：Airmont Publishing Company，Inc，1964，p. 9.

研究》刚面世时所宣扬的理论"①。这就是说，王尔德持守的是佩特早期的某些观点，也就是此书初版陈述的某些观点。至于佩特在后期的思想变化与理论调整，王尔德似乎不以为然，甚至不感兴趣。《道林·格雷的画像》于1890年出版后，随即"遭到英国各界的猛烈抨击"。鉴于此况，王尔德当时邀请佩特就此书撰写一篇评论，但却遭到后者的回绝，理由诚如佩特所述："你不觉得这很危险吗？很危险！如果我能帮王尔德，我一定会尽力的，但没有人能挽救他。我也得为自己考虑。现在我不会贸然发言，也许再过些时候，我会站出来说些什么。"② 细究看来，佩特的这番言行，恐怕不能简单归于个人性格上的审慎或怯懦，其中更多缘由或许是"道不同而不相为谋"。

凭借王尔德本人的才华与敏锐，他不可能看不出这其中的端倪，更不可能看不出他与佩特立场的差异。这一切似乎尽在不言之中。其实，在唯美主义的表现方式上，王尔德所展露出的自相矛盾现象，就暗示出他与佩特所见相左。王尔德认为，纯粹的艺术是一种手段，用以对抗维多利亚时期中产阶级的道德意识与拜物主义的庸俗做派。可在现实生活中，王尔德喜欢招摇过市，甚至比其他人更崇尚时髦商品。一方面，他借助唯美主义这件堂而皇之的外衣，将自己装扮成风流倜傥的花花公子，以此挑战中产阶级的审美品位与生活方式，以此促使艺术摆脱日常的庸俗化风潮。另一方面，他借助自身日常生活艺术化这一手段，力图吸引公众的注意和博取个人的名声。在1880年，他自己曾亲口向朋友大卫·亨特坦言："我将会成为名流，倘若不成，我也要变得臭名昭著。"③ 由此可见，像王尔德这样一位为了出名而不择手段之人，其追求纯粹艺术的动机不仅不那么纯粹，其哗众取宠的行为方式，也与佩特的学者风范大异其趣。

另外，王尔德有关艺术至上的论调，也与佩特对艺术作用的看法不尽相同。在王尔德眼里，艺术代表人类个体，人类个体要有个性，这需要个体摆脱社会的约束，需要社会不干涉个体行为。这样一来，艺术就是个人主义的一种激进表现或唯一的真实体现。对艺术家而言，最好的政府形式就是无政府状态。基于自己对乌托邦的兴趣，王尔德有意离经叛道，认为拥护社群主义就是支持个人对抗政府。如其所言，"个人主义就是我们借助社群主义所要达到的目的。国家必然会放弃任何形式的无政府状态。国家必会如此作为，但人类不需要约束，不需要被统治。所有形式的政府，都注定要失败"④。

对比之下，佩特所倡的"为艺术而艺术"的观念，并非那么单纯和极端，因为其

① Thomas Wright, *The Life of Walter Pater*, London: Everett & Co., 1907, p. 125.

② R. M. Seiler (ed.), *Walter Pater: A Life Remembered*, p. 137.

③ E. H. Mikhail (ed.), *Oscar Wilde: Interviews and Recollection*, London: Macmillan, 1979, p. 5.

④ Linda Dowling (ed.), *Oscar Wilde: The Soul of Man under Socialism and Selected Critical Prose*, London: Penguin Books, 2001, p. 138.

中蕴含着"为人生而艺术"的理论取向，只不过他未曾有过这样的明确表述而已。通常，人们对其取向的妥帖定论，大多指向"艺术化人生"的目的论追求。的确，佩特是想借助艺术鉴赏来提升人生的品位与质量，或者说是想借此将人生艺术化或审美化。当佩特鼓励人类个体在艺术鉴赏过程中达到自我的统一和完满时，就不难看出上述结论是有据可循的。作为一位古典学者和艺术批评家，佩特对于时下的社会运动思潮兴趣不大，他所看重的是艺术的审美价值与人类个体的内在修为。于是，他一般认为人生的主题，既非断然否定来自外界的干涉，也非社群论者宣扬的社会性完满这一目标，而是人类个体的自我完善和完满。诚如佩特思想的研究者所言：佩特的作品记录了个体通过回忆，如何在过去的文化中探寻真实的自我，同时预想未来如何超越自身原有的较低层次，进而认识到外部世界的变化过程，即由陌生状态变成自我拥有的过程。[①]这让我们油然联想到克罗齐的著名言论——"一切历史都是现代史"。在克罗齐那里，历史已然过去，就如同古希腊人与古罗马人一样，他们早已进入历史的墓地。可当我们现代人需要时，就会有意掘开某些历史墓地，会使其中的古人及其思想得到起死回生的机遇。结合佩特的文化与艺术观，我们不妨挪用克罗齐的说法，假定"一切文化都是现代文化"或"一切艺术都是现代艺术"。这意味着古典文化及其艺术，当我们现代人需要以此作为参照和鉴赏对象时，它们自然就具有了现代意义或现实关联性，这一点显然是由其借鉴价值与审美价值决定的。佩特本人之所以对古典文化与艺术心存敬意且恋恋不舍，不仅是他的怀旧情怀在作祟，而且是他念兹在兹的是那些特殊价值使然。若结合上述角度来看，佩特与王尔德之间的关联与差别，在相当程度上就不难理解与识别了。

3. 康德与佩特

在康德美学中，所论的四个契机，既关乎如何判断美的事物，又涉及如何反思美的审美心理，其中对"无关利害的满足感"、"无目的的目的性"与"共同感"的某些论述，可以引申出审美的自由性、独立性、普遍性以及艺术的自律性，等等，因此通常被看作唯美主义的主要思想来源。不过，当康德最终将"美"界定为"道德的象征"时，这显然与唯美主义将美与道德分离的立场大异其趣。与康德宣称审美无关利害与审美共通感的立场相比，佩特强调艺术审美的无功利性与审美感知的普遍性可以说是似曾相识。但在美与道德关系问题上，佩特与康德的观点看似彼此背离，实则暗通款曲。要知道，在各自的论述过程及其内在逻辑关系中，康德将美感视为道德感所必要的准备或预备阶段，而佩特则将美改造成道德必然关注的内容与替代品。

---

① 参见 James Vison & D. L. Kirkpatrick（eds.），*The Romantic and Victorian Periods Excluding the Novel*，Chicago：St. James Press，1985，p. 292。

在《判断力批判》里，基于知、情、意的人性结构，康德认为审美（情/情感）与道德（意/意志）和知识（知/认知）三者之间虽然有别但又相互关联，试图以此构筑一个真、善、美相互分立而又彼此依存的理论体系。在鉴赏判断或审美判断的问题上，康德的辩证性论述显得相当晦涩难懂且易于被人断章取义，因此需要特别重视至少以下三个要点。

其一，给人以愉悦感的审美判断，涉及"知解力与想象力的自由游戏"——既涉及与知解力相关的审美理解与合目的性的概念，也涉及与想象力相关的审美表象与直观。在康德心目中，没有概念的直观是盲目的，没有直观的概念是空洞的。因此，审美判断作为一种自由游戏，总是伴随着知解力与想象力的自由游戏，或者说是伴随着无拘无束的直觉感知和想象活动。

其二，自然美是指美的事物，艺术美是指对事物美的表现。对艺术品的审美判断，总是以代表合目的性的某个概念为基础（譬如一种事物的完善或完美这一目的）。对自然物的审美判断，乍一看来似乎不涉及某类事物的概念。不过，从审美上判断一匹马或一位美女，则需要考虑其客观的合目的性，需要超过单纯的形式而看到一个概念。换言之，"目的论判断就充当了审美判断的基础，充当了审美判断务必考虑的一个条件"[①]。这就是说，审美或鉴赏判断并非纯粹的审美或鉴赏判断，而是以目的论判断为基础的审美判断。随后，康德有意将"自然与艺术的合目的性的观念论"，视为"审美判断力的唯一原则"。[②] 尽管自然与艺术的合目的性有别，但在审美判断意义上，目的论判断总是如影随形，不仅与道德判断相关，而且与伦理神学相关。

其三，按照康德的界定，"美是道德的象征"，或者说，"美的事物是道德上善的事物的象征"（the beautiful is the symbol of the morally good）。也只有在这样的思考中，在一种对每个人都很自然的且每个人都作为义务向别人要求着的关系中，美的事物由于引起其他人的赞同而令人愉悦，这时内心同时意识到某种高贵与升华，均已超过单纯接受某种得自感觉印象的愉悦，并且也尊重他人依据自己判断力的相似准则所作出的评判价值。[③] 鉴于"美是道德的象征"，这必然涉及审美与道德的关系。正是在道德意义上，审美愉悦具有高贵与升华的特性，因此超过或高于得自感觉印象的那种愉悦。于是，康德指出，对于普通知解力习以为常的是，我们往往以道德评判为基础的名称来称呼美的自然或艺术对象。我们将大厦或大树称为恢宏的或雄伟的，把原野称为欢笑的和快乐的，甚至把颜色称为贞洁的、谦逊的或温柔的，因为它们所引起的感觉包

---

① Immanuel Kant, *Critique of the Power of Judgment*, trans. Paul Guyer & Eric Mathews, Cambridge：Cambridge University Press, 2000, p. 190

② Immanuel Kant, *Critique of the Power of Judgment*, trans. Paul Guyer & Eric Mathews, p. 221.

③ 参见 Immanuel Kant, *Critique of the Power of Judgment*, trans. Paul Guyer & Eric Mathews, p. 227。

含着某种东西，这种东西类似于由道德判断所产生的心境的意识。① 由此可见，当康德将美与道德用象征关系连接在一起时，当康德断言审美判断是知解力和想象力的自由游戏时，这在很大程度上就等于开启了审美体验的自由性和道德体验的无止境性，这在积极意义上会使人体验和吸收到更为丰富多样的生活特征及其内在价值。审美体验是自由鉴赏的结果。道德体验是自由意志的选择。当审美体验作为道德体验的准备阶段时，想象力的自由发挥了重要功能，鉴赏力的直观起到了促进作用。康德曾言，举凡能够欣赏自然美之人，皆是具有"良善心灵"之人。这种心灵有利于道德感受的心意协调，有助于道德观念的进步发展。② 当人类的这种心灵以同样的方式运转时，审美体验与道德体验的领域不仅是相互关联的，而且是彼此促进的。故此可以说，审美鉴赏的练习，有助于道德观的养成；道德修养的进步，有益于审美鉴赏的提升。

从"美是道德的象征"这一命题中，可以引出更为重要的教益，即：我们在审美体验与道德体验中所运用的敏悟能力之间，或许存在着某些富有意义的平行关系。我们辨别美和审美特性时所运用的心理能力，与我们辨别对象之道德性质的心理能力相关或相同。结果证明，康德哲学对此所做出的贡献，是最富成效的并被反复征引的。③

另外，鉴于审美与道德之间的互动关系和共同作用，康德曾作出这样的结论和推测：美给予道德观念以可感的形式。④ 这意味着借助审美经验来象征性地显化道德观念，从而使道德观念借此直观形式可呈现给感官。按理说，道德观念作为纯粹的实践理性观念，只能通过思想接近，但无法直接呈现给感官。然而，通过审美经验，道德中的理性与感受之间的关系，才以可感的形式（表象）呈现给我们。有鉴于此，建立鉴赏的真正门径，离不开发展道德理念和培养道德情感。因为，只有当感性认知与道德情感达成一致时，真正的鉴赏才能具有某种相对确定性的形式。如是观之，康德将目的论判断视为审美判断的基础，是因为他将美视为道德的象征，将审美判断或体验当作道德判断或体验的预备阶段。在终极意义上，我们会得出如下结论：善为美之基，美向善过渡，人在爱美、修善与求真的过程中，走向知、情、意的和谐与全面发展，取得人之为人的最高成就。

从基本思路来看，佩特的唯美主义思想虽然承袭了康德美学理论的一些要素，但在语言表述上略有不同。就其道德化的理论取向而言，佩特一方面强调审美不受道德约束，但另一方面却将道德修养融入审美经验之中。佩特始终认为：人生中重要的那些部分，既不会改变人们日常生活的本质，也不会影响诸如诚实、勤劳、守时之类德

---

① 参见 Immanuel Kant, *Critique of the Power of Judgment*, trans. Paul Guyer & Eric Mathews, p. 228。
② 参见 Immanuel Kant, *Critique of the Power of Judgment*, trans. Paul Guyer & Eric Mathews, pp. 298-299。
③ 参见 ［英］舍勒肯斯《美学与道德》，王柯平等译，四川人民出版社 2010 年版，第 99 页。
④ 参见 Immanuel Kant, *Critique of the Power of Judgment*, trans. Paul Guyer & Eric Mathews, p. 356。

行准则。借助审美经验或艺术鉴赏中的高尚激情，人们可以唤起自身有关政治、宗教与科学的伟大理想或远大抱负。因为他坚信，哲学与理论知识对人类精神的功用，在于唤醒精神和推动精神进行敏锐的、热心的观察。哲学理论或概念，作为观点，作为批判工具，可以帮助我们汇拢那些习焉不察、轻易放过的事物。① 佩特所言的哲学与理论，自然包括美学、艺术与唯美主义理论。他期待唯美主义理论在不触动个体日常生活规则的情况下，服务于人生中最值得享受的那些片刻或瞬间。道德已经渗透在日常生活的方方面面，人在审美思考或艺术鉴赏中应当全神贯注，暂时抛开道德，尤其是维多利亚时期那种习以为常的说教性或虚伪性道德。由此看来，佩特以这种不同于康德的运思和表述方式，将审美置于其理论体系的核心，而将道德融合于审美经验之中。佩特一再强调的那些值得享受的片刻或"独特的瞬间"，就是期待人们去欣赏美和艺术，去感受它们给人生带来的精彩与价值。由此可见，佩特以自己特有的方式，承继了康德关于"审美无关利害"与"美是道德的象征"之类观点，同时又将这些观点予以精致化和具体化。因为，康德是自成体系的思辨哲学家，佩特则是心系古典的艺术批评家。他们两人在理论建构与艺术鉴赏等方面各擅其长，因此在很大程度上少有超出各自领域的可比性。

五　艺术化人生的愿景

如前所述，佩特唯美主义思想中最突出的部分，就是艺术化人生的目的论追求。在他看来，艺术本身在于欣赏，人生本身就是目的；人之为人，应从人生目的出发去欣赏艺术，同时以艺术精神来对待人生。就其思想发展的过程而言，佩特一开始就以近乎宗教崇拜的热情，着力探索一种有利于充分发掘人生价值的行为准则。为此，他兼收并蓄，从截然有别的观点中，构设出一套与自己热衷的艺术理论相呼应的人生哲学，这实则是在倡导一种有别于宗教、科学和道德的艺术化人生哲学。这种哲学，首先肯定人生虽然苦短，终究一死，但却有价值，不可错过。他援引法国作家雨果的话说：我们都是被判死刑的人，只不过生活在一段尚不确定的缓刑期里。我们有一停留时期，过后便会物是人非。在这段时期，有的人没精打采，有的人慷慨激昂，而那些最明慧者，至少是"凡夫俗子"中的最明慧者，将有限的时间运用于艺术和诗歌鉴赏之中。这实则是人们延长生命周期的唯一机会——在既定的生命期限内，尽可能增加脉搏的跳动。在此阶段，需要激情参与。因为，巨大的激情也许能给我们生命脉动加快的感觉，给予我们爱情狂喜与伤痛的感受，给予我们各种无私或自私的热情洋溢的

---

① 　参见［英］佩特《文艺复兴：艺术与诗的研究》，张岩冰译，第226—227页。

行动——这些都是我们中间许多人都会自然而然产生的行动。① 正是在此意义上，艺术与人生并无方式与目的之分，而是彼此互为方式与目的。当人们以艺术化方式去生活时，所体悟到的便是一种艺术化的人生，而不只是为了艺术而存活的人生。因此，个人对艺术的认知与鉴赏，可以彰显出个人生活方式的最佳结果。也就是说，以艺术精神去对待人生，结果必然是艺术化的人生，而非以艺术为目的的人生。此时此刻，艺术成为人类个体和谐存在的一个重要特征。用佩特的话说："以艺术精神对待人生，就使得人生成为方式与目的的合一体。"② 这表明，在佩特心目中，所谓"为艺术而艺术"的说法，并非要用艺术来充当人生的目的，而是要借助艺术鉴赏使人生更加完满圆融。

佩特的人生哲学与艺术思想合而为一，内容杂糅且显折中。譬如，他曾是快乐主义思想的热情推崇者。但他所宣扬的快乐，不是为了满足个体欲望所获得的那种享乐，而是通过高尚的思想、节制与适度等德行，所能达到的一种高于身体享受的精神愉悦。按照伊壁鸠鲁的说法，快乐虽是目的，但这绝非指恣意放纵或身体享受所获得的快乐，而是指一种身无病痛、精神宁静的状态或境界。举凡无节制地开怀畅饮或寻欢作乐，并不能带来真正快乐的生活。因此，人们只有保持理性或清醒的头脑，取舍得当，驱除杂念，才会过上快乐的生活。佩特因循这一思路，志在将其落在实处，特意提醒人们不要追求肉体的快感，而要培养对自然和艺术的审美洞察力，培养能够把握眼前审美对象那种奇特感觉与印象的敏悟意识。

可见，对佩特而言，人生目的不在于坐等感官享受的快感，而在于追寻将物质与精神融合为一的愉悦。因此，人生的艺术化或人生的成功之处，就在于对美的事物或艺术满怀激情，心醉神迷，从中体验强烈的感受，多彩的刺激。这些刺激源自奇异色彩、曼妙香味、艺术家的创作或朋友的相貌等。如果你不能每时每刻在其周围的交往中辨别出某种热情的态度，不能在人们横溢的才华中辨别出其力量分配中的悲剧成分，那么，你就等于在昼短霜寒的日子里，在黄昏之前就已昏睡过去。务必相信，只有激情才能产生这种意气风发、千姿百态的意识之果。诗的激情、美的欲望、对艺术本身的热爱，是此类智慧的极致所在。因为，当艺术降临在你面前之时，就会如此坦言：它除了在那稍纵即逝的时刻为你提供最高美感之外，不再给你任何别的什么东西。③ 这是佩特笔下最为精要的一段文字，当年众多年轻读者对此赞赏不已，据说王尔德本人能将其倒背如流。

显然，佩特式唯美主义对于艺术太过推崇，这便致使佩特像维多利亚时期的诸多

---

① 参见［英］佩特《文艺复兴：艺术与诗的研究》，张岩冰译，第 227 页。

② Walter Pater, *Appreciations*, p. 62.

③ 参见［英］佩特《文艺复兴：艺术与诗的研究》，张岩冰译，第 226—227 页。

文人一样，对当时的艺术处境深表担忧。面对低级的公众趣味与庸俗的文化风尚，佩特虽然生性慎怯，但却勇于担当，大声疾呼回归纯粹的艺术，坚决抵制物质主义和庸俗主义的流弊。他的相关言行，用意明确，情理恳切，竭力在艺术和诗歌中寻找人类的精神家园和人生的真谛所在，希望在枯燥无味的日常生活中注入某种和谐与美好的向往之光，引导人们以艺术精神去对待人生，通过审美文化与人生艺术化进入其所憧憬的理想世界。因为，佩特相信自创小说主人翁马利乌斯的如下独白：正当别人聚精会神于数理、商务或美食之时，他本人却自成一格，特立独行，生活在优雅的感知河流之中。由于他热爱美，因此获得全身心的自由。① 毋庸置疑，佩特的言辞尽管勇气可嘉，用心良善，但必然会遭遇现实的尴尬。他所推崇的审美文化世界或审美乌托邦，只能在个人心境和情趣的调适过程之中，自得其乐或聊以自慰罢了。

当然，从英国一些佩特专家的研究结果可以看出，相关的论证细节有助于说明艺术与人生彼此交汇的复杂性和微妙性。譬如，卡里尔（David Carrier）在评述《England and its Aesthtes：Biography and Tastes》一书时指出，一位唯美主义者（aesthete）之所以看重视觉体验自身的价值，是因为他将其当作认知的源泉和快乐的来源；另外，他截然不同于那些把解读和展示艺术品当作职业或营生的艺术史学者。② 佩特的传记作家在《Walter Pater，A life Remembered》中声称，《文艺复兴：艺术与诗的研究》一书让自己得知人生本身就是一件艺术品。③ 其意在于告知读者，佩特有关审美批评的理念，并非提出一种批评准则，而是在宣扬一种生活方式。这种生活方式的核心，就是把所有关乎艺术与自然的体验都当作审美愉悦。

值得注意的是，佩特对于艺术与人生的思索，与其古典研究关涉颇深。如若追溯其古典研究兴致及其理论初心，我们发现他似乎从一开始就怀着宗教膜拜式的热情，试图在以古希腊和柏拉图为代表的古典文学、哲学与艺术中，竭力探寻一种有望发掘人生价值或真谛的行为准则。在其所有作品中，他最为专注的主题，都涉及人生如何度过或人应如何活的关切。最终，他采取兼收并蓄的方法，试图设定一套与艺术和审美理论相应的人生哲学。在他看来，人类个体应为自身生活，生活应以艺术鉴赏为乐。艺术是直观生动的现实存在，有别于遥远空幻的理想目标。针对维多利亚时期中产阶级庸俗的生活方式与英国物质主义的泛滥现象，佩特尝试将人们的兴趣引向文艺复兴时期和希腊古典时期的艺术盛况，借此来激发人们鉴赏艺术美的兴趣，鼓励人们在物质和政治领域之外寻求雅致与高贵，以便过上富有价值和更有品位的人生。

---

① 参见［英］佩特《马利乌斯：一个享乐主义者》，陆笑炎译，第153页。

② 参见 John Ruskin，Walter Pater and Adrian Stokes，*England and its Aesthetes：Biography and Tastes*，Amsterdam：Overseas Publishers Association Amsterdam B. U.，1997，p. 5。

③ 参见 R. M. Seiler（ed.），*Walter Pater，A Life Remembered*，p. 125。

不仅如此，佩特所思考的人生哲学，还呈现一种凸显"瞬间"的特殊形态，这主要是当时的社会转型和价值流变所致。在维多利亚时期，强势的政治与经济发展，一方面催生了重大的社会转型，另一方面又弱化了根深蒂固的宗教信仰。于是，热爱新生活的新生代，偏好追求此生的幸福，无意憧憬来世的天堂，自觉冷对道德的桎梏，内心渴望个体的自由。虽然启蒙主义助长了理性主义的盛行，孕育出科学的人生态度与价值观念，但科技发展的潜在威胁、个体劳动的机械化、现实生活的不确定性等因素，也使人们陷入不同程度的惶恐与不安之中。

佩特恰逢此世，有感于人生苦短与生不逢时等社会关切，通过返回古典传统的重思重估活动，特意提出了艺术化人生的哲学立场。这种哲学的内核是通过艺术鉴赏或审美活动促使人生的艺术化，或者说是将艺术鉴赏或审美的诸多快乐瞬间衔接起来，从而使人们在丰富多彩的连锁体验中，享用到更有价值的美好人生。由此推知，佩特本人笃信快乐瞬间的真实与精彩，而不在意永恒超越的空想与虚幻。因为处于时间之流中的人生，无一不受自然周期的局限，而自然周期是由无数个瞬间所构成的。唯有每个瞬间有价值，有意义，有精彩，其所构成的周期才会同样有价值，有意义，有精彩。唯有如此，人生才值得一过，人们才不枉此生。在这里，佩特以诗性类比的方式，将艺术鉴赏的活动与生命脉搏的跳动等同视之，由此足以见出艺术对人生的关键作用或艺术与人生的主要关系了。当然，佩特如此推重艺术，并非将其奉为人生的最终目的，更不是要用其来取代人生本身，而是劝导或鼓励人们热爱和享受艺术，从中获得更多的脉搏跳动，由此体验更多的快乐瞬间，最终绽放出更多的人生火花。如此说来，在鉴赏或审美的意义上，艺术因此而人生化，人生因此而艺术化。这不仅需要以人生态度来对待艺术，而且需要以艺术的精神来体验人生。在此双向的交汇中所促成的艺术化人生或人生艺术化，旨在表明艺术在这一时刻已然成为人类个体和谐存在的重要契机。

在对华兹华斯的评论中，佩特之所以反复强调"以艺术精神对待人生"的唯美主义观点，是因为他断定这样可以"使人生成为方式与目的的合一体"①。据此，他明确指出，"为艺术而艺术"并非以艺术为人生目的，而是借助对艺术的审美鉴赏而让人生更为完满。可见，与其说佩特提倡的是"为艺术而艺术"的唯美主义，不如说他宣扬的是一种人生艺术化的唯美主义。在这方面，佩特本人身体力行。其生活实录表明，他不仅喜欢收藏优美物件，而且讲究居室的布置。譬如，在他的居室里，墙壁上挂着米开朗琪罗、柯里吉奥与英格里斯的雕刻画，地板上铺着波斯地毯，窗帘使用浅色印花棉布，整洁的桌面一尘不染。无论是工作还是闲暇，他一生都始终热衷于艺术鉴赏

---

① Walter Pater, *Appreciations*, p. 62.

与寻求精神愉悦。

值得注意的是，佩特既思索如何活，也关注怎么死。在他看来，生死相依，与美关联。他认为对死亡的意识，会引发人们对美的渴望；因为，只有意识到死亡的存在，才会使人更加渴望美和追求美。[1] 显然，人生的短暂让大千世界显得更具诱惑力。一个人若已预见到死亡不期而至，他应当利用剩余的时光，去探寻最为强烈的体验。当他真正沉浸于艺术与美的欣赏时，他将会在瞬刻之间体验到最大的快乐与激情，在短暂的人生中感悟到最大的价值与意义。

在评论文艺复兴时期的绘画作品时，佩特对死亡的关注似乎如影随形。譬如，看到《美杜莎》，他发现只有达·芬奇将其画成死尸的头颅，借此表现一种"腐朽的魅力"，表现一种精妙绝伦的美。画中那些细软的蛇群，进行着惨烈的缠斗，似要通过互相扼杀，以便躲开美杜莎的脑袋。[2] 如果躲之不及，任何生灵都会在瞬间化为僵石。面对《蒙娜丽莎》，佩特认为这幅肖像隐含着这一标题——"世界末日即将来临"。据他观察，蒙娜丽莎的眼皮显得有些倦怠，看似比她置身其中的岩石还要苍老。她就像吸血鬼一样，已经死过多次，熟知坟墓的秘密。[3] 无独有偶，佩特还将死亡的意识贯注到米开朗琪罗的作品之中。他曾感慨说，这位伟大艺术家就像拥有高贵心灵的其他意大利人一样，心里装满死亡的念头，连他真正的情人也与死亡同伍。死亡，最初是所有悲伤和耻辱中最坏的现象，后来竟然获得很高的荣誉，从粗俗的需求与生活中令人愤怒的污点中剥离出来，飞奔而去。[4] 这种表达死亡的论调，无疑有悖于当时的主流生活观念，必然遭到正统派人士的抨击。但要看到，佩特如此谈论死亡的初衷，意在提醒读者人生苦短的事实，借此促使他们追求一种在精神与情调上更为丰富多彩的生活。

需要指出的是，无论生死，均涉及"瞬间"。在佩特的人生观中，他所倡导的"瞬间"概念，通常被引申为关乎人生价值与意义的"瞬间哲学"。在《文艺复兴：艺术与诗的研究》一书的"结论"部分里，佩特尝试超越生死的局限，尽力捕捉可能的瞬间，甚至将其当作生活的本原和唯一的实在。面对经验中五光十色的短暂时刻，他建议人们必须抓住任何强烈的情感，任何认知的契机，任何形式的感官刺激，任何奇异的直观对象，这其中无一例外地包括艺术品。由此组成的一连串富有审美意义的独特瞬间，只要把握得当，只要欣然敏悟，只要扩展有方，就会逐一转换成丰富多彩的、活力十足的、诗情画意般的人生。在此戏剧性的经验过程中，佩特十分在意的是如何将粗陋的文化变成高雅和优美的文化，如何将那些瞬间化为审美的瞬间与精神的狂喜。

---

①　参见 Walter Pater, *Appreciations*, p. 227。

②　参见［英］佩特《文艺复兴：艺术与诗的研究》，张岩冰译，第 144 页。

③　参见［英］佩特《文艺复兴：艺术与诗的研究》，张岩冰译，第 160—162 页。

④　参见［英］佩特《文艺复兴：艺术与诗的研究》，张岩冰译，第 122—123 页。

在这方面，他依然看重的是艺术的魅力，认为艺术会通过自身坦率的表达，将最高的质量赋予人们所获的那些精妙绝伦的瞬间。①

究其本质，佩特所倡导的"瞬间"哲学，既是对传统道德哲学的反驳，也是对精神解放意识的呼吁。在他看来，实存的只是每个瞬间，只有在此时此刻，某种热情、见解或理性的激动，才会对人产生不可抗拒的吸引力，才会使人体验到无与伦比的真实感。在此情况下，把一切事物及其准则视为常变的风尚，越来越成为现代思想界大势所趋的现象。在其他作品中，佩特也表达了类似的意向。譬如，在《鉴赏集》里，他在评论柯勒律治时指出，现代思想与古代思想的不同之处，就在于前者培育的是相对主义而非绝对主义。② 这主要是因为，在相对性的和有条件限制的情况下，没有事物是会被正确认识的。当个人的人生充满了难以言表的高雅变化时，其人生的每一时刻都成为独特瞬间。在此际遇，一个字词，一眼观瞧，一次触摸，都会引发彻底的变化。③

的确，佩特敏锐地洞察到现代思想发展中的相对性趋向。他以生命的不确定性、短暂性与死亡的不可避免性，扬弃了绝对主义的原则，张扬了相对主义的宗旨。如其所言：我们有一短暂时期，随之我们的驻留之地，就不再属于我们。这让人不由想起赫拉克利特的万物流变说，即：万物流变，无物常驻，世界如同一条水流。虽然我们可能两次涉入同一条河流，但我们不可能两次都将自己的双脚踩入同样的水流，因为再次涉入的水流，在转瞬之间已非原来的水流。④ 不难看出，佩特的瞬间学说，与赫拉克利特的万物流变说具有潜在的联系；甚至可以说，佩特在一定程度上是受赫拉克利特的启发。不过，佩特使用自己的阐述方式，试图为人们走出人生的困境和参悟人生的意义指点迷津，其中至关重要的一点就是培养人们的敏锐感或敏悟能力，以便把握或鉴赏自然和艺术时刻展现给人们的奇特感觉和印象。⑤ 由此推断，佩特强调"瞬间"的特殊意义，对于真心热爱生活的人们来说，就是期待他们在艺术鉴赏中积极地探索瞬间、创造瞬间、感知瞬间，最终在把握瞬间的审美体验和敏悟中，有滋有味地快乐生活，艺术化地享受生活。唯有这样，生活才是本真而丰富的生活，而不是黯然被生活遮蔽的生活。

---

① 参见［英］佩特《文艺复兴：艺术与诗的研究》，张岩冰译，第 24 页。

② 参见 Walter Pater, *Appreciations*, p. 66。

③ 参见 Walter Pater, *Appreciations*, pp. 66–67。

④ 参见安东尼·肯尼《古代哲学》，《牛津西方哲学史》第一卷，王柯平译，吉林出版集团 2010 年版，第 15 页。

⑤ 参见 R. M. Seiler（ed.），*Walter Pater：The Critical Heritage*，p. 35。

结　语

综上所述，佩特是英国维多利亚时期唯美主义的始作俑者。其所倡导的唯美主义学说，在当时遭到来自青年支持者与传统卫道士这两个不同群体的不同误解。前者偏好的是其中所凸显感官享乐和艺术鉴赏的"瞬间"意义，后者反对的是其中有悖宗教伦理和宣扬及时行乐的消极意向。只不过他们在各自的理解与阐发上，均犯有以偏概全或顾此失彼的毛病，致使佩特的唯美主义蒙上注重感官享乐或轻视道德意识的阴影。

实际上，维特的唯美主义在理论取向上，与及时行乐式的享乐主义关系甚微，而与伊壁鸠鲁式的快乐主义密切相关，其中不乏道德认知和自省意识的内在机制。换言之，佩特式唯美主义，表面上看似强调艺术所给人的快乐享受，但其背后实则竭力追求艺术化人生的理想价值。

总之，在目的论意义上，佩特十分看重艺术与人生的互动融通关系，试图尽其所能地提升人们的艺术鉴赏力与审美敏感性或敏悟能力，不惮其烦地鼓励和引导人们在追求光彩瞬间的艺术欣赏过程中，力求实现艺术化人生的终极目的。虽然我们并不否认艺术与审美的自由性，也不否认艺术与审美对于人性解放和精神升华的积极促动作用，却认为佩特显然夸大了艺术的功能与审美的经验，在极端意义上给人留下"艺术至上"或"审美至上"的深刻印象。不过，佩特持守自己的立场，坚信艺术与审美中所蕴含的高雅文化与道德修养诉求，既是抵制维多利亚时期物质主义和庸俗主义的一种方式，也是在艺术中找回人类真正精神表现的一种尝试，更是打破日常枯燥乏味生活的一种途径，当然也是向往和谐与美好生活的一种构想。

佩特的传记作家曾经坦言，在文学与音乐的孕育下，我们永远就像是新生儿，用孩童般惊奇的眼睛去审视一个崭新的世界。当这个新世界消失之后，我们又回归到日常生活中那些更为强烈的感受里。此时此刻，我们的感官全被调动起来且沉醉于其中。[①] 如果我们借此感言来重思佩特的唯美主义、快乐主义与艺术鉴赏学说，我们对于人生的态度与可能采取的活法，应当会有更多的选择、更深的认识与更广的视域。

（作者单位：中国社会科学院哲学研究所）

学术编辑：袁青

---

① 参见 R. M. Seiler（ed.），*Walter Pater：The Critical Heritage*，p. 107。

Pate's Theoretical Orientation of Aestheticism

Wang Keping

Philosophical Institute of Chinese Academy of Social Sciences

Abstract：Walter Pater was the first advocate and promoter of British aestheticism. The aesthetic doctrine advocated by him was misunderstood by both enthusiastic supporters and traditional defenders at that time. The former preferred the "momentary" significance of sensual pleasure and art appreciation, while the latter criticized the negative intention of the doctrine, which was contrary to religious ethics and the promotion of timely pleasures. In fact, Witte's theoretical orientation of aestheticism is closely related to Epicurean pleasure, in which there is no lack of internal mechanism of moralizing self-reflection. In other words, the aestheticist stance advocated by Pett seems to emphasize the pleasure of art on the surface, but behind the scenes, it strives to pursue the ideal value of an artistic life. In a teleological sense, Pate attaches great importance to the interactive relationship between art and life, and firmly believes that the elegant culture and moral cultivation contained in art and aesthetics is not only a way to resist Victorian materialism and vulgarism, but also an attempt to find out how the true spirit of mankind can be manifested in art; not only is it a way to break the tedium of life, but also an idea of pursuing a better quality of life. It is a way to break the boredom of life and at the same time to pursue a better quality of life. Therefore, Péter takes great pains to inspire and guide people to improve their art appreciation and aesthetic sensitivity in the process of pursuing the art appreciation of glorious moments, thus realizing the ultimate goal of an artistic life.

Keywords：Pate; Aestheticism; Pleasure; Moralization; Philosophy of "Moment"; Artistic Life

审美学要义（上）

［日］菅野永真/文

陈　嘉　刘旭光/译

中译者序

　　菅野永真，又名菅野枕波，近代日本文学作家，著有《明治式部》《审美学要义》等作品。本书于 1903 年 5 月由东京文学同志会出版。1870 年冬，"日本哲学之父"西周在日本讲述鲍姆加登美学，自此 Aesthetics 传入日本，之后大量学者对此展开翻译并阐释。1900 年 2 月森鸥外所著《审美新说》作为首部以"审美"为题名的美学专著出版后，"审美学"作为专用学名出现于日本艺术理论专著中，其中包括菅野永真所著《审美学要义》。

　　菅野永真在本书中，基于森鸥外等日本美学家对于西方美学思想的阐述与传播，通过梳理西方美学对于"美"的认知之历史，延续了美学理论的本土化过程，并以德国哲学家爱德华·封·哈特曼（Eduard von Hartmann）的文艺理论为基础展开以"恋爱"等情感为对象的对于美的审视。将在外物中美得以显现之"表象"与美在精神层面如有意识般却无意识地产生这两个观念先拆后合，提出美出现在"理念（idee）"作为感觉的假象进入我们的经验之时，即成为"具象"之时的观点。在接下来的三章节中以"爱""恋""情"等情感为例，强调美存在于客观性的实存与主观性的官能的相互作用之中。经由辩证法，菅野永真提出美是所有物体的本质中存在的自体的直观，故"爱"作为世界万物之本原与人类之终极目标，包含着依靠无意识中存在的"美的理念"所创造的美。最后，菅野永真借"爱"与"美"的本质，对 20 世纪初期日本社会对于"恋爱""节操""幸福"等观念的刻板性思维与误认给予深刻的批判，并从自然学、审美学以及哲学等方面对于此等概念作出统摄性阐释，并提出所谓"文学"作为人类思想的物质化表征，其与爱存在相辅相成的重要伦理关系，对于 20 世纪初期的日本明治时期封建思想的反抗与开化起到深远影响，同时通过俳句、歌舞伎等例证将西方美学理论进一步本土化传播，对于日本早期美学理论的体系建构与交叉拓展作出了实质性贡献，其将经验论和观念论调和在一起而形成的美学思想——"万物皆由爱而生成，美即爱之必要元素，爱为至美"，在日本美学史中留下了光辉的一页。

作者自序

吾等鼠辈，一生经历多少风风雨雨，回首望不过都是鼠粪尔尔。但相信即便是鼠粪，亦是社会中不可或缺的养分肥料。

正因如此，我有志于撰写有关恋爱的审美之文，倘若能在此以小小的鼠粪之形呈现我之见解，就将是我最大的荣幸。

著者虔跪

一　审美①

若问起美为何物，除却"美即是美"以外别无他言。常言这花是美的，但将花拆分来看，不过是了无生趣的一种色素罢了。对此我深表疑惑与不可思议，我们究竟是基于何种理由，去判断"这朵花真美""那个人心灵美"的呢？樱花是美花、杨贵妃是美人，但若要分析其美在何处，又无法从局部去求算每个部分的美。在日常生活中，我们把"美"挂在嘴上，但若要对"美"加以诠释的话，便会哑口无言，到底依据什么来认知美呢？这涉及美学之哲理，故而研究美学，必须依赖哲理。

人们常常将爱认为是美，为何爱是美呢？爱之美正如花之美——枫叶是美的，菊花也是美的，正如爱之美一样美。如此回答刚才的问题，实际是自相矛盾的，我知道这样一定会遭到非难，然而我挂在口边所谓的"美"，确实完全是无意识地脱口而出。在审美学中有"美"的概念，美是主观客观所构建之物，即审美学中称之为"能变"与"所变"。世人所谓美的本质，若要给"美"划分至某个范畴，不如说是属于科学的范畴。平时我们所谓的美，作为一种口语化表达，在语法中是不成立的。原本美作为形容词，仅仅是附属于他物的一种属性。所以将"美"具象化，更为明确认识并从表面发展的，便是美术。美学作为研究美的学问，其研究方法不是依据科学等方面，而是全权依赖哲学，将美作为哲学的对象。要说为何将其作为哲学的对象，是因为

---

① 译者按：《审美学要义》共九章节，分别为"审美""审爱""审恋""审情""恋爱与赞美""节操与审美""幸福与审美""恋爱与审美""文学与恋爱"。

"美"与道德中的"善"一样，虽然在某些方面确实看起来平等普遍，但在实际运用中难免各自分裂。若与之相反，将美作为科学层面的对象的话，必定要对其本质刨根问底，总结出准确明了且容易认识的美的本因。然而如果对美进行研究，就会发现美的本质是极其茫漠且薄弱的。

正因如此，美不得不作为哲学的对象，从柏拉图（Plato）起始直至 20 世纪，虽然谈论美的哲学家不在少数，但所持论说纷纭，无法给出一个明确的论断。可想而知，对美的定义很难达成统一，其根源是非常深远的。

由此观之，美是依深刻哲理所得之物，因而如何划分美的程度范围？哪些事物不属于美，而属于美的对立面，即丑的境界？简言之，美与丑的标准由何而来成为一大难点。一言以蔽之，问题在于何种程度是美，何种程度以外不是美。假设对美的定义模糊不清的话，任何研究都无法得到确切标准，这样是无法认识美的。

想要认识美，首先依赖美学层面的知识，而后得以全面认知。而了解美学的绝佳途径在于梳理历史，从而要对美术史有一定的了解。这是因为最能充分明了地发挥美，并以视觉形式呈现的，除美术以外别无他物。所以美学和美术史如同伉俪，通常成双成对出现。虽说如此，美术史具有更加具象的地位，美学史则更为抽象，先有美术的产生，而后才有美论。也就是说，在美学家鼻祖柏拉图还未诞生在希腊之前，在埃及、亚述等地早已出现美术，且直到柏拉图提出美学的论说之前，国民对于美的观念几乎不予以重视。而柏拉图在有关美的论说中，也并未发现对美的精确定义，对于认识美的正鹄没有完全把握，其中时常夹杂着善。纵观当时希腊的思想，尚未对善和美作出明确的区分。

当时，希腊的哲学界极其倾向于物质性，而非上升至纯文学乃至至纯哲学的层面。尤其是美学等研究对象，除了一两个学者，几乎没有任何对于美的观念，极端地说美学在当时完全被置之度外，正如在 19 世纪 80 年代之前，日本认为化学物理是无用之术一样。即便是在当时文明如此开化的希腊，思想界的程度较之想象中的样貌仍有不足，更何况美与善的区分方面呢？

与此同时，当时哲学界的泰斗苏格拉底（Socrates）强调善是万事万物中至大至高之物，这导致善与美的区分更加混淆也不足为奇。当时的哲学界尽管更加推崇柏拉图的美学，但也没有否定苏格拉底的思想，而是加以肯定。毕竟在希腊思想之前，美学也没有一个完全的立脚点。在此，我将当时有关美的学说进行梳理以助于参考，即从柏拉图起做哲学层面上最原始的考察。

人类是真善美的光明体。从而向往着至高的美，于精神层面中的美。爱神维纳斯认可人类中的美者时，便给予他爱慕之情。人类受到爱神维纳斯所给予的情感所诱促，从低程度转而开始认识高程度的美，逐步认识到更高程度的美，最终认识到最高的美。

这也就是后世所谓"柏拉图式的博爱"（Platonic love）。在此之后需要进一步说明认知至美必须经历的阶段。

> "第一阶段是爱个别事物的部分；
> 第二阶段是爱个别事物的全部；
> 第三阶段是爱事物的整体之美；
> 第四阶段是发现作为最终目标的至美。"

综上所述，观柏拉图之美论，只认可美的价值，且标榜至美在道德层面的意义，可以得知柏拉图并非将美本身看得那么重要。而且他认为在美之中，诸如艺术美是最拙等的美，可能会使人产生歹意，依据他所著《理想国》（The Republic）中对于诗歌的排斥便可知晓。在此之后，甚至是在美被推举到了非常重要的地位时，柏拉图学派的美论界限依旧与之相差甚远，近世的独逸理想派常常以此作为争论焦点。可以说美学是依照柏拉图的思想脉络开展的学说。

此后，柏拉图的弟子亚里士多德（Aristotle）及其《诗论》（Poetics）成为美学之中枢。以艺术美作为第一要义，并从主观上从柏拉图美作出"叹美""观相"等概念进一步发展，此后普罗提诺（Plotinus）为代表的新柏拉图主义对其立论进行系统说明。此外，鲍姆加登（Alexander Gottlieb Baumgarten）、门德尔松（Moses Mendelssohn）等学者对美学进一步阐述，至于近代，康德（Immanuel Kant）、席勒（Schiller）、费希特（Johann Gottlieb Fichte），此后的黑格尔（Georg Wilhelm Friedrich Hegel）等各位学者渐渐重整了美学论说之样貌。在此之后，哈特曼（Eduard von Hartmann）基于"假象论"的论说对美学产生极大影响，成为美的一大根基。他认为美虽是经"所变"而显现，但一定间接受到"能变"的影响，这在其先前的美学中都没有精确的论说。所以说哈特曼应当是美学界的一大泰斗。而且后世诸多美学家提出的论说都是以他的学说为论据的。在此简明扼要地把握并阐述美学史脉络并非易事，只不过为大家提供一个参考，在其之后我将慢慢以哈特曼的学说为基础浅探美。哈特曼将美的存在认定为假象论，与以往的主观观念论，乃至单纯实在论不同，是从美的现象着手谈论美的存在之先天实在论。

起初，康德美论否定美作为客观的存在，从主观层面认为美是现象的作用，而非一种实在。在此视角下的康德如是说，"美于何处存在？""如何认识美？"，并在此后提出"美的无目的的合目的性"之论说，将美作为主观事物，与其他事物不同，在原则上不存在过大差异，其特性为绝对的普遍平等。虽然在此处不能断言康德的主观论断之是非，但无可争议的是，在希腊时代后的推理派美学家曾对其有高度评价，故康德是近世美学的开祖。

此后的美学家席勒，将康德之美论更上一层楼，阐述假象论。该学说的大部分都来自于席勒1793年至1795年两年间写给丹麦奥古世腾堡公爵的书信之中，大致内容为以下：人类先天具有两个官能，即视听；相对于此官能的外物，即对象；以官能观察对象的过程，即认识完全剥离现实而游动漂浮的一种假象。比如说我听到来自丝竹管弦之乐音，并非指空气振动产生的声音，而是经由此运动的琴所发出之音其本身，这之中触发我高级官能的物，是由我能动地产生出的一种形式，这种形式作为假象，即所谓美的现象。

所以美并非绝对客观或是主观的存在，而是一种现象。通俗地比喻来说，花中飘散运动的其实是醚，而这种化学物质的运动中有真美存在，所以花并非真的美，而是诸如中介，其与美的关系比较薄弱，花之所以引起美的现象，是因为其具备能使醚类物质成功运动的性质，实际上并非这种客观的性质使得我们在主观上感受到美，而是经由能产生美的介质（虽说如此，很多情况下都不需要经由介质），从而产生了美感的假情以及假象。但从各方面来看，介质往往是包含在实存中无法脱离的。所以美的发生一定是预先与介质本身相分离的。然而当介质不存在时，会产生空想的美感，无介质从而无实存，香味就成为如同臭味一般的不美之物，这是因为香味脱离了臭味作为实际的参照对象。所以，当我们在主观层面感受美时，一定是从自身摒弃了其他实存的结果，否则美的现象绝对不会产生，这就是所谓"脱我"，如同"脱实"。脱离客观事实以及主观自我后，产生出现象本身，此时唤起美的现象的是心的作用，即所谓感情，在美学上称之为"假情"，正如美的现象是"假象"。美的感情并非来源于与其有直接关系的美的现象，而是来源于产生感情的"心"。对于心而言，有实存的现象与非实体的现象均能唤起其情感，其中有实存现象唤起实际的感情，非实体现象唤起美的感情。因此当内心出现美的现象时，便会残存美的感情，虽说如此，或是有对应的物质，或是没有对应的物质，心本身与其产生的假情（美的感情）不能同一而论。从某种层面来说，在实情（实际感情）产生之时，需要先经由因动作用缓慢发生，换言之，实情的产生必然经由某种意识。而美的感情，即假情的产生状况与实情完全相反，这是因为美的感情不需要经由意识，是忽然间产生的。所谓产生于无意识间，是假情的一大特性。

实情经由因动作用，长时间与实际存在联系，而假情与之相反，完全脱离于实际；且实情与实际的联系会永久残存，而假情绝对不会如此。这是因为假情本质上是脱离实际而暂时存在的，所以假情往往忽然产生，而后忽然消失冷却。例如我因听到歌声而产生快感，当歌声停止时快感便马上从耳朵中消失冷却。所以相较于实际的感情，美的感情出没迅速，绝不能将两者一视同仁。

实情分为"反应的"与"同应的"两种，反应即直接由主观产生，同应则是基于客观产生的主观情感。正如前文所述，这里的实情和假情还有一层关系。观其本质，在假情产生同时出现实情，便会妨碍假情之美。总之客观性会使假情特有的美受到侵害，比如在看见背着救生圈游泳的人时，知道他们绝对不会有危险，因此面对这样的景象仅仅会产生美的感情，在主观上也不会受到事实的侵害；比如瞧见少男少女的情书而春心动摇，就是假情妨碍了实情的反面例子。简言之，主观将实际的假情误以为是现实，就会错把假情认作实情。比如我听到了诗歌管弦之乐，将假情误认为是实情流露之物。更有甚者将假情误认为是实情的现象，艺伎对于相扑手的爱慕就是很好的案例。此外，还有一些场合会在无意识间混淆假情与实情。虽说如此，大多数情况下都是同应的场合，反应的情况极少出现。这种由实情与假情相互混淆而构成的，以美的本质为核心的感情，我将其称为"怜悯"，同感动非常接近，也可以称之为"恋爱"。

恋爱为何？从美学层面来看，即假情与实情混淆之下的结果现象产生的同应，并且恋爱之情中存在反应与同应两种不同情况。与反应而产生的恋爱情性质不同，同应产生的恋爱情需要在由彼及此的恋慕中发源，最初是给予彼此同情，而后不断向理想深入，最终领悟恋爱之真谛。更有甚者会将自我同应产生的爱情当作对方的爱，但是在这种情况下产生的恋爱情依旧是由假情产生的，要将此与实情明确区分实属难事，特别是其中存在怜悯之情时。怜悯之情原本只不过是对于他者的苦痛产生同样的情感，是典型的假情，不能从根本上同实情混淆。所以在这种场合下，一种相对于哀情的情感在心中暗涌，从同应中分离逸脱至各个方面中去。比如有一位少女遇到了困难，一位青年出于同情，从种种困难中将其拯救，两人相互爱恋，投入抱有假象的理想恋爱中去，诸如此类的情况比比皆是。

由是观之，恋爱通常都发源于假情与实情混淆的时机，回想每次我情窦初开也多是因为假情与实情在天时地利之间的融合。由此，我由衷地想探讨恋爱与美之间的关系。

简言之，美涉及诸多方面，尽管无法一概而论，但首先可以分为两大类型，一是无纠葛的美，二是有纠葛的美。此处纠葛即美在接触其他事物的作用下得以产生，即受他者影响共同产生的结果美称为有纠葛的美。比如说人造假花就是种种手段作用下的结果美。而无纠葛的美不需要接触其他任何事物。此外在有纠葛与无纠葛的美之中细分有多种美的类型，在此稍作区分。在此之前，要将宇宙之美与其作出大致区分，这是因为宇宙之美中囊括了有纠葛美和无纠葛美，可将宇宙之美概括为"界美"，并非指天空，而是天地万物之美的总称。

在此处由于单讲美的恋爱，所以对其他内容不展开谈论，大致介绍坦然、余哀等由美而生的各种情感，以作参考。

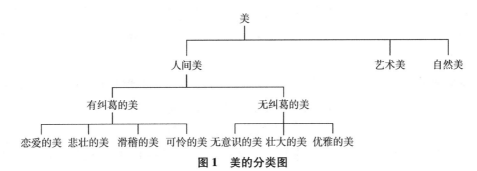

图1　美的分类图

（1）坦然。坦然是全然不顾周遭的危险以及自我的安危，单纯地沉浸于智知之中，属于物质美的范畴，受外物纠葛较薄弱。

（2）感动。所谓感动是由于天灾时变或是依照境遇时机等所产生极其激烈的内心作用，即世人所谓感激涕零。感动的发生究竟是客观性的，还是主观的同应，抑或是依反应激发的一种内心作用？在感动的场合下，主观依赖能感能动性而存在，其性质非常敏感，稍稍接触其他事物，内心则会激烈起伏，从而脱离美的范畴而陷入与之相反的丑中。俗话所谓"多愁善感"即感动的一种，究其原因，感动是基于由纠葛美而生的心的作用，逐渐上升至崇高的境界。在这方面，我认为恋爱小说、恋爱戏曲等是很典型的例子。

（3）善感。善感的本原即善于动情，俗话所谓多情多恨，正如前文所述是主观性的能感能动，在接触其他事物时因敏感而产生的情感。故而变化为美的感动很容易转变成丑。但是多愁善感属于畅气的一种，不能说是与美相对的所谓绝对的丑。

（4）悲壮。悲壮纠葛于主观与客观二者之中，当其中任何一方消退时就会产生悲壮之感，也就是说悲壮由陷入恋爱的残缺而生，即恋爱达到极端状态时变化而生的产物。总之主客观中的一方对于另一方要求的目的物消减时，所产生的悲壮和多情多恨是同一的。虽然一开始会形成美的形象，但一旦接触他者随即会变化为丑。然而作为一度消减的目的物是可以再生的。随着目的物的消减，丑会再次转化为快感之美，但伴随着目的物的再度消减，残缺的主体会逐渐转化为程度更加深的丑，而后绝望，感到厌世，最终产生死亡之感。

（5）余哀。当悲哀转入绝望的心境之前，受其他事物的影响以及时间的流逝，渐渐内心动摇而悲哀之苦痛减弱，美感随之悄然而生。例如一女子心有所属但迫不得已嫁给了其他男子时，陷入悲壮之情，感到极度苦痛，在其丈夫去世之后，抑制不住对往昔情人之爱恋的追怀，渐渐产生独特情感，即余哀。

在此，我对于恋爱进行的审美并不能全然将其阐明，只能捕捉其片影简单描述。此处将余哀列为悲壮的美，归根结底壮大的美通常是由主体反应而生。所谓壮大的美，原本属于无纠葛的美，是不与他者接触而产生的美。但从其发端来看，产生这种现象的原因是壮大之美的发生是主体反应结果之时突然产生的，例如矮小体格的人羡望巨人时会引起快感。

概括地说，壮大之美的产生并非因存在壮大之物，而是产生于绝对的假象，如同有纠葛的美一样，其发生并非单纯，也会拘泥于对其他事物的认识中，但并非完全受他者所限，由于是单纯发生的假情乃至假象，有时会被误认。

与壮大的美相对的，即可爱的美。可爱的美往往是有纠葛的，偶尔也存在无纠葛的情况。且可爱之美与壮大之美的性质是全然相反的，所以其结果也完全相反。印度有一位钻研美学的僧正，僧正的友人前往非洲出差一段时间，归来时落脚于巴黎附近的村落。僧正因阔别许久，特于一日登门造访友人。碰巧遇见友人的妹妹是个大美人，僧正与之开玩笑，欲猜测她理想男子的模样，妹妹同意了。僧正通过怜爱的美以及雄壮的美之特性分析出她理想男子的样貌。妹妹肤白貌美，金发碧眼，窈窕娇小，故而喜欢的男子肤色稍黑，墨眸黑发，体格壮硕匀称。妹妹突然脸红离席，因为自己思恋的男子样貌与僧正所描述的八九不离十，而僧正仅仅是以美的关系推出的结论。

人与人间的美，相较于同性之间，异性间的美更加深沉浓厚。当主体属于雄壮之美时，所希冀的异性应当属于怜爱之美；与之相反当主体特性为怜爱之美时，会希望另一方富有雄壮之美，故人类所欲求得到的美是与自身特质相反的美。例如肤黑肥硕的妇女喜欢貌美细腰的男演员，而貌美细腰的女艺人则喜欢体格壮硕的相扑运动员。

总而言之，尽管恋爱美在人类所有美之中算不上最崇高的美，其性质与艺术美、自然美也不尽相同，是作为一种社会要素的美。尽管将恋爱美推崇至人类美的高位是不合理的，但恋爱对于美的确起到了无形的推动作用。总之，恋、爱、情三者基于美交相辉映，犹如归为一体的魔神，故美既是普遍的，又是威严的。作为恋爱要素的美，我绝不敢说它有多么重要伟大，但恋爱之美不仅仅纠葛于恋爱之中，其中囊括了雄壮之美和怜爱之美。在假象与假情的发生时，存在怜爱之美的主体会诱促雄壮之美的假象；且雄壮之美的主体会诱促怜爱之美的假象。

二　审爱

社会的存立需要爱，国家的存立需要爱，家庭亦然。概言之，爱作为一种无形之物，其中蕴藏了无限的威力，且是无法仅仅以视听得以认知的一种心理作用。故而我思来想去，实在惊于爱之造化的神奇。爱并非必须依赖人类而生之物，宇宙的森罗万象都与爱有关。对于爱之人而言会感受到非常激烈的现象，显现为千态万状的行为。我非常确信我天生就会爱，且甘愿爱作为一种本能陪伴我的生老病死。由此思考爱的概念时，我感到非常迷茫，对于爱的观念也十分薄弱。若从语法上对爱进行较为严格的分析，即爱是从属于心理状态的一个动词，这实际上也没有明晰阐释出爱的根本含义。我爱国家邦土；我爱故乡山河；我爱我的家庭；爱母爱兄爱妇爱夫。究竟这样挂在嘴上的爱在人的意识中是怎样的状态，我毫无把握。原本爱与恋便是我作为人类先天性存在的能力，我也绝对无法否认自己好美嫉丑的本能。恋爱与美的范围广泛涉猎众多方面，实际上宇宙万物间诸如恋爱是需要存在某种天性的，而美的范围囊括天地之间，无须再作普及。古今哲学家无外乎将哲学的根源归结为真善美，但是恋爱既非美也非丑，常常由美而生，最终沦落为丑，所以我们通常称恋爱为美。

首先将爱分解为不同种类，其中关系最为显著的就是宗教爱。何谓宗教，作为爱的一大凝结物，原本宗教即真理一般的存在，将天地间的造物主作为崇拜对象，皈依造物主的意旨具备助人伦完善的性质，所以宗教是极其温蔼的爱。但宗教会带来弊端，导致迷信现象的发生，反而使人误入歧途，我就曾经目睹过这样的实例。尽管宗教有诸如此类的弊害存在，但其中蕴含的哲理也是无穷的，所以在宗教中存在很多不同的宗旨与教门，给予人们的指引都较为抽象。尽管如此，宗教的根源是爱，换言之是真，是美，是纯粹，是真理。所以宗教间的精神、性质乃至目的都是同一的，其本原除了爱别无他物。基督教的教理简单来说是启蒙无知男女的心智；佛教的教理颇为深远，是向众人言说难以解释的哲理，其目的在于道德教化以及领悟人生的真谛，简言之即教授爱的哲理。虽然其中存在各种杂多的意义，但总括来说，宗教以教导爱的真理为目的。

比如佛寺门前双脚大步横叉伫立的仁王，连像仁王一样嚣张跋扈者都被爱所感化、献身、顺从，始终以爱为生。故无论是何等宗教，虽然其中包含着迷信的成分，但始终都是以真理为立足之本，所以宗教的精神内核必然是爱，在此引用耶稣的弟子约翰（Apostle John）所言以作参考：

> 亲爱的，我们应当彼此相爱，因为爱是从神那里来的。凡是爱人的，都是从神生的，并且认识神。不爱人的，就不认识神，因为神就是爱……不是我们爱神，而是神爱我们，差遣他的儿子为我们的罪作了赎罪祭，这就是爱了。亲爱的，神既然这样爱我们，我们也应当彼此相爱……神对我们的爱，我们已经明白了，而且相信了。神就是爱。（约翰一书第四章）

然而约翰如是说：神是爱，神因爱得以显现，以爱教导众人，由此吾等要彼此相爱，宗教实则是爱的实存。如果有人想要探知真理且寻觅爱的话，就必须皈依于宗教，且不用恐慌于皈依宗教而陷入迷信之中，所谓迷信只不过是过度盲目的表现，避免迷信的方法不在少数，唯有薄弱的信仰才会使得思维脱离精神的掌控而生出余害。所谓信仰绝对不只是一种动作或是相对于佛神而言的，信仰即对爱的信仰，即在爱之美中投入献身。所谓宗教究竟为何物，纵观一切诸如《妙法莲华经》、"阿门"等物，其中蕴藏着何等意义，实则根本都在于宇宙之基因。由我总结而言，显而易见，宗教作为爱的一方面，是爱的中枢，是人之心的核心。故宗教是看尽人间冷暖而蕴生的奇妙之物。在此处略谈宗教后，下文讲到爱的变化。

爱的变化显现出爱的趣味走向等方面的不同。爱是千变万化的，所谓宇宙的万物实则都是由爱所生的。总的来看，爱的范围甚广，所以其变化方式也纷繁杂多。爱的变化力有极强极弱，这种强弱由爱所生的地点、时机、出现境遇等各不相同。举例来说，在男女两者之间最初会产生极其洁白纯净的爱，主体或客体任何一方遭遇困难之时会向另一方寻求帮助，此时另一方一定会立刻帮助抚慰，在这种情况下被帮助的一方对救助的一方会产生比先前程度更高的爱。假设给予救助的一方是从远处奔赴而来的话，被救助的一方会对于由远处奔赴而来的恩人产生更高程度的爱，由此或会产生一种爱的变化，这就是"恋"。虽然恋作为衡量爱的强度之物，但观其实质，所谓恋其实是由爱的变化而生之物。

除此以外，还有爱的变化现象、爱中美的变化，等等，爱的种类甚是繁多，一一指出或有难度，总之这种变化是根据境遇时机等而出现的。比如在一般程度的爱中缺少能变或所变任意一方时，主体的爱会表征为一种现象并产生变化。俗话所谓"失恋"正是由此变化而来。再者还有一种现象并非由于客观层面爱的极端冷却，而是因主观层面上爱的程度甚高，而使爱渐渐自然变化为一种非爱的事物，即俗话所谓"焦虑"。除此以外，当爱仅存在能变而缺乏所变时出现反应变化。举例来说，无论主体的爱达到怎样的强度，但凡客体处于缺失爱的情况时，主体的爱即便达到激烈升腾之程度，由于客体的缺爱最终会产生逆向的变化反应，类似的事例我常常耳闻目睹，所谓嫉妒的产生正是由此。此外，当能变与所变二者之间出现爱的屏障时还会出现一种变化，比如常年未见的母子在异乡偶然相遇时产生的情感，即相爱的两人未提前安排的情况之下忽然间双方的目的均被完成时产生的情感。且此时的爱会回溯至极其激烈的程度，达到无以言表的恍惚之境地，这种恍惚之感实则由爱变化而来的抽象之物。在这种情况下，绝对不只有激进汹涌的爱存在，爱绝非会重复出现的洁白单纯之情感，岂会有人认为在这种场合之下爱会单纯地反复出现呢？除了爱之外包括悲壮、哀愁等诸多其他方面的情感变化。

现在对于爱的变化有了一定的了解后，需要明晰爱的作用，如同爱的变化一样，爱的作用也受到时机、境遇以及产生源头等影响，产生急促、迟缓、强烈以及微弱种种不同情况。所谓爱的作用即爱这个动作行为的意义，这样一个单纯的动作背后到底蕴藏着何等意义呢？爱的现象也好，爱的变化也罢，都是爱这个动作的一种，即爱的作用之一部分，有赖时机等不同方面而千差万别，概括来说爱的作用根据客体的有无而出现差异的情况最多。此外当主客体二者之爱完满纯粹地构建而成时，作为其结果而产生的爱的作用，与其说相较于前者存在明显的差异，倒不如说这种情况完全是理论层面上的。基于实例来看，爱的作用存在柔软与强硬之分，即一方恋另一方爱的情况下，这种爱是残缺不完满的，在这种情况之下爱的运作，唯有尽快停止爱这一行为并等待，如果爱一直被抑制则会反其道而行。这种停止爱、等待爱以及背道而驰的状态分别对应焦心、观相与失态三种心境，这是爱之动作变化的作用以及产生的现象行为。此外还有主客体之间成立完全纯粹的爱时产生的动作行为，与前者在不完全的爱下产生的动作相较更为激烈，且主客体之间产生爱的一方，因时机境遇而陷入残缺的爱时，会对于另一方产生行为动作。现假设有这样的例子：夫妇之间存在纯粹完满的爱，在遭遇无妄之灾而陷入不愉快的境地时，爱会产生变化起到拥合的作用，殉情就是实例。另外，当主客体二者中成立了完美纯粹的爱时，因时机境遇导致其中一方爱的缺失时，仅剩下一方的爱存在并陷入残缺的状态，爱这一行为发生变化，转移为前文所述"停止""前进""背道而驰"等，在这种场合下爱的作用产生非常迅速，会出现因嫉妒而将爱的一方杀害的情况。所以爱这一行为动作既有积极的方面也有消极的方面，在这种场合下无论积极消极，会根据时宜出现至死不渝或转瞬即逝等不同情况，具体来说殉情即爱的永不熄灭，与之相反在产生嫉妒的激烈情况下，爱会在短时间消减，即因嫉妒而将一方杀害的情况即因为爱的转瞬即逝。故而爱的作用会因二者之爱完整纯粹或残缺的不同性质而产生差异。这里"爱的作用"包括由爱而生的反应作用以及依境遇而生的现象作用。有一位勇士为了主公殉身报恩，除了对主公的爱以外别无他因；若是因向主公进谏不善之言而被赐死，那么因爱而向主公谏言遂变成怨恨。这里出现了爱的积极性作用的现象，并同时因此事而使得对主公的爱全部消失减灭。还有一位士兵颇受其主公之爱，今目睹主公之悲惨命运，想要自杀以示自己对于主公之爱，这就是爱的消极作用，士兵抱此想法赴死，其爱永恒不灭。

说完了爱的作用，接着谈谈爱的方面（领域范围）。爱的范围是最广漠的，包罗天地间事物之千态万状，忠孝仁义贞信，世间万物皆为爱之范畴。以最粗浅的实例来说，今我庭前植有矮树，以供我观赏享受庭园之美，感到神清气爽，从多方面考量我观享庭园之美并有神清气爽之感，而想要观赏更多的原因在于其"自营性"。探究其所谓"自营性"是如何得以显现的，我认为即依靠生活而联结，生活起到诸如守护生命之类的作用，由此所谓生活的自营即先天性全身心地爱自己。换言之，自营是爱某种方面的显现，故爱的范围囊括极为复杂的种种事物。由此观之，社会的千态万状皆为爱的中枢之分支，即爱的范围之物。爱的范围依据种种境遇场合而存在不同划分，这也是所谓爱的分歧，众人皆知爱的范围甚广甚多，比如民为君献出轻如鸿毛般的生命，子为双亲而踏上前途莫测的娼妓生涯，妻为丈夫而舍弃自己的性命，见义勇为的侠义之举以及因哀怜之事触目动心，这些都属于爱的范围。故而爱的范围如前文所述，既包括直接显露的，也包括间接显现的。为国战死、为亲卖身、怜悯乞者皆属于直接表现的方面；父母爱子如同种植树木收获果实般，期盼早日见证其成长，还有为提升自我品位而以慧眼选择装饰物等均是爱的间接显现。且伴随此，爱的方面存在强弱，一般来说直接而生的爱的方面往往比较激烈，例如殉情、战死等；与之相反，由爱间接而生的方面更加静稳缓弱。例如为了自己的名声而钻研学术，为了子孙的繁荣富贵而计划增加家产等即消极的爱的方面。此外，犯罪也是爱的一方面，政治犯就是最确凿的证据。我也常常耳闻为情妇情夫而不顾一切，最终成为刑事犯的事情。距离日本不远的菲律宾群岛有一位战士孤军抵抗西班牙政府与美军，直至身亡。当然不用说一个是为国家而战的自由之爱，一个是为情妇情夫而做出非常人之举入狱，但其背后是同样以爱为目的的缘起。总的来说，这是因为爱包含着种种杂多的方面，且这些方面一开始呈现为现象，而后有一系列对应动作，最后呈现一系列的变化。故爱在原初是单纯的，至于不同方面后才形成了不同的繁复行动。

最后，我想归纳总结一下所谓"爱"，在前几章节中将爱分解逐一讲解，故而在此再做一个总结性收束。由对国家之爱、对社会之爱、对父母兄弟姐妹之爱、对妻女朋友之爱等，可以将爱大略分为社会之爱、国家之爱以及家庭之爱三大方面。

首先，社会之爱的产生原因，在其中夹杂着人的本能，但更多的是由教育而具备的情感。简而言之，教育实则是以塑造国家所要求的个人为目的的，进一步来说所谓国家所要求的个人，即对于国家有用的人，对国家有所裨益之士即全心全意为维持国家隆盛而爱国，辅佐国政之人，即对国家有用的爱国之士。这样看来所谓教育实则是培养爱国之士，由此国家之爱全权得益于教育而生，正是因为爱国才会有人民为了国家而战。

远有 16 世纪美国独立战争，近有古巴岛战役以及菲律宾反乱军，虽然其中皆有年纪较大缺乏教育之者，作为为理想为独立而战的军人，其思想是极其单纯的。虽然缺乏学术理论层面上的教育，但对于国家社会之爱的教育也并非全权只有学问理论层面上才能教授，于社会教育、家庭教育之中也能充分教授，在此举一例证：即便是未接受过学问理论教育的人，倘若看见外来者入侵故土并建立政权，这些人一定都会立刻揭竿而起反乱。究其原因应该是来源于对自己家庭的考量，即担忧国家的外来者建立行政会对自己的家庭带来影响，故而奋起为所爱的家国故土而战，为了不让外来者在国土之上建立新政权，消除忧虑而拔刀提剑，抛头颅洒热血，以证明自己对于家国的爱。

总的来说，爱分为国家之爱、社会之爱以及家庭之爱三大板块，三者存在循序渐进的阶段性。在多数场合下，社会之爱乃至国家之爱是由家庭之爱逐渐发展出的感情。社会之爱以及国家之爱都可在家庭之爱中初见端倪，故而本章的核心在于爱实则就是家庭之爱。

三　审恋

所谓恋，恋君、恋月、恋花，恋可谓连通古今社会的天女。但从另一层面来说，恋是非常棘手的问题。

在此我仅以客观抽象的层面来探讨这个问题。概括而言，恋是由爱的某一方面变化而来的现象。对"恋"指指点点的世人不止一二人，更有奇怪言论将此男女两性间建构的无形之物指称为陋劣行为。如前文所言，爱是维系社会运动的根源之物，恋作为由爱的方面变化之现象，不应该是一种油滑的情感。恋是本能情感，即天然自然的。比如孩子对于母亲的恋慕是一实例。那么是谁教会孩子恋母的呢？大千世界中凡成为父母者在教导孩子时，都不会刻意教他恋母。作为孩子也都不会接收到恋慕母亲的教导。由此可见恋绝对是本能情感，且拥有绝对存在的性质，是人人平等的。无论给予多少金银财宝，赋予多少名望地位，都无法使人脱离恋的本能。故而恋是神圣的、有力的，不应该歪曲恋的情感。

世人往往认为恋分清污，清则贵，污则贱，这样的理解是极其狭隘的。倘若追究恋何以为恋，会发现所有恋都具有同一性质。这么说是因为所谓恋，所有的恋皆出自同一根源，即由爱而生，唯独产生于爱的方面有所差异。故恋是爱情的一种重复，是强烈热烈的一部分爱。有人捕捉到这一点以指摘"恋"，称之为蛇蝎之物，然而这些忌惮恋、称之为蛇蝎的人本身必然也是恋的动物。然而当局者迷，他们对自己也是"恋"的动物一事置之不理，反而嘲笑其他人，何其矛盾。此等之徒应该好好地反躬自问一番，是否在人品价值层面有疏漏。"胡马依北风，越鸟巢南枝"，连禽兽都尚且知恋，更何况作为万物之灵长的人类呢。然而吾等光谈论男女之间的小情小恋。怀乡、思亲、异乡思国等都是恋的表现。在云山万里，悬隔于烟云茫漠之中，眼角挂泪怀思故乡之人何其之美。有人会疑惑为什么恋会产生美，我会在后文中详细阐释。此处仅就"恋"是怎样的情感进行探讨，可见恋是先天的、本能的、平等的，是人类的基本情感。此处恋是美的，是神圣的，是合乎情理的。恋是热泪纵横，是抛洒热血。通过世间一些关于恋的实例，将会对恋有一个更加深刻明晰的认识。我在前文已提到恋的本能性以及爱的先天性，不再赘述。接下来谈谈有关恋的道理。想来我们为何要受恋的羁绊？恋是以何等原因产生的呢？为何要因恋而喜怒嬉笑生存于这个社会国家之中呢？一下子思索那么多问题，难免在不知不觉中思绪混乱。我等的悲恋喜恋都是作为社会中的一部分所存在。如果从国家社会，不，从我们身上抽离"恋"的情感，那我们仅仅是空皮囊罢了。虽然这么说难免有些过激，但"恋"确实是人生的一大情力。不同于爱有许多方面，恋是极其单纯的情感，这么说是因为恋实则是爱的支出面。虽然所谓恋是由爱的重复热腾所形成，但如果出现主客二体中任何一方缺失的情况，恋的现象就会变得极其激烈，甚至是脱离常识与理智。谈及实例则体现在陷入失恋的人脱离理性，犯下常识之外的罪行等，这便是恋的"遇激"。世间因陷入失恋而终日以泪洗面的大有人在，对于这些因失恋而长涕之辈而言，无论是以怎样的财产名望给予慰藉，都绝对无法使其精神层面完全感化与满足。对于这种失恋的人来说，至大至高的金钱财产、名望荣耀等与其说会带来官能上的慰藉，倒不如说会加深其烦闷之感。恰如富豪家道中落之后，会羡望他人富贵，在不自觉中追想起自己富裕的往事，心中便蒙上无以言表的阴郁之感。与此相同，由于主客二体其中一方缺失而失恋的人，在看见他人圆满的恋爱时心头会涌上烦闷之感。故失恋在精神层面与其说是心如死水，倒不如说是满腹不平的发狂体，这绝非言过其实。故而可以推测而知所谓"恋"有如此广漠的魔力，这种魔力推动社会进步，事业精进，是绝非单靠智慧和力量能达到的。文明之所以能达到当下境地，绝不能轻视恋的力量。

我在此为何要强调恋存在绝对无限的威力呢，生存于社会国家之中必然缺少一种无形的推动力，自然造化将如此具有威力的"恋"降临于吾等人类头上，故而人类得以在社会的竞争场上活动。在这种人类的社会场中生存竞争的状态是人类社会文明得以形成的根本。换言之，有了恋爱社会的文明才得以进步。这其中包含着不平等的进步，从而上升至竞争，在竞争中得以渐渐形成文化。我们周身受恋爱所遮护，安需求于他人呢？且我们在本能上先天性地恋父恋母、恋国、恋社会，这是生于天地间所享有的情感。即便是对于木石汉①来说，与其呻吟终日，亡于六尺病床之上，倒不如拥抱恋与理想，投身于三尺铁路之中。无法实现之恋、失去之恋、建构之恋，恋的种类非常之多，然其性质都是同一的，不会因为自恋他恋的位高位低之差别而影响其情力的高低强弱。想来，人类大概是基于恋之上生存的动物。进一步而言，因为恋国，因为爱国，甘受死亡之苦。将国家的财产占为己有的法外之徒另当别论，在他们的脑中丝毫没有恋与爱，唯有兽欲存在，此等无恋无爱之徒如同铁拳与炸药一般。

世间有对于恋之无常加以嘲笑的人，这些人大抵都不是血精男子，尽是些木石鼠辈、犬猫之徒，没有多说的必要。这些鼠辈犬猫之徒都是社会的寄生虫，应该从根本上以扑灭法消除殆尽为第一良法。否则彼时恐有毒害传播的风险。鼠辈传染病极盛时，

---

① 比喻没有感情的人。

连重金建设的大学讲堂、堆积财宝的住所都付之一炬，海外移民被禁止上陆，直到最后胜原都没有逃过鼠疫的侵害。连鼠类都会造成如此之大的伤害，更何况这些披着人皮的家伙呢。若恐其毒害的话，务必深刻考虑吾等的策略。

恋在造化之中显现出真，且先天性地包含着美，本能上是善的存在。然而与有夫之妇的恋要另当别论。所谓与有夫之妇、有妇之夫的恋，并非真正的恋，仅仅是一种野合的兽欲罢了。这种行为是无所忌惮的蛇蝎之事。若是已经知道对方是有夫之妇、有妇之夫的话，按理不会再产生恋，所谓恋应该是不会在这种情况下产生的。

所谓恋，在一开始是全身心的爱，至于后期在时期境遇、灾变等障碍之下可能会中止，遂造成能变或所变中某一方缺失的情况，此时其中一方的爱会出现强烈的反应，出现变化的现象，遂认识到所谓"恋"的存在。会恋上有家室的人，那么若窥见他人的财物会起偷盗之心也不足为奇了。

总而言之，在理性的控制下，恋的胚胎形成虽因人而异，但最初大都是平稳的。在平稳之时依境遇的变化会存在强弱进退，既可能会达到暴戾的程度，也可能衰退。我有位亲友，名曰和原一郎介，自幼失去双亲，唯有三个姐姐，如今长大在第三高等中学寒窗苦读德国法律系。五年前，我因为要前往东都学习，临行前访亲友告别。到他家后我大声唤他名字。"为什么来找我呀？"亲友笑嘻嘻地来迎接我，"刚刚终于把蜂巢捅了，今天心情特别好，你看起来状态也不错呀"。他这样说道。"今日访一郎介君并非相邀出游，我考入海军预备校，明后日即启程前往东都，今日为了与君告别而来。"我这样对亲友说道，空气中安静得仿佛能听到蜜蜂来去的嗡嗡声。亲友用格外平静的语调回应："你是作何打算才会前往东都的呢？你学了半吊子的学问，不准备在仙台好好地学完了吗？我和姐姐说过好多次，如果你要去仙台的话，我想跟你一起去，如今我依旧是如此打算的。要不你别走了，我还期待同你一起研读野史呢，你不再考虑一下吗？"我回答道："我考入海军预备校，是因为我对军人特别有好感，也想成为一名军人。你不明白我想去东都的性质吗？就算再作思考，我也不会放弃前往的机会。无论你的姐姐如何说服我，也不会动摇。我就如同高桥老师所说的中国人物鲍叔牙，你如同管仲，鲍叔牙难道不知道管仲之心吗？"亲友听了我的话，瞬间陷入了沉默，很久也不知该如何劝谏。过了一会儿，我仰起头饱含着悲伤之情说道："亲友，我走啦，我绝不会停下前行的脚步，这一别是命中注定，有缘归来你我仍是朋友。"话未了泪先掉。第二天，亲友送我乘坐头班列车，站在我位置的车窗前，他说："明年夏天请你一定要回来，我等着你归来盐釜①给你撑船，在松岛的十六夜②同你划桨，你一定要回来

---

① 日本本州东北部港市。在宫城县中部，临松岛湾，天然良港。——译者注

② 十六夜，十五夜圆月之后的夜晚，在日本文化中作为残缺、遗憾、伤感的意象出现。——译者注

哦。还有务必要常常写信寄来，不然我会为你牵肠挂肚的。"此时汽笛声响起，宣告着离别时分将至。到达东都后我曾与其来往信件只有三四封，亲友屡屡来信却得不到我的回信，至暑假我与两三好友一同前往横须贺游玩，没有归去，为此亲友寄来了表达极度愤怒的书信。如今回想起信的内容，不禁莞尔一笑，信中毫不顾忌地狠狠责备了我："在我看来海军预备校的暑假如果八月一日开始的话，最晚八月三日您一定可以回到仙台了，我特意赤脚将浴池的水汲满，女佣人却说你未曾回来，原本我迫切希望与君一同泡着温泉畅谈的打算也泡汤了。"话语中带着惋惜，也有泄愤，零零散散在信中放了很多狠话。尽管我性格大度，但也并非不期待亲友可以给我寄来道歉的书信。一周过去了，两周过去了，进入早秋后我突然收到了亲友送来的小包裹，其中还附带了一封信。打开包裹其中有三束干栗，我小心翼翼地打开附带的信件，信中以与郑重装订形式不符的口头语写道："前些日子冲昏了头脑，在信中恶语相向十分抱歉，令君见笑了。前天我去东照宫游玩的时候，向佛祈愿，想必君住在东京一定吃到了甘甜的红薯了吧，但一定没有吃到上等的栗子吧。我得到姐姐同意后，特意寄来栗子，与君共享。这是我一边唱着诺曼尔顿的歌，一边前往后院游览时，在栗子树上摘的果子，所以特意送给你。说了那么多，总之栗子挺甜的，请笑纳。"看完信我收到了亲友的心意。与此同时，亲友前几天的信中也表明了深刻的歉意。故而我也绝不能置之不理，此后也不再与亲友中断联系。越是期待恋，恋越是无法出现。正是如此，恋依赖时机境遇等可能会有所进展，也可能会产生激烈的矛盾，也可能激不起一丝涟漪。我想恋应该是积极与消极兼备的事物。

爱是存在许多方面的，故而仅从表象来观察的话，可能会发现或许在某一方面不尽如此，但恋绝不是这样的事物。由于恋是爱的一方面，已然是变化的现象，故而恋的表现全部转化为行动，没有任何抽象层面的表现，必须展现为具化的事情。这便是恋与爱最大的不同之处，如果仅仅将恋看作爱的一种强烈状态的话就大错特错了，这个世界上往往存在还未达到"爱"的恋情，多么不可思议的情感啊。

恋这种情感的显露，是迈着缓慢的大步调推进的，而后逐渐显现出激烈的态势和执着的心情。所谓恋绝非突如其来的，详细来说，被置于恋爱之上的客体，其距离主体是十分遥远的，伴随着时间的流淌而不疾不徐地靠近，最终到达巅峰。然而到达巅峰也意味着终点，意味着一种极端，俗话说就是"死"，故而恋与死存在因果关系。总而言之，恋的最初发展绝非激烈的，伴随着时日逐渐发展，最后达到一个高度强烈的状态。世人在说起恋时，常常提到"一见钟情"，一种激烈的情感发端，但真实情况绝非如此。这是因为恋作为爱显现出的一方面，常常出现反复的状态，每当爱的现象出现变化就会影响恋的运作，这之间存在必然联系，通过观察便会发现伴随着时机境遇的激烈会显现出各种变化。总之作为爱的一方面呈现的运作状态，偶尔会因为时机境遇显现极端的状态，这种同应是由我个人耳闻目睹得来的一家之言。比如说有一对年轻男女相爱的情况下，其中一方抵不过父母媒妁之言嫁娶他人时，对于两人难以分别的恋爱来说简直就是晴天霹雳一样。故在此两人的恋爱运作是投入在相互恋的范围内的，然而由于突如其来的时机境遇的强烈干涉，使得两人爱恋的步调急剧地推向极端，最终走向死亡，即所谓"殉情"。还有一个实例，笔者的某一知己至今二十三岁一事无成，虚度光阴。原本这个男人在乡里读中学三年级时，与邻居家武官的女儿相爱了。在相爱的两年间，这位少年的目标是成为第一名，略带着自负的心态一直努力学习着。不久女孩的父母注意到此事，开始阻挠两人之间的关系。这使得我的知己陷入了悲伤的苦闷之中，但他依旧在努力学习，在这时两人依旧是处于相爱的关系之中。女孩的父母开始担忧两人的将来该如何生活，于是秘密与东京的豪门立下许配女孩的婚约。女孩知道后立刻告诉我的知己："我宁愿自杀以表对你的一片真心，"并拿来了许下婚约男人的照片，"因为这个男人的事，我非自杀不可了，请你要健康幸福地活下去。"男人对她也爱得深沉："这种选择是错误的，你与我仅仅是两小无猜的懵懂之情，何必因为我而断送了未来的幸福呢，你嫁给他一定会幸福的。"他痛哭流涕地斩断了这段感情。

在此之后，我知己的爱全然变成了恋，且恋的情感越来越强烈，终日郁郁寡欢。于是退学回到了家乡游山玩水，渐渐患上了神经衰弱症。他母亲见状十分悲伤，带他求取医生对其疏导治疗，久不能愈。再度辗转回到家乡，其母亲放心不下，带他前往东都游访未果。回乡后，亲戚等依旧对其状况感到担忧，再次带他游访东都而未果，只能由他每日病恹恹地葬送光阴。恰巧近期来拜访我，相谈数时，我试探性询问他的近况，尤为同情于他陷入失恋的悲伤之中。然而当我问他"活在这个世界上最想要达成的最终目的是什么"时，他以特别认真的口吻这样回答道："没有了，你何尝体验过这种失恋带来的悲哀苦痛，所以你才会问出这样的问题。如今的你充满了自信与抱负，有着唯一追求的梦想，所以你才会这样问。"随后只是偶尔发出深深的叹息不再说话。我思考着他刚才说的话，他索性又开口道："我想要的东西只不过一个朋友，一支笔。"我无法理解朋友的意思，再问了一遍后，他回答："除了朋友以外没有想要的了。若是会弹月琴①，则可以与君同奏音乐以缓失恋之悲伤，若是不会弹琴，则一同在大道上一边乞讨，一边唱着法界调②。"我哑然失笑："为何是那么奇怪的事情，没有什么别的了吗？"他回答道："你有所不知，我所渴望的就是法界调。如果友人会弹月琴的话，我

---

①　月琴，中国的拨弦乐器，琴筒圆形且扁平，琴柄短。4 根弦，每 2 根弦调成同音。在日本用于演奏明清乐。——译者注

②　法界调，1891—1892 年间流行的通俗曲谣。由清曲《九连环》发展而来，在歌谣中加上"法界"这一虚义衬词。——译者注

就可以尺八①伴奏，呼唤我曾经的恋人的名字，她就会来到我门前。我希望能以这种方式再次见到她。另外想要笔，是因为我想借以文士之笔将我至今的遭遇写成小说公之于众。所以我想要的只有一个会弹月琴的朋友和一个会写小说的人仅此而已，我又有何多念，如果这些愿望能得以实现，我死而无憾了。"

在我看来这样的愿望几乎是一种疯狂的想法，听来使人匪夷所思，但其中又未尝不是源于失恋而脱离于常识以外的幻想呢，这样想来不禁令人同情落泪。于是我们约定，我会将他的境遇写成一本小说，他十分高兴。"啊！我死而无憾了。你一定要写哦。我暗下决心在余生将此作为毕生事业。如果君有幸在文坛占据一席之地，请势必将我的事迹写作历史小说，通过亲身感发为恋爱的理性、特点、结果、现象等研究提供实践证明。唯有如此，我愿得以实现，能等待这一天的到来是我的荣幸。"

细细想来，人们常说所谓恋是不可靠的，是因为恋单纯是爱的一种重复变化，当爱处于一种摇摆不定的状态时，由于外界力量使得爱被打消，或是突然遭受到时机境遇的打击时激起爱的涟漪时，爱会外化为支出面，且迟缓的步调也会越发激烈。故可以间接地认为恋就是爱，深入观察就会发现当恋产生某种影响时，爱也会开始受到影响，所以恋会引起爱之中枢的动摇。若要更详细地解释，恋在什么时间会受到怎样的影响。单纯当爱由于接触外界事物受到动摇时，恋都会受其余波影响。然而每当恋受到余波影响开始动摇，情感逐渐加剧走向极端时，人们总一概认为恋情危险了，但如果深入观察便会知道绝非如此。这是因为对爱造成的危险并未对恋造成直接的危险。最初男女之间的爱恋产生处于非常平稳的阶段，当某次两人的爱由于受到外界障碍的影响，呈现危险的趋势时，为何其恋也会如残月一般杞忧呢？恋的危险在于由于外来事物的影响误认为出现了急剧的危机罢了。

下文将解说恋的精神以及恋的永久不灭。正如前文所述，恋本身不存在危险的性质，只会受到他动的影响，故恋的精神之中绝对不含有危险的成分在。精神对于人类而言，是含有某种联动作用的。对于恋的精神的观察绝对不能流于表面，而是要深入恋的精神之最极端。比如观察一对男女的恋情，其表面上来看似乎对任何事物而言都没有价值，然而深入观察其本质，对于社会而言，两人的恋是构建事物状态的一部分。即两人恋的精神是坚韧不拔的、不掺杂任何其他关系的、追求温暖境遇和幸福未来的状态。所以深究恋的精神之根本，是一种极其单纯的，不会在任何场合变得复杂的情感状态。就好比放箭时，箭途经万物而不受影响，专一地射向彼方一样。总结来说，可以了然恋是一种坚韧不拔、相互专一的精神，同时这种精神是任何一方面的恋都共

---

① 尺八，日本的代表性竖笛。无簧，管的一端外斜。一般以竹制成，5 孔 7 节。标准长一尺八，故名尺八。——译者注

有的。无论置于何种境遇，恋的精神都绝对不会发生变化，所以恋的精神一旦发端，其目标是唯一的，绝不会有二。上至王侯将相，下至乞丐布衣，所拥有的恋的精神都是同一的，即不论是恋的目的、特性还是步调都相差无几。

我曾说过恋的永久不灭，由于恋是无形之物，故而对于恋是否存在的判断是不存在确凿证据的，唯有通过耳闻目睹我才了解到其存在，唯有恋逐步走向极端时才会显现出一些现象。所以恋只是一种理想化的情感，可以确认的是爱的永久性。由于恋是爱的旁枝侧叶，故两者的性质存在相似性，恋的性质与爱的性质不可能相差甚远。故而可以推断恋与爱一样，由于其永久性而永恒不灭。这是因为爱的永久包含指向了恋的永久，根据爱的永久不灭可以断定恋的永久不灭，是对等存在的。进一步而言，恋是神圣的。因为恋是无法以物质交换得到的情感，无论以怎样的人力势力都无法购得这份情感。而且对于一方而言，这种情感是永久不灭的。正如同四季变换，即春夏秋冬的更替绝不会受人为影响而发生改变，故而四季变换也是神圣的。神圣即意味着事物性质具有永久不灭性。故爱如同四季变换一般，不受人力左右，其性质中包含着永久不灭性。所以可以推断恋大概也是永久不灭的。

由此观之，如前文对爱与恋的论述可知，爱显现出多种方面，故而恋并非爱的全部。所谓恋是由爱分离而出，具有受外物刺激会愈加快速走向极端的特性。爱往往是抽象的概念，而恋绝非抽象的存在，是彻头彻尾具体的行动。对恋的理解，不能停留在"一种爱的强烈表现"上。总的来说，可以定义恋为永久、不灭、本能、无限、神圣、平和、温热的事物。恋最为容易被人们捕捉发现，是在其逐渐走向极端的时候，其中当恋到达极端时，会使人感到悲伤、愤怒、感叹、憎恶、惆怅等。此外，当恋走到极端时，也是其热烈的时刻。但所谓热烈无所谓热烈，因为所谓恋的热烈，实则充满着无限激烈的怒愤悲哀，所以往往使人处于最为惨淡的境地，即死亡的境地。故而被恋所羁绊的人，往往呈现赴死的征兆。当主体对客体之恋无法与之相容时，这种缺乏平稳的恋中蕴藏着极大的危险，从而使得恋的步调加剧逐渐走向极端，靠近死亡。这里的死亡指的是接近精神上的死亡，也就是一种烦闷的心情。当烦闷反复萦绕于心头，笼罩在思想之中时，常常会使人脱离常识之外。故当恋达到极端时，常常会脱离于常识之外，而达到一种死亡状态。这里所谓死亡分为肉身之死与精神之死两种。

人们常说所谓"恋慕"，有许多人以同音异义来嘲笑憎恶这种情感，这种想法是十分脱离常识的，是流于表面的。世人所嘲笑的恋慕，即所谓恋而后慕其实是一种人类的本能。自幼失去双亲的孤儿恋慕父母是人类的一种本能天赋。为何要如此忌惮恋慕，将其视如蛇蝎呢？或许是那些人本心鄙陋，从而无意识间对恋慕产生责难之情。我恋已故的双亲，游四海而恋故乡，留异国而恋故国。我在各个方面都受制于恋而行动，为恋而生活，为恋喜怒于世间。正是因为我的心中有恋，所以我才能生存于社会之中有所求。正是因为我心中有恋，所以才存在人之为人的本色。倘若人失去了恋，那与木石又有何区别？故恋是人类生存必要的情感之一，是生存于人类社会中如同命脉之所在。代马嘶鸣在北风中①，胡鸟振翅于南风里②，生而为人而不知恋者，有几人能生存于世界中？

（［日］菅野永真：《審美學要義》，東京：文學同志會，1903.05）

（译者单位：上海大学文学院）

学术编辑：陈桑

---

① 比喻人心眷恋故土，不愿老死他乡。出自汉·王符《潜夫论·实边》："且夫人重迁，恋慕坟墓，贤不肖之所同也。……代马望北，狐死首丘，边民谨顿，尤恶内留。"——译者注

② 出自《胡马依北风，越鸟巢南枝》，是汉代古诗十九首。胡马来自北方，故依恋北风；越鸟来自南方，故巢宿于南枝。比喻不忘根本，对故乡的思恋。——译者注

音乐、诗歌与神灵附体

[美] 理查德·舒斯特曼/文

朱庆园/译

摘　要　艺术经验的神灵附体（possession）论始于古希腊，柏拉图指出艺术创作的灵感来自缪斯附体带来的迷狂。但这也就意味着，艺术创作和审美经验都要求外在于自身的力量对灵魂的占据，从而丧失个体理性节制、独立自主的状态。亚里士多德将艺术家的创作与观众的审美分离开来，认为创作纯属理性的制作（poiesis），观众才受激情的操控。当代美学对艺术创作者与接受者的分割并只注重后者的审美经验的传统便始于此。而现代思想家如杜威、T. S. 艾略特、A. E. 豪斯曼、瓦莱里则认为艺术创作和接受的审美经验都具有相似的两个阶段，第一个阶段是如神灵附体般压倒性的震撼与沉浸，第二阶段则是对第一阶段的经验进行批判性反思，以形成作品或者对作品的理解。这种两阶段论是具有合理性的，但应该认识到所谓的两阶段并非以时间先后划分，而是审美经验二重性的具体表现，用杜威的话来说，亦即"受与做"的结合。这种双重性所内含的身体美学意义也值得重视。

关键词　审美经验；神灵附体；杜威；身体美学

一　古希腊理论中的音乐、诗歌与神灵附体

从词源来看，"文化"（culture）这一概念来自古罗马时期（拉丁语有"cultura"一词），最早的含义是培养植物，比如农人培育庄稼。古希腊人没有相似的概念，而是用其他语汇表达我们今日所谓"文化"的意思。其中一个核心语汇便是 paideia（παιδεία），意指教育或训练，但另一个表示"文化"的核心概念就是"音乐"（μουσική），古希腊人以此广泛地指称诗歌、舞蹈及器乐，因为他们认为这些技艺（和历史学、天文学的技艺一样）都由缪斯启发。在《理想国》第二卷、三卷以及之后的《法律篇》中，柏拉图申明了诗歌和舞蹈在音乐概念之中的联结，并坚称恰当的教育必须以这些神圣

的技艺为开端。在第二卷中，我们了解到教育包括"用体操来训练身体，用音乐来陶冶心灵"，我们应该"先教音乐后教体育"（376e）①。第三卷中解释道：

> 儿童阶段文艺教育（education in music）最关紧要。一个儿童从小受了好的教育，节奏与和谐侵入了他的心灵深处，在那里牢牢地生了根，他就会变得温文有礼；如果受了坏的教育，结果就会相反。再者，一个受过适当教育的儿童，对于人工作品或自然物的缺点也最敏感，因而对丑恶的东西会非常反感，对优美的东西会非常赞赏，感受其鼓舞，并从中吸取营养，使自己的心灵成长得既美且善。对任何丑恶的东西，他能如嫌恶臭不自觉地加以谴责，虽然他还年幼，还知其然而不知其所以然。等到长大成人，理智来临，他会似曾相识，向前欢迎，因为他所受的教养，使他同气相求，这是很自然的嘛。（401d-402a）

在《法律篇》中，柏拉图通过探讨合唱这门传统艺术论证了音乐教育（及其中音乐、诗歌和舞蹈的结合）的作用。他认为合唱在希腊文化中处于最核心的位置，甚至认为对音乐的学习与掌握就等于教育。② 所以"受过教育的人就受过很好的合唱的训练，而没有受过教育的人却没有这种训练"（654b）。又因为"合唱分两部分，歌唱和舞蹈"，这就意味着"教育得好的人就能歌善舞"，而柏拉图又解释这种能力让人倾向于认清并喜好"好的歌……和好的舞"，并且憎恶腐坏人心或者带来错误教育的不健康的歌舞（654b-c）。柏拉图认为这种喜善恨恶的能力比表演技巧重要得多，想必是因为它对于人格的教育作用。古典学家韦尔纳·耶格尔写道："合唱团就是古希腊早期的中学教育，比教授诗歌的老师的出现要早得多，其影响也远远超过让人记住唱词的意思。"③合唱（作为天体的舞蹈、星球的音乐在人间的对应）将天堂与人间、宇宙现实与艺术表现、心灵与肢体运动、个体表达与同他人的协调联结在了一起。

然而，柏拉图敏锐地意识到了这个问题：创作音乐的灵感或冲动，本是由缪斯穿

① 文中援引柏拉图时均标注斯特方码；除非另有标注，我所用译文都来自哈佛大学出版社所出双语洛布丛书，可见于 http://www. perseus. tufts. edu/hopper/collection? collection ＝ Perseus％3Acorpus％3 Aperseus％2Cauthor％2CPlato》。《理想国》可见于 https://www. perseus. tufts. edu/hopper/text? doc＝Perseus：text：1999. 01. 0168<Plato 1935>。
文中所引《理想国》，中译均来自［古希腊］柏拉图《理想国》，郭斌和、张竹明译，商务印书馆 1986 年版。——译者注
② 所引柏拉图《法律篇》译文来自 Plato, Laws, trans. Trevor J. Saunders, in Complete Works, ed. John M. Cooper, Indianapolis：Hackett，1997，pp. 1318-1616。
文中所引《法律篇》，中译来自［古希腊］柏拉图《文艺对话集》，朱光潜译，人民文学出版社 1963 年版。——译者注
③ Werner Jaeger, Paideia：The Ideals of Greek Culture，Volume I：Archaic Greece：The Mind of Athens，trans. Gilbert Highet. New York：Oxford University Press，1945，p. 248.

透人心的（penetrating）精神力量带来的某种非理性的意识。无论缪斯如何神圣，被其附身都意味着自主、理性节制、适度、自控自知的自我的丧失——这种自我正是古希腊美德"节制"（sophrosyne）所标榜完美人格、健全心灵的体现。神灵附体意味着被穿透、占有，被难以驾驭的外来力量征服的危险。古希腊人赞美的却是独立自主之类男性化品质，这体现于他们独立城邦（而非大型王国或帝国）的政治架构，也体现在他们的英雄主义、体育精神、胜利、男性主导的理想中。

不妨来回顾一下《伊安篇》中描述这种带来创造力的神灵附体的段落。苏格拉底解释道：伊安演绎荷马的特殊能力"并不是［伊安体内的］一种技艺……有一种神力在驱遣［他］"（533d）。苏格拉底继而将这种力量与磁石的磁力作比：

> 磁石不仅能吸引铁环本身，而且把吸引力传给那些铁环，使它们也像磁石一样，能吸引其他铁环。有时你看到许多铁环互相吸引着，挂成一条长锁链，这些全从一块磁石得到悬在一起的力量。诗神就像这块磁石，她首先给人灵感，得到这灵感的人们又把它递传给旁人，让旁人接上他们，悬成一条锁链。凡是高明的诗人，无论在史诗或抒情诗方面，都不是凭技艺来做成他们的优美的诗歌，而是因为他们得到灵感，有神力凭附着（533d-e）。

诗人、诗歌的表演者以及享受诗歌演出的观众全被拴在同一条审美经验的链条上，这种缪斯附体的经验也就通过链条传递给其他人，不断扩大着自身影响力。这种狂喜攫住了人们，让他们失去对自己心灵的控制。但柏拉图认为这种损失未尝不是一种收获，因为只有这样才能成功拥有审美经验——"因为诗人……不得到灵感，不失去平常理智而陷入迷狂，就没有能力创造"（534b）。在《斐德若篇》中，柏拉图再次肯定艺术创作和审美经验就是"一种来自缪斯的凭附与迷狂"，并宣称"若是没有这种诗神的迷狂，无论谁去敲诗歌的门，他和他的作品都永远站在诗歌的门外，尽管他自己妄想单凭诗的艺术就可以成为一个诗人。他的神志清醒的诗遇到迷狂的诗就黯淡无光了"（245a）[①]。

除了与迷狂消极的联系及与神圣积极的联系，关于这种艺术创作和审美经验的观念还有两点需要强调。首先，这种驱动性灵感的源头以某种方式处于我们外部，并且

---

① 所引《斐德若篇》译文来自 Plato, *Phaedrus*, trans. Harold N. Fowler, in *Plato in Twelve Volumes*, ed. Harold N. Fowler, W. R. M. Lamb, R. G. Bury, and Paul Shorey, Cambridge, MA: Harvard University Press, Vol. 1, 1914, pp. 405, p. 579. Accessed 19 January 2021. http://www. perseus. tufts. edu/hopper/ text? doc＝Plat. %20Phaedrus。

文中所引《斐德若篇》，中译来自［古希腊］柏拉图《文艺对话集》，朱光潜译，人民文学出版社 1963 年版。——译者注

也以某种方式将我们带到自身及正常心灵状态之外。其次，不只有最初的诗人和表演诗歌的艺术家共享了同种本质性的、由神灵附体带来的审美经验，还有欣赏表演者演绎的观众。尽管艺术家比表演者更接近缪斯，表演者比观众更接近缪斯，一次审美交易中所有这些不同方面的参与者实际上都是通过外在于自身的某物附体得到审美经验的，而非凭借自主的艺术或知识能力。这种柏拉图式观念，即认为审美经验是对于某种附体力量的共同经验，显然是将艺术创作与接受的经验联结在一起。然而典型意义上的哲学只关注，故而也只推崇那些进行理解或评价的观者、评论家或理论家的审美经验，因此往往暗含着将创作与接受二者区分开来的意思。

早在亚里士多德为艺术作的理性主义的辩护中就有了这种区分。柏拉图批评艺术是艺术家在神灵启发的迷狂中得到的非理性产物，会以同样的方式影响其观众，导致他们非理性的情感和反道德的行为。为了反驳柏拉图，亚里士多德采用了一种具有双重性的策略。他将艺术家与观众的审美经验区分开来，定义艺术家的经验源于自身认知能力，这种能力让他们能够制作吸引人的物品。这是一种理性的制作，或曰"制作"（poiesis），是始终外在于艺术家的品质的，不像实践（praxis）会影响行动者自身。悲剧应当带给观众一种引起非理性的"怜悯和恐惧"的经验，从而将这些非理性的情感从他们的心灵（psyche）中疏泄式地清除出去（Poetics 1449b27-29）。① 然而艺术家创作作品却并非通过非理性的疯狂，而是通过对制作的艺术技巧或诗学知识的理性、批判性的实践。"技艺（art）和与真实的制作相关的合乎逻各斯的品质是一回事"；因此这是一种"合乎逻各斯的品质"，而不是非理性的（Nicomachean Ethics 1140a5，9-11）。② 若说亚里士多德对于艺术的制作和实践影响深远的划分是为了将艺术与现实世界中的实效分离开来，那么他对于审美经验的描述就在艺术家与观众间，或者说理性的艺术制作者与满怀激情而被操控的观者之间引入了令人不安的区分。当代美学仍然包含着（至少隐含着）这一区分，因为它几乎只关注接受者方面的审美经验和判断，却忽视了创作者。然而，经过学术机构几世纪的艺术批评，如今，具有决定性意义、处于优势地位的观者审美经验也已经显然地"合乎逻各斯"了，而不再是某种在激情操控之下陷入迷狂的神灵附体。

---

① Aristotle, *Poetics*, trans. Ingram Bywater, in *The Basic Works of Aristotle*, ed. Richard McKeon, New York: Random House, 1941, p. 1460.

中译来自［古希腊］亚里士多德《诗学》，陈中梅译，商务印书馆 1996 年版，第 63 页。——译者注

② Aristotle, *Nicomachean Ethics*, trans. W. D. Ross, In *The Basic Works of Aristotle*, ed. Richard McKeon, p. 1025.

中译来自［古希腊］亚里士多德《尼各马可伦理学》，廖申白译，商务印书馆 2005 年版，第 171 页。——译者注

二 现代反思

亚里士多德没能成功摧毁这一观念：艺术创作是充满激情的神灵附体，所涉超出艺术家自觉的能力与自主性。它重现于浪漫主义应用广泛的"天才"（genius）概念中，这一概念从古希腊的"*daimon*"概念衍生而来，最初是指负责守护、引导的神灵，后来在基督教中终于变成了让人着魔、发狂的邪恶魔鬼，能够占据并腐坏人的灵魂，让他们走上末路。19 世纪，在爱默生和尼采的理论中，艺术创作成为占据心智、引发灵感的天赋或者压倒一切的狂热。① 20 世纪，实用主义哲学家约翰·杜威将神灵附体作为其艺术和审美经验理论的一个核心维度。他将审美经验与理解的过程分为两阶段，适用于艺术创作者与作品观众两方面，其中，他坚称第一阶段的创作经验包含了一种违背艺术家本人意愿的出人意料的附体，这种对灵魂的占据（以"投降"与"交出自我"为结果）也类似地发生在观众对艺术作品的审美经验中。②

杜威认为，"艺术家和观赏者同样都是从一种也许可被称为总体把握的东西开始的，这是一个综合性的性质上的整体，没有分辨，没有区分出其成分"③。这种极富魅力的质的全体，尽管意义不明、未被定义，但始终是统一并组织经验从而使之具有独特性的事物的"实体（substratum）"。④"首先出现的是总体的压倒性印象，也许会是突然被风景的壮丽景象，或者进入一个大教堂，被微弱的灯光、熏香、彩色玻璃、宏伟的尺寸等融合成的一种不可分割的整体所震撼。"⑤ 这种"狂喜的占有"，如杜威所言，是"直接的非理性的印象"，是超出个人控制的。"它也是有时出现，有时不出现。它不能强迫"，反而是它强迫我们。艺术家或观众可以从这种"最初的震撼"出发，到达"批判性的区分"的阶段，来探究其中有哪些不同的元素，物体、场景、事件有什么意义，以及

---

① Richard Shusterman, "Aesthetic Experience and the Powers of Possession", *Journal of Aesthetic Education*, Vol. 53, No. 4, Winter 2019, pp. 1-23.

② John Dewey, *Art as Experience*, in *The Later Works of John Dewey*, 1925-1953, Vol. 10, ed. Jo Ann Boydston, Carbondale, IL: Southern Illinois University Press, 1987, p. 59.

③ John Dewey, *Art as Experience*, in *The Later Works of John Dewey*, 1925-1953, Vol. 10, ed. Jo Ann Boydston, Carbondale, p. 195.
中译来自杜威《艺术即经验》，高建平译，商务印书馆 2005 年版，第 211 页。——译者注

④ John Dewey, *Art as Experience*, in *The Later Works of John Dewey*, 1925-1953, Vol. 10, ed. Jo Ann Boydston, Carbondale, p. 196.

⑤ John Dewey, *Art as Experience*, in *The Later Works of John Dewey*, 1925-1953, Vol. 10, ed. Jo Ann Boydston, Carbondale, p. 150.
中译来自杜威《艺术即经验》，高建平译，第 161 页。——译者注

是什么力量以那最初的整体性的震撼将我们占据。① 通过这种更深入、更刻意的区分性反思，艺术家建构、锤炼其作品，而读者或解读者将批判性地形成其对作品的理解。

著名的批评家兼诗人 T. S. 艾略特（1888—1965），也将艺术家和观众的审美经验分成了相似的两个阶段。对于艺术家和观众来说，最初的阶段都是一种沉浸式的附体。对于文学的观众，也就是读者而言，附体的力量源于强大的作者被阅读的过程，这种占有一切的征服力在年轻读者中表现得尤为明显。用艾略特的话来说，"像某种洪水一样，诗人更强大的人格侵入了尚未发展健全的人格。相同的事情也可能在更年长的时候发生……一个作者会在一段时间内完全地占有我们"②。然而，艾略特继续道，通过"广泛而愈加具有分辨力的阅读"，让我们能够到达第二个、更具内省性的"自我意识阶段"③，从而具备了"逐渐增长的批判能力，保护我们不被任何一个或几个文学人格过度地占有"，这同样也保护我们不被他们作品所编织的意识形态魔咒蛊惑。④ "正因这些不同的人生观念在我们心中共存并互相影响，我们才能确立起个性，以自己独特的方式给每种观念定位。"⑤

至于艺术家审美经验的两个阶段，艾略特认为第一个阶段是由附体带来的"模糊的冲动"，但比起杜威描述的那种辉煌的狂喜，艾略特的附体要令人不适得多。⑥ 艾略特将诗人的附体经历描述为"受到重负的压抑，不得不让诗歌诞生以求解脱。或者换种修辞，也可以说他被恶魔纠缠，面对恶魔他感到无力，因为在最初显现的时候，恶魔没有面孔，没有名字，什么都没有；他写出的词语、诗歌，就是某种驱魔术"。⑦ 诗人审美经验的第二阶段则是为了完成驱魔故而挣扎着寻找对词语"最好的安排"，"好从这尖锐的不适中解脱出来"，因此他终于"可以对诗歌说：走开吧！到书里给自己找个位子去"。⑧

A. E. 豪斯曼（1859—1936），这位以诗集《西罗普郡少年》闻名的诗人，同时也是剑桥的古典学学者，同样认为好的诗歌写作始于一种谜一般令人不安的"冲动"（impulse），而不是自觉的"愿望"（wish）或故意的表达。⑨ 他声称"诗歌，对我来说，更

————————

① John Dewey, *Art as Experience*, in *The Later Works of John Dewey*, 1925-1953, Vol. 10, ed. Jo Ann Boydston, Carbondale, p. 150.

② T. S. Eliot, "Religion and Literature", *Selected Essays*, London: Faber and Faber, 1951, p. 394.

③ T. S. Eliot, "Religion and Literature", *Selected Essays*, p. 395.

④ T. S. Eliot, "Religion and Literature", *Selected Essays*, pp. 394-395.

⑤ T. S. Eliot, "Religion and Literature", *Selected Essays*, p. 395.

⑥ T. S. Eliot, "The Three Voices of Poetry", *On Poetry and Poets*, London: Faber and Faber, 1957, p. 98.

⑦ T. S. Eliot, "The Three Voices of Poetry", *On Poetry and Poets*, p. 98.

⑧ T. S. Eliot, "The Three Voices of Poetry", *On Poetry and Poets*, p. 98.

⑨ A. E. Housman, *The Name and Nature of Poetry*, Cambridge: Cambridge University Press, 1933, p. 48. 豪斯曼这里引用了罗伯特·彭斯给亚历山大·坎宁安的信（写于 1791 年 3 月 11 日），见 Robert Burns, "Letter from Robert Burns to Alexander Cunningham, 11 March 1791", *The Letters of Robert Burns*, vol. 2: 1790-1796, ed. J. De Lancey Ferguson and G. Ross Roy, Oxford: Oxford University Press, 1985, pp. 80-82。

多出于生理而非智力"①，而且"产出诗歌的第一阶段，与其说是积极的，不如说是消极、非自愿的过程；如果我必须（不是给诗歌下定义而是）给诗歌找到合适的归类，我会将之归为分泌……就像松树分泌松脂，或者……牡蛎分泌出珍珠"②。豪斯曼继而详细论述了自己如分泌一般的创作过程：

> 午餐喝了一品脱啤酒后——啤酒是大脑的镇静剂，而午后对我来说是生活中最不用动脑子的时候——我会出去散两三个小时的步。散步时，我不会刻意思考什么，只是看着四周的事物，循着季节的进程，有时就会有一两行诗，甚至是一整个诗节，伴随着突如其来、难以描述的情感涌入我的心灵。而至于我要将它们写成怎样的诗歌的念头，只是模模糊糊地伴随着它们来的，绝非先行于它们。接着通常会有一个小时左右的沉寂，而后那泉水可能会再次涌流出来。我用"涌流"这个词是因为，就目前我的认识而言，向大脑提供这些词句的源头正是我已经提到过的一个深渊，也就是胃袋。回家后我将它们写下，留着空白，希望将来有一天新的灵感到来。如果我带着开放、期待的心态散步的话，灵感确实会再来；但有时却必须要把诗歌掌握在手里，用脑子来写完，这种情况就常让人感到烦躁、焦虑，还会带来折磨与失望，有时干脆写不成诗。③

所以，豪斯曼也认为写作包含了需要主动进行批判性反思的第二阶段，这个阶段可能成功也可能失败。

并不只有英语国家的思想者认为审美经验分为两个阶段。我在别处已阐述过西奥多·阿多诺（1903—1969）的观点。④ 他以人品味一件现存的艺术作品的经验为例，详细论述了这两个阶段。最初的阶段，人在震惊与沉浸中将自己交给作品，但随后必然跟着批判性反思的阶段。在这里，就让我们重点关注另一个非英语国家的思想者，即法国著名诗人、理论家保罗·瓦莱里（1871—1945），艾略特曾大为欣赏其思想与诗歌。瓦莱里在其论文《诗与抽象思维》中借自身经历详细论证了诗歌创作分为二阶段的观点。⑤ 瓦

---

① A. E. Housman, *The Name and Nature of Poetry*, p. 46.

② T. S. Eliot, "The Three Voices of Poetry", *On Poetry and Poets*, p. 48.

③ T. S. Eliot, "The Three Voices of Poetry", *On Poetry and Poets*, pp. 49-50.

④ Richard Shusterman, "Eliot and Adorno on the Critique of Culture", *Surface and Depth*: *Dialectics of Criticism and Culture*, Ithaca, NY: Cornell University Press, 2002, pp. 139-58.

⑤ Paul Valéry, "Poetry and Abstract Thought," *The Collected Works of Paul Valéry*, Volume 7: *The Art of Poetry*, ed Jackson Matthews, trans. Denise Folliot, Princeton, NJ: Princeton University Press, 1958, pp. 52-81.

文中所引《诗与抽象思维》，中译来自瓦莱里《文艺杂谈》，段映虹译，百花文艺出版社 2002 年版，第 277—304 页。——译者注

莱里肯定了第一阶段的灵感至关重要的意义：一种"诗的状态"① 通过一种"最初的、纯粹偶然的震惊"② 占据了他，这种状态"完全是不规则、不稳定、不由自主和脆弱的"③，其出现消失都不受他控制。"但这种状态"，瓦莱里继续道，"不足以造就一位诗人，正如我们在梦中看见财宝并不意味着我们醒来时就能看见它在床下闪闪发亮。一位诗人……其职能不在于去感觉诗的状态……［而是］要在别人身上创造这一状态"，而这就需要塑造作品的"连续的行为"，需要唤起这一状态的"人为的概括"，而这就需要语言的媒介，因此反过来暗含了概念的抽象材料。④ 瓦莱里通过详尽的个人经历说明了"诗意的状态……与创作一部作品之间"⑤ 的关键性区别，这段经历值得我们全文引述：

> 我从家中走出来，想散散步，随便四处张望一下，从令人烦恼的工作中放松。我沿着我居住的那条街走，一种节奏突然抓住我，让我不得不服从它，它很快让我感觉到一种奇怪的运转。好像某个人在操纵我的生活机器。另一种节奏这时赶上第一种并和它联合到一起；在这两种规律之间建立起了不知什么横向的关系（我尽我所能地解释）。它结合了我正在行走的双腿的动作和我喃喃自语着的不知什么歌，或者不如说借用我在喃喃自语着的歌。这种组合变得越来越复杂，其复杂程度很快超过了我根据平常的和可采用的节奏能力所能合理地创造的一切。于是，我提到过的奇怪的感觉变得几乎是痛苦和令人忧虑的了。我不是音乐家；我对音乐技术一无所知；但这时多声部展开的音乐折磨着我，其复杂程度是诗人永远无法想象的。因此我想一定是弄错了人，这一恩赐找错了人，因为我对这样的馈赠无计可施——若在一个音乐家身上，它也许会获得价值、形式和持续，然而这些分分合合的声部对我却是徒然，它们巧妙而有组织地进行，令无知的我陶醉和绝望。
>
> 大约二十分钟过后，幻觉突然消失了；它将我抛在塞纳河边，我的困惑不亚于寓言中的鸭子，看见从它孵的蛋中诞生出一只天鹅。天鹅飞走了，我的惊奇转化为思考。⑥

---

① Paul Valéry, "Poetry and Abstract Thought", *The Collected Works of Paul Valéry*, *Volume* 7：*The Art of Poetry*, ed Jackson Matthews, trans. Denise Folliot, p. 60.

② Paul Valéry, "Poetry and Abstract Thought", *The Collected Works of Paul Valéry*, *Volume* 7：*The Art of Poetry*, ed Jackson Matthews, trans. Denise Folliot, p. 59.

③ Paul Valéry, "Poetry and Abstract Thought", *The Collected Works of Paul Valéry*, *Volume* 7：*The Art of Poetry*, ed Jackson Matthews, trans. Denise Folliot, p. 60.

④ Paul Valéry, "Poetry and Abstract Thought", *The Collected Works of Paul Valéry*, *Volume* 7：*The Art of Poetry*, ed Jackson Matthews, trans. Denise Folliot, p. 60

⑤ Paul Valéry, "Poetry and Abstract Thought", *The Collected Works of Paul Valéry*, *Volume* 7：*The Art of Poetry*, ed Jackson Matthews, trans. Denise Folliot, p. 61.

⑥ Paul Valéry, "Poetry and Abstract Thought", *The Collected Works of Paul Valéry*, *Volume* 7：*The Art of Poetry*, ed Jackson Matthews, trans. Denise Folliot, pp. 61-62.

我们可以进一步提问：他的思考中浮现出了哪些想法，从他的经验与分析中又可得出哪些结论？第一点，很显然，瓦莱里将创作的第一阶段认作某种"附体"——一种由某些外部［于自身］的力量带来的灵感，一种被"令人忧虑"的"幻觉"般的"奇怪的感觉"抓住的经验。第二点，这次经验主要是对于节奏的经验，更确切来说涉及了节奏的多种序列与组合。第三点，这经验正如它神秘地发生一样神秘地消失了。第四点，对于节奏的经验与他在巴黎街头的漫步相关，还需注意散步中的"四处张望"。和豪斯曼一样，瓦莱里也认识到了散步对于想象力的刺激作用，尤其是牵涉场景变换的散步（相比起在自己的书房来回踱步而言）。他注意到"散步常常让我保持活跃的思维，在我的步伐和思想之间有着某种相互作用，我的思想修正我的步伐；我的步伐激励我的思想"；他认为"在纯肌肉的行动体系和种种［涉及词语和概念的］形象、判断与推理的产生之间可能有着一种相互修正"是相当有趣的。①

第五点，也是最关键的一点，瓦莱里认为这些节奏的组合越来越复杂，超出了他的音乐能力，以至于他不能消化并进行恰当的理解，所以他根本不可能将这节奏的经验通过后续的、深思熟虑的创作努力，最终转化为某种音乐作品。简单来说，尽管他的心灵能够诗意地处理被出乎意料的"形象"和"思想"占据的过程，将之以某种方式与词语联系起来，他仍然不能够"把握……那突如其来的节奏"。② 最终，瓦莱里评价道：这种附体的经历要求"三大力量共同参与某种协作"——"我们称之为外部世界、我们称之为我们的身体和我们称之为我们的思想"。③ 据其全部观察，他的结论是：诗歌需要两个阶段，第一阶段是对于某种内容的"自发"地吸收，而这内容是艺术家通过抓住他的一种灵感，以消极的方式和模糊不清的形式得到的，但接着的第二阶段就需要在积极的"创作作品"中，自觉而谨慎地将那模糊神秘的内容表现或者翻译为具有更好的结构、完善的组织的艺术形式。④ 正像瓦莱里自己的解释那样，在他的"故事中，一件音乐作品的内容被慷慨地给予了我；但我却没有组织能力去抓住、固定和重新描绘它［而形成一件作品］"。⑤

① Paul Valéry, "Poetry and Abstract Thought", *The Collected Works of Paul Valéry*, Volume 7: *The Art of Poetry*, ed Jackson Matthews, trans. Denise Folliot, p. 62. 我们应当注意到伟大的浪漫主义诗人华兹华斯常常在室外散步的时候创作，之后才将诗歌付诸纸面。见 Stephen Gill, *Wordsworth: A Life*, Oxford: Oxford University Press, 1989, pp. 232-285 and passim。

② Paul Valéry, "Poetry and Abstract Thought", *The Collected Works of Paul Valéry*, Volume 7: *The Art of Poetry*, ed Jackson Matthews, trans. Denise Folliot, p. 62.

③ Paul Valéry, "Poetry and Abstract Thought", *The Collected Works of Paul Valéry*, Volume 7: *The Art of Poetry*, ed Jackson Matthews, trans. Denise Folliot, pp. 62-63.

④ Paul Valéry, "Poetry and Abstract Thought", *The Collected Works of Paul Valéry*, Volume 7: *The Art of Poetry*, ed Jackson Matthews, trans. Denise Folliot, p. 63.

⑤ Paul Valéry, "Poetry and Abstract Thought", *The Collected Works of Paul Valéry*, Volume 7: *The Art of Poetry*, ed Jackson Matthews, trans. Denise Folliot, p. 61.

那么现在，我们能为瓦莱里的分析补充些什么让它更为清晰呢？首先，我想我们应该批判性地审视一下他是否真的如其所言对音乐一无所知。尽管，瓦莱里确实可能缺乏他所谓"音乐技术"方面的专业知识，但作为一个卓越的诗人，他一定对节奏和诗歌的音乐性相当敏感。将诗歌与散文区分开来的关键之一就是节奏、押韵中的音乐性及其他语音效果。我相信如果瓦莱里对音乐节奏毫不敏感，他可能也就不会有这段对于复杂节奏的强有力的经验。他那引人入胜的心灵并不只是消极地被附体，它强烈地专注于那节奏，满怀赞赏地沉浸于其中，正因他是节奏（尽管只是以语言形式表现的节奏）的行家。概括而言，这也就意味着一些特定的人比其他人更适合或更有能力被某种艺术类型的审美经验附体，这是因为一个人的敏感度与所受训练（常常能改变敏感度）关键性地决定了他对于感受艺术性附体的可能性。比如瓦莱里是写作诗歌的专家而不会创作音乐；但比起对音乐的附体，他（一定程度上正因此）对诗歌的附体也要敏感得多，所以这段音乐的附体的经历会让他留下如此惊人而鲜活的记忆。

从阿波罗领导的九个缪斯的分列中，可以看出古希腊人似乎也认可对附体经验的分门别类。这些缪斯和她们各自专长分别为：Ερατώ（Erato，厄拉托），情色诗歌；Ευτέρπη（Euterpe，欧忒耳佩），抒情诗歌；Θάλεια（Thalia，塔利亚），喜剧与田园牧歌；Καλλιόπη（Calliope，卡利俄佩），史诗；Κλειώ（Clio，克利俄），历史；Μελπομένη（Melpomene，墨尔波墨涅），悲剧；Ουρανία（Urania，乌剌尼亚），天文学；Πολύμνια（Polyhymnia，波吕姆尼亚），圣歌；以及 Τερψιχόρη（Terpsichore，忒耳普霍瑞），舞蹈。如果一个艺术家只能被这九个缪斯中的一个附体，古希腊人不会对此感到惊讶，而且柏拉图的《伊安篇》中同名的主角甚至以一个特定的诗人（荷马）作为史诗表演专长的灵感焦点。

瓦莱里的描述中另一处应当明晰的地方在于他将身体与心灵区分开来的方式。他形容自己穿越巴黎街道的散步为"一种纯肌肉的行动体系"，但事实明显不止于此。散步这一行动显然涉及了意向与某种程度的自觉，这样他才能选择去塞纳河的路，尽管很大程度上他是跟着过去的习惯走到那里去的。他必须有意识地确定路线，在合适的地方与时间穿越街道以躲避车辆，当然他也注意着自己走路的节奏，思考着它如何与另一种占据了他思想的节奏结合起来。同样，我们也可以从这些附体的案例中看出来，他所谓的"外部世界"并不全然是外部的。诗人的经验需要凭借的语言和概念，还有进一步塑造了经验并帮助诗人将之转译为艺术作品的传统修辞、技术、风格和艺术形式，确实都存在于诗人心灵之外。但这些同时也存在于诗人心灵内部，因为作为学习并实践这种技艺的诗人，他们早已将之吸收，它们部分地构筑起诗人的敏感度及其经验状态。它们也创造了一种环绕式的审美氛围，当这种氛围渗入经验主体时便会造成主体被神秘的外在力量占据的感觉，因为这种氛围并非可触及的实物，我们分不清它到底是纯粹存在于外界还是局限于我们主动自愿的意识之中。这种氛围由艺术家置身的境况及其所处的语言和艺术的领域中的概念与审美资源塑造，在外部世界与主体个人意识之间或交叠处的神秘地带上空悬停，足以在不诉诸神话中的缪斯或带来灵感的神灵的情况下提供对附体现象的自然主义解释。

三　结论

　　如果像杜威、豪斯曼、瓦莱里和艾略特这样富有创造力、洞见力和影响力的思想者都坚称审美经验是包含两个阶段的过程，我们就更应该深入地探究这种双重性。我相信这反映出了审美经验潜在的双重本质，而柏拉图和亚里士多德各自提出的单方面的理论错误地将这两方面分裂开来了。一方面，在柏拉图这里，我们看到了艺术家对于神灵附体的消极接受，这进而也会以相似的方式影响其观众。另一方面，在亚里士多德那里，艺术家则成了专家和理性的制作者，他们并不消极地接受附体的影响，而是全神贯注地积极投入外向性的制作外物的行为之中，这种行为并不会影响艺术家的内在本质，尽管其成果会强有力地影响它的受众。

　　尽管理论家们将艺术经验视作两个阶段的过程，我们不应认为这两个阶段只是狭隘地局限于时间性的片刻——也就是说，局限于最初涌入震惊的那一瞬，以及接着的创作冲动的高涨。相反，这两个阶段反映出审美经验根本的二重性，也就是说它同时包含了接受性和主动性，或者用杜威的话来说，就是"做与受"的结合。[①] 杜威坚持认为，所有的经验包含的都"不仅仅是做与受的变换，而是将这种做与受组织成一种关系"[②]；这种"做与受的亲密结合"[③] 又包含了"能量的出与进"[④] 间持续的联结。换句话说，这种对于经验双重性的认识意味着，经验并不是在消极地接受、经受或者忍受某种刺激后产生积极回应的过程，而是说接受这一阶段本身已经以某种方式包含了积极的能量。退一万步来讲，接受的过程至少要有对于接受的事物（那些占据或者浸没我们的

---

　　① John Dewey, *Art as Experience*, in *The Later Works of John Dewey*, 1925-1953, vol. 10, ed. Jo Ann Boydston, Carbondale, p. 51.

　　② John Dewey, *Art as Experience*, in *The Later Works of John Dewey*, 1925-1953, vol. 10, ed. Jo Ann Boydston, Carbondale, pp. 50-51.

　　中译来自杜威《艺术即经验》，高建平译，第47页。——译者注

　　③ John Dewey, *Art as Experience*, in *The Later Works of John Dewey*, 1925-1953, vol. 10, ed. Jo Ann Boydston, Carbondale, p. 58.

　　中译来自杜威《艺术即经验》，高建平译，第56页。——译者注

　　④ John Dewey, *Art as Experience*, in *The Later Works of John Dewey*, 1925-1953, vol. 10, ed. Jo Ann Boydston, Carbondale, p. 54.

　　中译来自杜威《艺术即经验》，高建平译，第51页。——译者注

物件、场景或者带来灵感的力量）的关注。在瓦莱里的例子中，他消极的吸收阶段中就含有足够的积极性，好让那些节奏发展并占有其意识；但甚至在他想到要将这灵感转化为某种艺术形式之前，他就发现自己自发进行吸收的意识太过消极，或者不够积极，因此不能消化、理解占据了自身的事物。

在结尾，我还要提醒读者们：这种知觉中的关注总是涉及一定程度上的身体动作，所以我们应当以身体美学的视角切近艺术与生活，也就是说，艺术并不是躯体和心灵以某种方式合作诞生的产物，而是综合性的、能感知的、有目的性的身体以审美的方式创造和欣赏而生的成果。[①] 瓦莱里之所以能拥有那段奇异的节奏经验，不只因为他有能走路的腿，更因为他通过身体美学式的感知力而能够以身体的、本体感觉的方式欣赏那种节奏。即使在看似纯属脑力活动的文学领域，我们也需要眼睛的运动阅览一个段落或一页诗歌；我们需要肌肉的收缩来保持睁眼的状态、稳固我们的姿势和目光。我们需要身体作为传声结构板来经验诗歌能够唤起的强烈情感。审美经验的双重性本质（既包含接受外在于自身力量的附体又包含自身反应性的清晰应答的产出）对于艺术批评有重要的影响。如果说，好的批评家必须超越对俘获人心的艺术作品的盲目臣服才能找到并形成自己对于作品意义的观点，那么也可以说，批评家必须保持对作品的异质性（和它神秘的品质）的开放态度，而非自作主张地让作品表达自己想让它表达的意思。偏向两者中的任一方向（沉浸或强制）都会减损审美经验本该具有的丰富意涵与指示。[②]

(Richard Shusterman, "Music, Poetry, and Possession", in *Experience Music Experiment: Pragmatism and Artistic Research*, Leuven University Press, 2021)

（译者单位：复旦大学中文系）

学术编辑：陈桑

---

① 参见 Richard Shusterman, *Body Consciousness: A Philosophy of Mindfulness and Somaesthetics*. New York, Cambridge University Press, 2008 及 Richard Shusterman, *Thinking through the Body: Essays in Somaesthetics*. New York, Cambridge University Press, 2012。

② 我在《实用主义美学》（Richard Shusterman, *Pragmatist Aesthetics: Living Beauty, Rethinking Art*, Oxford: Blackwell, 1992）及《通过身体来思考》（Richard Shusterman, *Thinking through the Body: Essays in Somaesthetics*. New York: Cambridge University Press, 2012）中详细论证过这个观点。

是否存在"艺术崇高"？

——对康德崇高之对象的再思考

史　季/文

摘　要　康德在《判断力批判》中关于崇高和艺术的相关部分阐述似乎表明崇高的对象只能是自然，艺术无法成为崇高的对象。但不论从其第三批判中的部分模糊性文段，还是在康德自己有关崇高和艺术的相关理论中，似乎又存在艺术作为崇高对象的阐释空间。学者们对于该问题的探究和争论主要分为：否认存在康德意义上的艺术崇高和支持这种可能性的两方对立。艾伯塞（Uygar Abaci）和克莱维斯（Robert R. Clewis）分别作为争论两派反对方与赞同方的关键代表，围绕崇高对象所必须满足的条件、纯粹与不纯粹的崇高、艺术理论的相关阐释三个主要方面对该问题展开了辩驳。本文旨在为克莱维斯支持存在康德意义上艺术崇高这一方观点进行辩护，认为艺术崇高不仅具有可阐释的空间，并且是和康德哲学整体契合的。

关键词　康德；艺术；崇高；理念；美

崇高概念发展到康德这里，已经成为康德整体美学乃至其哲学建筑术中至关重要的一部分。但对于崇高的对象究竟只能是自然，还是也包含了艺术这一问题，学界并未达成共识，而是形成了否定存在康德意义上的艺术崇高和肯定艺术崇高之可能的两个对立观点。对这一问题的澄清与明晰将有助于进一步理解崇高概念在康德哲学中的意义。笔者认为在此争论中，赞同方的观点不仅能够回应反对方的质疑与反驳，也能够契合康德哲学的整体思想和基调，从而使我们可以很好地相信，除了自然，艺术也可以成为康德意义上崇高的对象。

一　崇高对象争论的缘起

康德在第三批判关于美和崇高的有关论述中，将美和艺术相联系，比如他对于自然和艺术的区分，关于美的艺术是当其显得像是自然的艺术，以及美的艺术与天才的关系等。而崇高的对象则是自然，不论是数学的还是力学的崇高，都涉及当我们面对无限庞大或有力的自然事物所引起的想象力和理性的协和一致，反思到我们自身的有限。

但在康德的有关论述中，对于崇高的一些表述存在一定的模糊性，"当我们在此公平地首先只考察自然客体上的崇高（因为艺术的崇高永远是被限制在与自然协和一致的那些条件上的）时……"① 这句话似乎暗示了康德准备先考察自然客体的崇高，之后再来考察艺术崇高（这就暗示了似乎存在一种艺术崇高的可能）。但在后面的内容中，关于艺术崇高的内容却再未出现，因此学界对这句话所表达含义的解读也产生了争议：要么的确存在康德意义上的艺术崇高，只不过康德出于某种原因并没有再在后文中详细论述；要么不存在康德意义上的艺术崇高，毕竟这句话只是将艺术崇高一笔带过，而后文中也并没有对艺术崇高更进一步的论述。这就为是否艺术也可以作为崇高的对象这一问题埋下了伏笔。

当然，关于崇高对象是否除了自然外还有艺术这一问题的争论并不仅仅是由于这一处模糊的表述。康德对于崇高和艺术相关理论的看法和观点也成了争执双方所据理力争的核心与寻求理论支撑的重要来源，因为根据这些文本和理论，的确存在崇高对象是否除了自然也包含艺术的可争论的空间。不论是成为崇高对象所要满足的要求，还是艺术自身的特性，抑或崇高所被激起的方式，都可以从不同的角度切入来为存在或不存在艺术崇高的立场进行辩护和反驳。

纵然艺术要成为崇高的对象似乎面临着一些困难，比如在康德看来，崇高的对象是无形式的（formless），而似乎艺术对象都必然有一个形式；崇高的对象是无目的的，而艺术对象都必然有一个目的（甚至可以解释说有艺术家的目的，以及面对艺术品的对象对艺术品的目的）；崇高的经验要求面对知觉不断延伸的领会，这导致想象力无法统摄对象，或者当面对外部强大的力量而引起想象力挫败或自身的恐惧和自我保存的同时，唤起人对自身超越感性的理性理念的意识，从而对之产生敬重，由此带来一种愉悦，而艺术看起来似乎不太具有自然所拥有的那种无限的力量，使得想象力难以统摄而感到挫败。但在康德有关艺术和崇高的理论和文本中，我们可以找到丰富的论述来试图回答上述问题，对艺术崇高问题展开有意义的争论。

总体而言，对这一问题的争论主要分为以艾伯塞为代表的反对艺术可以作为康德意义上崇高的对象，和以克莱维斯为代表的赞同除了自然，艺术也可以作为康德意义

---

① ［德］康德：《判断力批判》，邓晓芒译，杨祖陶校，人民出版社 2002 年版，第 83 页。

上崇高对象两派对立的观点。① 双方对该问题争论的焦点主要集中在这几方面：（1）崇高对象无形式的特点；（2）崇高的对象是反目的性的；（3）崇高情感被引起的方式，即崇高所伴随的愉悦是间接的，面对自然对象需要先受到阻碍，随后克服阻碍从而感受到一种消极的愉悦，使我们反思到自身作为理念的自由和道德。

反对方否认在康德对于崇高和艺术的相关理论阐述下，艺术能够满足上述三个条件。但赞同方认为，反对方的一些论述或证明并不成立，不仅艺术崇高可以和康德对崇高对象的无形式、反目的性的要求相一贯，而且也能够以类似自然引起崇高情感的方式来引起崇高。而需要对该问题进行更为深入有效的探讨，就需要先详细分析反对方与赞同方各自的观点，对其有关论证进行重构，并看看他们是如何反驳对方以捍卫自身的。

二　反对方：崇高的对象只是自然

反对方认为：首先，艺术无法满足崇高对象所要求的无形式的特点；其次，艺术是有目的，也无法满足崇高对象反目的的特性；最后，艺术也无法以自然引起崇高情感的方式来引起崇高，因此艺术无法作为崇高的对象。

1. 崇高的对象要求无形式

艾伯塞在他的"Kant's Justified Dismissal of Artistic Sublimity"② 一文的开始就表述了这样一个基本观点：由于康德美学最终朝向的是道德，而道德相比艺术与自然联系得更加密切，从而自然才是崇高的对象③，这一观点贯穿其整个论证。艾伯塞根据美与崇高的五点区别来论述艺术要成为崇高对象所面临的困难，他认为这种困难主要是两方面的。第一是无形式的问题，崇高要求其对象是无形式的，而任何艺术品，比如图画、雕塑等都是有形式有限制的，因此艺术并不满足崇高对其对象的要求。第二是艺

---

① 赞同的确存在康德意义上的艺术崇高的学者主要有克莱维斯（Robert R. Clewis）、佩罗（Kirk Pillow）、米斯加（Bjorn K. Myskja）、阿利森（Henry E. Allison）、克劳瑟（Paul Crowther）等人，而否认有康德意义上的艺术崇高的主要学者则为艾伯塞（Uygar Abaci）、克劳福德（Donald W. Crawford）、卡普伦（Mojca Kuplen）等人。本文将以克莱维斯和艾伯塞针对该问题互相辩驳的两篇文章及其相关著作作为讨论的重点，因为一方面，这两位学者的观点及其论证内容在该问题的讨论中较为全面，上述所提及的对该问题进行讨论的许多学者的观点也都在一定程度上反映在该两位学者的论述中；另一方面，这两位学者的观点和论证也颇具代表性，诸如 Paul Guyer（盖耶）等研究康德的国际知名的学者在涉及该问题的讨论中也对这两人的观点和论述有所关注和提及。通过对这两位学者的观点和论证进行梳理和分析，能够从整体上更好更全面地把握对该问题的思考路径，更有助于展开对该问题的深入研究。

② 该文章是艾伯塞和克莱维斯争论的核心文章之一，较为集中地体现了艾伯塞反对艺术崇高的观点和论述。

③ 参见 Uygar Abaci, "Kant's Justified Dismissal of Artistic Sublimity", *Journal of Aesthetic and Art Criticism*, Vol. 66, No. 3, 2008, pp. 237-251。

术品的目的问题，鉴于艾伯塞认为真正的崇高必然是纯粹的崇高，不包含任何目的，崇高故而只能在自然中找到，因此必然包含目的性的艺术品就不可能成为崇高的对象，至少不能成为真正的崇高。

关于第一点，艾伯塞认为崇高所揭示的是我们思考无限将其作为一个整体的能力，我们的对象必然是有限的，这是它们作为我们对象（Gegenstand）的重要条件。[①] 而只要那个对象能够让我们的感官体验到这样一种无限或无穷，那么我们就可以在此意义上将该对象称作"崇高的"。无形则是对象对主体的间接影响或印象，"崇高也可以在一个无形式的对象上看到，只要在这个对象身上，或通过这个对象的诱发而表现出无限制，同时却又联想到这个无限制的总体"[②]。

虽然对于艺术，艾伯塞似乎并没有更为详细地说明艺术是否能够向我们表现或者让我们的感官体验到这样一种无法把捉的无限或无穷，但他的一些只言片语，似乎暗示了他对艺术像自然对象那样表现无限或无穷的怀疑，他用"先不谈无限如何在艺术中来表现，另一个问题是……"[③] 似乎暗示了他对于艺术表现无限性的一定程度上的否定倾向，而他也并未对此进行更进一步详细说明和解释。并且，尽管艾伯塞承认基于康德对美和崇高之间五点区分的第一点，即崇高的对象需要是无形的，只此一点而言无法排除有确切形式的艺术对象或作品可以被称作崇高的这一可能[④]，但他也承认这一点和美与崇高之间区别的第五点（美的对象具有某种合目的性，而崇高的对象是反目的的）是相容的。艾伯塞在后面否定了艺术作为崇高对象能够满足反目的这一条件的可能，那么至少对于与这一点相容的崇高的对象要求能对我们的感官表现出无形而言，我们就并不能对他承认艺术可以表现无形抱有太大的希望。[⑤]

因此，综上而言，就崇高要求对象必然是无形式的这一点来说，艾伯塞等反对者至少并没有明确表现出对艺术也可以以及如何来体现无限这一点的乐观态度，这也就在某种意义上对艺术崇高的可能构成了一种消极反驳。

2. 纯粹崇高的对象是无目的的

除了无形式，艾伯塞认为艺术也无法满足崇高对象无目的的条件。他首先质疑了

---

① 参见 Uygar Abaci. "Kant's Justified Dismissal of Artistic Sublimity", *Journal of Aesthetic and Art Criticism*, Vol. 66, No. 3, 2008, p. 238。

② ［德］康德：《判断力批判》，邓晓芒译，杨祖陶校，第 82 页。

③ Uygar Abaci, "Kant's Justified Dismissal of Artistic Sublimity", *Journal of Aesthetic and Art Criticism*, Vol. 66, No. 3, 2008, p. 239.

④ 因为针对这一点，克莱维斯等赞同艺术崇高的一方可以从艺术作品无限的内涵和意义，或艺术作品可以通过有形展现无形等角度来论证艺术崇高的可能，所以只凭这一点否认艺术崇高是不充分的（这些反驳详见后文）。

⑤ 遗憾的是艾伯塞并未对艺术有多大的可能、如何可能以及如何来表现无限这一点给出更多自己的观点和解释，他更多依赖对"因为艺术崇高永远是被限制在与自然协和一致的那些条件上的"（5：245）这句含义模糊的话，肯定了论述自然崇高对于康德的优先性和必要性。

这样一种可能：在数学崇高的背景下，艺术崇高能够以一种暂时忽略其目的，将其仅视为一种"单纯的大"的方式来使其暂时摆脱目的的影响，进而被视为崇高的对象。他认为这种方法并不可取，这并不是我们欣赏艺术美的方式，艺术崇高因为其具有目的最多只能被视为一种不纯粹的崇高之情况，纯粹的崇高只能是自然所引起的无目的的或反目的的崇高。

此外，艾伯塞认为康德对艺术概念本身的理解和阐释也无法契合崇高对象要求无目的性的要求。他认为存在两个阻碍其成为纯粹崇高的方面。一方面是艺术品的目的性，艺术是一个被有意产生出来为我们提供满足或愉悦的对象（satisfaction/pleasure），以及观众面对艺术品时将其作为艺术品从而对其目的的有意鉴赏。另一方面，他认为在康德看来，艺术必须"美丽地"表现事物，"美的艺术的优点恰好表现在，它美丽地描写那些在自然界将会是丑的或讨厌的事物"①。在艾伯塞看来，这其实在某种程度上意味着，在康德那里，崇高与自然相关，而美与艺术相关，即使崇高的艺术表现是可能的，艺术也要"美丽地"去表现崇高的对象，我们对艺术品的审美判断仍然仅依赖其形式。

因此，不论是从崇高对其对象的要求来看，还是康德对艺术概念的理解与特性规定来看，双方都不是互相契合的。尤其是对于艺术来说，其本身就是人造的对象，即使再表现得自然，只要产生，就必然与一个人的目的相联系，并被这个目的所规定，这种必然的目的性特点使得艺术从根本上无法成为崇高的对象。并且，艺术只能"美丽地"呈现，而美丽与崇高的特性是截然不同的，这种限定也就使得要说明艺术崇高的可能面临种种困难。要论证艺术能够成为崇高对象的可能，就必然要为这些问题和困难给出合理的解答。

3. 艺术不能以自然的方式引起崇高

除了无形式和无目的性，艾伯塞又提出了一种从天才和审美理念讨论艺术崇高可能的观点，并对之进行了反驳。这种从天才和审美理念讨论艺术崇高的观点认为，既然"天才就是天生的内心素质（ingenium），通过它自然给艺术提供规则"②，似乎在这里艺术和自然的边界被模糊了，"天才的艺术品不仅像是自然的产物，而且就是自然的产物"③，如果自然可以作为崇高的对象，那么艺术品也可以。天才的艺术品能够使用一些表象性材料，而想象力能够以自由的创造形式将这些材料转变为不能被任何概念所把捉的审美理念，即使这些材料有确定的知性概念。但在审美反应中，想象力也会越

---

① ［德］康德，《判断力批判》，邓晓芒译，杨祖陶校，第156页。
② ［德］康德，《判断力批判》，邓晓芒译，杨祖陶校，第150页。
③ Paul Guyer, "Kant's Conception of Fine Art", *Journal of Aesthetic and Art Criticism*, Vol. 52, No. 3, 1994, pp. 275-285.

过其逻辑或认知的功能，将这些被给予的概念与无数相关的表象联系起来，从而将一个概念扩展到无限，通过审美理念，这个概念由此被丰富，艺术品表达了比特定形象的知性逻辑内涵更多的东西。①

艾伯塞通过借助对克劳瑟和佩罗两人观点的批判，否定了上述这一观点。威克斯（Robert Wicks）认为，美的艺术（fine art）是美的理论和崇高的混合产物，而非仅仅是前者的扩展，鉴赏（taste）与美有关，而天才与崇高有关。在纯粹崇高中，"绝对的大"使想象力挫败，从而使我们意识到无限（理性理念），而在由天才所产生的美的艺术中，审美理念延展我们的想象力直到这样一个程度，即我们意识到没有任何概念所能完全把捉的无限的意义之丰富（一个理性理念），这两种经验都能使我们沉思到超出我们有限人类知性的理性理念。② 而佩罗也有类似威克斯关于鉴赏与美，天才与崇高相对应的看法，他认为我们对艺术品的经验既关涉形式，又关涉内容。我们对艺术品主题的或者概念的内容之解释性思考，亦即通过想象力从作品所提供的审美理念的无限种可能意义中探寻作品的整体含义，从而在某种程度上来说就假设了类似于数学崇高的审美判断。③

在艾伯塞看来，这两人都只依赖一个形式上的相似，即想象力在崇高经验中的运用和我们对于理解天才的艺术作品之概念内涵之间的相似。他们都认为，在天才作品中，想象力被审美理念所驱使去抓住作为理念的意义整体，但这是对康德不准确的理解。首先，想象力在对作品内涵反映时并不像在崇高那里一样是失败的，而是一种将作品的经验性表象材料转变为不能被经验给予的创造性的成功；其次，审美理念并非外在地迫使想象力去达到其所不能及的地方（如同无限的理性理念在崇高那里一样），审美理想是想象力的产物，是其本身的创造性表象；最后，康德从未表述或暗示过想象力要满足理性要求的这一使命能够被绕开，并且欣赏天才的艺术品所必需的能力是想象力和知性。因此，理性理念在两种情况下被感性地表达出来的方式是根本不同的，即使某种体验在某种程度上唤醒了我们对理念的意识，但也不一定必然由此产生崇高。

此外，艾伯塞也简要反驳了克劳瑟对于艺术可以以三种方式引起崇高的观点。他认为不论是单纯通过艺术品具有压倒性的感知尺度，还是作品压倒性的意义，抑或是

---

① 该句原文为：This enlarges the concept in "an unbounded way", that is, turns it into an aesthetic idea, so that its enriched content becomes no longer determinable under any single concept or expressible by any word; the work exceeds itself, the painting comes to express much more than the logical attributes of its particular images。

② 参见 Robert Wicks, "Kant on Fine Art: Artistic Sublimity Shaped by Beauty", *The Journal of Aesthetic and Art Criticism*, 1995, Vol. 53, No. 2, pp. 189–193。

③ 参见 Kirk Pillow, *Sublime Understanding—Aesthetic Reflection in Kant and Hegel*, London: The MIT Press, 2000, pp. 69–78。

通过借助想象力获得体现在艺术品中的具有压倒性的某些普遍真理[①]，都无法像自然那样成功引起崇高。因为，康德的崇高揭示的是人类理性的优越，是我们面对感性自然所彰显的自身道德的崇高。人的优越的理性是普遍共享的，而天才特别的创造力却只是少数人才具有，其并不具有普遍性，我们能够在面对自然的崇高那里认识到自身超越自然的优越之处，但在克劳瑟所给予的三种艺术崇高的可能情况下无法做到这一点。

总而言之，艾伯塞主要通过否定艺术可以满足崇高无形式和无目的的要求，以及艺术能够以自然引起崇高的方式那样引起崇高的观点，论述了其否定艺术作为康德意义上崇高对象可能性的立场。

三 赞同方：艺术也可作为崇高的对象

与反对方的观点恰恰相反，以克莱维斯为代表的赞同方对反对方的观点进行了逐一驳斥，从理念的基础性地位、不纯粹的崇高以及对艺术的理解三个方面展开对自身观点的论述。

1. 理念在崇高中的基础性地位

在克莱维斯看来，艺术可以以类似于自然引起崇高的方式引起崇高，而这首先就在于理性理念在崇高中的关键作用。他赞同邓纳姆（Dunham）和科尔旺（Kirwan）的这一观点[②]，即由于崇高最终与思维上的特征有关（ultimately mental character），而只能被思维的理性理念在崇高经验中扮演着至关重要的角色，因此崇高的对象可以不只是自然，艺术也可以以涉及理性理念的方式从而引起崇高，艺术对象在引起崇高之时也能够立足于道德来揭示自由。崇高的对象只是激起崇高相关情感的刺激物，艺术对象也可以做到与自然相似乃至同样的刺激效果，因为真正引出崇高的是理性理念。如果这一点是成立的，那么仅从艾伯塞所列举出的三个崇高对象所必须满足的条件（无形式、无目的、崇高被引起的方式）来完全否定艺术崇高的可能就是不合理的，至少理性理念的关键作用给予了艺术崇高之可能一种最低的保障。

但艾伯塞认为这种理解会将崇高的对象和其所属的崇高所必然结合着的作为更广阔的自然背景相割裂[③]，而正是自然给予了崇高作为一种审美判断以独有的特征。克莱

[①] 参见 Paul Crowther, *The Kantian Sublime from Morality to Art*, New York：Oxford University Press, 1989, p. 161。

[②] 关于邓纳姆和科尔旺的相关观点见 Barrows Dunham, *A Study in Kant's Aesthetic：The Universal Validity of Aesthetic Judgments*, Lancaster, PA：The Science Press, 1934, pp. 88–89；James Kirwan, *The Aesthetic in Kant：A Critique*, London and New York：Continuum, 2004, p. 61。

[③] 该句原文为：it has the drawback of taking objects of judgments of sublimity in isolation from the "broader context" to which they belong。

维斯认为艾伯塞的这种观点也只能说是基于康德文本的一种文本解读，并不能用来否认任何该文本未提到的，却符合康德相关理论含义的崇高之可能。事实上，如果真正崇高的是作为自由和道德的理性理念，在康德那里自然对象本身并不是崇高的（subreption 的情况），那么这就已经意味着我们同样可以通过对艺术对象的反映来明确地意识到这些理念。如果崇高普遍来说能够揭示人类的自由和道德，而艺术所引起的崇高并不能做到这一点，这对康德来说是矛盾的，因为克莱维斯认为，艺术本身也能够反映人的道德和自由，而如果艺术不能是崇高的，那么该如何解释崇高所揭示的是作为理性理念的自由与道德。并且，如果审美热情（enthusiasm）是一种和崇高有关的状态，那么它也是对理念，而不是对自然或者艺术的反映，是自然还是艺术作为崇高的对象并不是那么受限制。

可以说，在克莱维斯看来，"对崇高来说真正重要的并不是其对象，而是知觉主体自身对对象所采取的合适的角度或距离，以及对对象带入思维中的理性理念进行富于想象力的反思的能力"①。

2. 不纯粹的崇高也是真正的崇高

艾伯塞认为艺术由于具有目的（艺术品被其作者所赋予的目的，和欣赏者面对艺术品时对其目的的鉴赏），因此即便艺术可以引起崇高，它所引起的也最多只是不纯粹的崇高。因为真正的崇高是像自然那样无形式无目的的对象所引起的，这样的崇高是纯粹的、没有目的的。克莱维斯在此所否定的正是这一点，认为纯粹崇高并不具有任何优越性和对其追求的必要性。他首先将崇高的情况与美的情况进行类比，认为不纯粹的崇高与不纯粹的美的鉴赏判断相似，即便这种崇高的情况是不纯粹的，但至少这并没有否认艺术崇高的可能。

在谈到自由美（pulchritudo vage）和依附美（pulchritudo adhaerens）的时候，康德说前者的对象不必拥有其应当是什么的概念，而后者"则以这样一个概念及按照这个概念的对象完善性为前提"②。尽管康德认为只有不涉及任何目的，不以任何概念为前提的鉴赏判断才是纯粹的鉴赏判断，而以目的为前提的，掺杂了快感和善与美结合的情况都会对鉴赏判断的纯粹性造成损害。但需要注意的是，在此处康德并未对自由美和依附美的地位做出高下判断，而只是陈述了两种不同美的特征以及鉴赏判断纯粹和不纯粹的情况。并且，通过一些论述，我们似乎还可以看到康德对艺术崇高有力的论据。

康德在关于自由美和依附美一节的中间和最后部分都有这种间接的有利暗示。他

---

① Robert R. Clewis, "A case for Kantian Artistic Sublimity: A Response to Abaci", *The Journal of Aesthetic and Art Criticism*, Vol. 68, No. 2, 2010, pp. 167-170.

② ［德］康德：《判断力批判》，邓晓芒译，杨祖陶校，第 65 页。

说:"人们可以把许多在直观中直接令人喜欢的东西装到一座建筑物上去,只要那不是要做一座教堂……一个鉴赏判断就一个确定的内在目的之对象而言,只有当判断者要么关于这个目的毫无概念,要么在自己的判断中把这目的抽掉时,才会是纯粹的。"①这两个部分是说鉴赏判断纯粹不纯粹的情况并不是与自由美和依附美相对应的,关键在于我们以什么样的方式和视角来看待我们眼前的对象,而不是这个对象本身是不是人造的、有目的的。

如果美的情况是这样,那么一方面,对崇高纯粹与不纯粹的情况做出高下判别就是不合适的了,艺术崇高即使是不纯粹的崇高也不能断定它不是真正的崇高(genuine sublimity);另一方面,我们可以对对象采取不同的角度来决定是否抽离其目的,那么即使是艺术品,也依然有可能引起纯粹崇高的情况。

因此,艺术所具有的目的性并不对艺术崇高形成阻碍。首先,将纯粹的崇高和纯粹的美当作一种代表性的范例是一种错误,真正的崇高也可以是不纯粹的;其次,如何看待艺术对象取决于我们对之的态度,我们既可以暂时忽略其目的而将之视为"单纯的大",也可以将其视为一个被目的所设定构造的对象;最后,既然带有目的的美依然可以被美经验,那么即使是我们被刻意地引向崇高的理念,这对我们的崇高经验来说也并没有什么影响,我们依然能够从中获得崇高经验。因此,对于艺术崇高来说,目的并不构成绝对性的困难。

3. 艺术崇高与自然崇高无本质区别

克莱维斯通过对理念以及将崇高类比美的情况分析后,进而从艺术本身相关理论的角度来为康德意义上的艺术崇高寻求可能,这涉及艺术的目的问题、形式问题,以及艺术引起崇高的过程这三个与艺术崇高密切相关的条件。

他首先赞同了艾伯塞所持的一个观点,即艺术和自然的差别在康德的美学理论中并没有看起来那么大。② 如果自然的确在艺术产生中发挥了某种作用(比如天才),那么就并非只有自然才能引起崇高,自然有可能通过天才给予艺术以规则从而引起崇高。艾伯塞既认为自然与艺术的边界在康德美学中并不是很清晰,又认为产生艺术的天才是自然的产物,但他同时却否定了艺术崇高的可能,这似乎在他的整体论述中是矛盾的。此外,艾伯塞提到了我们对一幅再现高山的画作所产生的知觉幻想能够引起无限的感觉,因为我们将画作中的对象看作自然的,但艾伯塞否认了这种可能,他认为这会容易形成一种"崇高"风格的固定判断倾向,将崇高变成单纯的逻辑谓词。但克莱维斯认为这种做法能够将我们引向知觉的失败,同时意识到自身内在的无限,从而正是崇高的经验。

---

① [德]康德:《判断力批判》,邓晓芒译,杨祖陶校,第66—67页。

② 该观点见艾伯塞文章 Uygar Abaci, "Kant's Justified Dismissal of Artistic Sublimity", *Journal of Aesthetic and Art Criticism*, Vol. 66, No. 3, 2008, p. 243, 关于天才模糊了艺术和自然界限的有关表述。

克莱维斯认为艾伯塞在其文章中所提到的斯特拉（Frank Stella）、罗斯科（Mark Rothko）、纽曼（Barnett Newman）、塞拉（Richard Serra）等人，其艺术作品并不是对自然崇高对象的模仿或再现（representation）（并不是描绘高山或大海这样的对象），但却同样能够引起崇高（通过图形、色彩和线条或其组合），这种情况被克莱维斯称为斯特拉-塞拉案例（Stella-Serra cases）。这种艺术情况着重表现（present）崇高而非模仿或再现传统被认为是崇高的事物。一个艺术品可以再现传统上与崇高相关联的事物，但却并不能引起崇高（比如将崇高固化为某种艺术表现风格）。艾伯塞的担忧似乎预设了艺术只能再现（represent）而不能表现（present）崇高，克莱维斯认为艾伯塞的这一预设并不正确。他区分了 presentation/exhibition（Darstellung）和 representation（Vorstellung）两个概念，认为艾伯塞并没有看出这两者之间的差别，崇高也可以被表现型的艺术作品所展现。

如果艺术能够表现崇高，那么这就等于说其可以引起崇高（evoke）。克莱维斯认为康德提到了另一种作为引起崇高经验方式的"激烈的"（tumultuous）内心活动，这种内心活动就伴随着一种"崇高的表现"［sublime presentation（Darstellung）］[1]，而康德认为这种 Darstellung 就等同于表现（exhibition）。在克莱维斯看来，"还不清楚一个艺术家如何能成功地表现崇高而不引起它"[2]。

总体而言，克莱维斯认为艺术的崇高和自然的崇高并没有什么根本性差异，而艾伯塞假定了艺术和自然所引起的反应有本质上的不同，是因为他所认为的艺术崇高的情况是他所否定的威克斯和克劳瑟所主张的那样。但克莱维斯认为，根本不需要像威克斯和克劳瑟那样将崇高与天才必然联系起来，或者将审美与理性理念相联系。没有必要假设一个不同的新的艺术崇高的经验，艺术作品本身就能够建构性地引起崇高经验的感觉，这与自然崇高并无二致。所以，不论是从理念的角度，还是从崇高对象的要求，抑或是艺术崇高所涉及的有关困难来看，艺术崇高都是可能的。

四 对赞同方观点的捍卫与补充

在克莱维斯提出了如上对反对方的驳斥后，艾伯塞也对其进行了回应。本章先简要勾画出艾伯塞回应的关键观点和看法，然后着重试图站在赞同方的立场上来回应反对方的驳斥，并对赞同方原有观点进行补充和完善，从而更好地捍卫存在康德意义上的艺术崇高这一观点。

首先，艾伯塞在回应中首先梳理出了讨论康德意义上艺术崇高所必须要面对的一

---

[1] ［德］康德，《判断力批判》，邓晓芒译，杨祖陶校，第 114 页。

[2] Robert R. Clewis，"A case for Kantian Artistic Sublimity：A Response to Abaci"，*The Journal of Aesthetic and Art Criticism*，Vol. 68，No. 2，2010，p. 170.

些基本问题，在他看来有三个最基本的艺术崇高所面对的困难。一是康德明确地将自然（nature）作为引出崇高之对象的更广阔的背景（broader context），艺术崇高不符合这一预设。二是艺术品是有预设的目的的对象，这不符合崇高的要求，从而导致艺术崇高不可能。三是康德认为艺术应该表现美，这阻碍了艺术崇高之可能。

并且，艾伯塞认为要说明艺术崇高的问题还需要给这两个问题以解答。一是对康德文本中对艺术崇高论述的缺失需要一个令人信服的解释，并要能解决或回应上述三个困难。二是要有积极的说明来解释我们对于所谓崇高的艺术品在康德意义上的崇高判断的审美反应。①

艾伯塞认为，克莱维斯并没有在其反驳文章中对上述问题进行明确的回应和解答，而不过是表述了一系列他自己对艺术崇高问题理解的正面论述。并且，艾伯塞并不完全赞同克莱维斯认为引起崇高的是理性理念，而对象只是刺激物这一观点，他认为康德崇高的独特之处就在于它是从感性自然中阐述人类理性理念的自由和道德，而不是内省性的与想象力知觉和自然对象无关的纯思维经验。

其次，艾伯塞也质疑了克莱维斯将崇高的情况与美的情况类比的方法，认为概念在美中所扮演的角色与理念在崇高中扮演的角色并不相同（前者不是被鉴赏判断揭示出来的，而是规定了对象应成为什么，后者不是引起崇高的东西，而是被崇高判定最终揭示出来的东西）。艾伯塞认为不应该过于依赖崇高与美的类比，即使它们之间有相似的地方，但也有根本上的不同。

最后，艾伯塞也否定了克莱维斯所认为的在斯特拉-塞拉案例中，我们可以暂时搁置对象的目的，而只将其视为"单纯的大"的观点，他认为这种做法不合理，它会导致我们无法欣赏艺术对象，因为在康德看来，我们对于艺术品作为其本身的意识是我们欣赏艺术对象的先决条件。② 而不管是再现的还是表现的艺术都由于其具有目的，从而最多只能引起不纯粹的崇高。而且，艺术崇高只关注了引起崇高经验知觉方面的要求，却忽略了理性（思想方面）这一方面，从而将崇高经验贬低为知觉的过程。艾伯塞认为，崇高作为一种审美经验伴随着非常强的理智内涵，它暗含着人与自然，理性自由与自然的冲突等问题，而崇高的对象必须与这种冲突的再现有关。

综上而言，艾伯塞认为克莱维斯对其的批评并不成立。而对艾伯塞反驳的扼要概述有助于笔者在后续分析中站在赞同方的立场通过对其A1-3和B1-2问题的回答来对之进行详细的回应，并在其中对克莱维斯一方的有关观点进行补充。后续的回应将延

---

① 参见 Uygar Abaci, "Artistic Sublime Revisited: Reply to Robert Clewis", *The Journal of Aesthetics and Art Criticism*, Vol. 68, No. 2, 2010, pp. 170-173。

② ［德］康德：《判断力批判》，邓晓芒译，杨祖陶校，第 147 页。艾伯塞在这里似乎指的是美的艺术的无目的的合目的性。

续双方分为三节讨论的主题与框架，第一节着重处理二人关于理念问题的争论和 A1，第二节处理 A2-3，第三节处理 B1-2。

1. 崇高并不必然与自然联系

由理念所引发的关于崇高对象的讨论涉及艾伯塞所坚持的这样一个观点，即 A1：康德明确地将自然作为引出崇高之对象的更广阔的背景。尽管克莱维斯反驳这只是一种将两者必然联系起来的狭隘预设，但艾伯塞显然并没有接受这种反驳。

实际上，克劳瑟在反驳布雷迪（Emily Brady）① 的时候也对该问题有所讨论②，而他对该问题的一些观点非常有启发性，同时也对自然与崇高的必然联系的观点提供了有力的反驳，通过结合克劳瑟的观点，我们也可以为克劳瑟提供一个面对艾伯塞在文中反驳他的辩护。他并不赞同将康德的崇高与自然相必然联系的做法，主要有两个理由。

第一，对崇高相关特性的敏感状况取决于不同个体的品位和敏感度，而不是对象是什么。克劳瑟认为存在这种情况，即有些人可能相比面对自然，更能从面对艺术的再现（representations）中感到自身知性感觉和想象力的极限。③

第二，这种将崇高限制在自然对象上的做法与康德意义上的崇高也是不符的。在克劳瑟看来，康德意义上崇高的一个关键点在于它确定了一个基本的认知性结构（cognitive structure），即知觉和想象力的限制与理性的理解（comprehension）之间的互动，而这可以体现在不同的对象上，同时与康德自身对其的狭隘理解无关。④

崇高并不是独属于自然的经验，而是基于该基础性结构的一系列相似的经验，康德只是最初将该基础性结构确定下来，并将之与自然相联系，然而该结构本身具有更广阔的解释空间。这就是说，凡是符合该基础性结构的对象，都能够说其在康德的意义上可以是崇高的，因为该结构才是康德崇高的关键。这也同时避免了因强调理性理念在崇高中的重要性从而将崇高对象理解为单纯刺激物的误解，毕竟强调某个理论的核心并不等于将该理论其他非核心的部分彻底弱化。

此外，艾伯塞认为自然和崇高存在必然联系的另一个重要原因是，他认为只有在与自然的比对中，崇高才能使人意识到自身内在的值得敬重的作为自由和道德的理性理念，因为这种理念正是人独立于自然对自身的反思。但似乎也存在着这样一种解读，

---

① 参见 Emily Brady, *The Sublime in Modern Philosophy：Aesthetics，Ethics，and Nature*, Cambridge：Cambridge University Press, 2013, p. 120。布雷迪也认为不存在康德意义上的艺术崇高，崇高只与自然相联系。

② 参见 Paul Crowther, *HOW PICURES COMPLETE US——The Beautiful，the Sublime，and the Divine*, Stanford California, Stanford University Press, 2016, p. 58。

③ 克劳瑟在这里似乎并没有严格区分使用再现（representation）与表现（presentation），又或许从某种意义上来说，这两者在某些艺术中可以结合起来，使其区分并不是那么泾渭分明，再现的艺术同样可以以表现的方式表现被再现的对象，表现型的艺术也可能暗含了某种再现。

④ 参见 Paul Crowther, *HOW PICURES COMPLETE US——The Beautiful，the Sublime，and the Divine*, p. 58。

即从理性的根本含义来说，自然本身既指客观的自然对象，也指我们作为感性知觉的和想象力的自然存在状态。[①]

如果崇高最终的目的旨在使人意识到知性和想象力的有限从而反思到自身的理性理念，那么从这个意义上来说，我们不仅可以通过对某些自然对象产生这种反应，还能从艺术作品产生这种类似的反应。不论是在绘画中，还是在诸如小说、电影、戏剧等艺术中，都可能通过凸显人的理性对人性自身感性的有限的突破或战胜，从而彰显一种崇高，比如在经典电影《卡萨布兰卡》（Casablanca）中，里克（Rick）最终在复杂的境况与心情下决定护送自己曾经的爱人和她的丈夫离开卡萨布兰卡，他的这种行为表明了他强烈的感性上的对伊莉莎（Ilsa）的爱被一种更高原因所导致的境界（higher Cause）所替代了，他彰显了人对自我自然感性有限性的超越从而达到一种崇高。[②]

通过对 A1 的反驳，我们至少为艺术崇高提供了一种可能：在把握康德关于崇高论述的核心结构上，不局限于康德有限篇幅的文本中对崇高的解释，而将崇高的应用尺度在合理的范围内扩大，从而为艺术崇高的可能创造机会。

2. 目的性与美的表现要求不能否定艺术崇高的可能

本节所要处理的是 A2-3 两个问题。A2 认为艺术品是有被设定了目的的对象。而 A3 认为在康德那里，艺术必须表现美而非崇高。

首先，关于 A2，艾伯塞认为必然包含目的的艺术所引起的最多是不纯粹的崇高，真正的崇高只能是不包含目的乃至反目的的纯粹的崇高。卡普伦也同意艾伯塞的这一观点。[③]

但有一些学者并不赞同，阿利森尽管认为目的的确会导致不纯粹，但他同样提到了康德文本中所举的埃及金字塔和圣彼得大教堂的例子，认为即使我们接受这样一种可能的说法，即康德所举的金字塔和大教堂的例子是在警示读者真正的崇高只在天然的自然（crude nature）中，但也不能否认当我们面对金字塔和大教堂时所真切感受到的那种类似于康德所说的崇高的感觉，这就可以说，至少康德没有否认在美的艺术（fine art）中有崇高的可能。[④]

此外，盖耶也不赞同目的会对艺术崇高造成实质上的阻碍，他认为即便康德区分了自由美和依附美，并且认为依附美的目的在某种程度上阻碍了其可能的形式，但康

[①] 参见 Paul Crowther, *HOW PICURES COMPLETE US——The Beautiful, the Sublime, and the Divine*, p. 64。

[②] 该例子见 Philip Shaw, *The Sublime*, New York：Routledge, 2006, p. 84。

[③] 参见 Mojca Kuplen, "The Sublime, Ugliness and Contemporary Art：A Kantian Perspective", *Con-Textos Kantianos*, 2015, pp. 114-141。

[④] 参见 Henry Allison, *Kant's Theory of Taste——A Reading of the Critique of Aesthetic Judgment*, New York：Cambridge University Press, 2001, p. 337. 另，佩罗也赞同金字塔和圣彼得大教堂的例子，认为至少康德对有目的的艺术品或人造物引起崇高的表述是模糊的；并且佩罗也赞同即使艺术品是有目的的，我们也可以不被这些目的所决定地看待这些艺术对象，因为我们并不总是以认识艺术品目的的方式来看待它们，这一点在后文米斯加也有所提及。参见 Kirk Pillow, *Sublime Understanding——Aesthetic Reflection in Kant and Hegel*, pp. 69-80。

德从未否认依附美是美的一种。① 这也就是说，即使艺术因为包含目的从而最多产生出一种不纯粹的崇高，但也并不能因此认为艺术不能产生真正的崇高。盖耶认为从美的纯粹情况出发讨论问题很重要，有助于澄清鉴赏判断中一些普遍性的关键问题，但这并不意味着复杂的情况就不重要，只不过先用简单情况来阐明批判更加合适。②

米斯加也认为依然可以借鉴美的情况，在对美的审美判断中，如果依附美的目的并不是那么直接而快速地反映在我们的意识中，那么在这个阶段，它们就是自由的美，崇高的情况与此类似。③ 或者还有这样一种可能，即由于康德认为（好的）艺术的对象必须像是自然的，这也就意味着我们对一个好的艺术对象的审美判断也应该像对自然一样是纯粹的，这种态度暗示了只要无视对象中有意产生的要素（目的），而只将注意力集中在由天才所产生的具有创造性的要素上，那么由此获得的崇高经验就可以是纯粹的。④

总体而言，这些赞同艺术品的目的并不会对艺术崇高构成实质性影响的看法可以提炼为这样几个观点：其一，康德在说明崇高的时候列举了金字塔和圣彼得大教堂的例子，而这些属于艺术，这至少说明了在某种意义上康德并没有否认艺术崇高的可能；其二，借助类比美的情况，不纯粹的崇高也是真正的崇高；其三，我们可以主动地将艺术对象的目的暂时搁置，从而只将注意力放在能够引起我们崇高感的艺术特质上（这种特质更有可能由天才创造出来），从而获得崇高经验。⑤ 需要注意的是，艾伯塞对第三点曾提出过疑问，他并不认为我们能够对艺术品进行这种抽象，即使可以，这种做法也会导致我们无法欣赏艺术品。⑥ 然而这种看法实际上是基于艾伯塞对康德文本理解的一种预设，他只考虑了艺术单纯展现美的情况，而并没有考虑美和崇高相混合的更复杂的艺术情况，在后者那里，他的预设无法以非常令人信服的方式来对此进行解

---

① 如前所见，艾伯塞已经接受了在某种程度上将美的情况与崇高的情况进行类比的做法，因此盖耶的这种类比在这里对艾伯塞来说是有效的。

② 参见 Paul Guyer, The Poetic Possibility of the Sublime, In Violetta L. Waibel, Margit Ruffing & David Wagner (eds.), *Natur Und Freiheit. Akten des Xii. Internationalen Kant-Kongresses*, De Gruyter, 2018, pp. 307-326。

③ 参见 Bjorn K. Myskja, *The Sublime in Kant and Beckett: aesthetic judgement, ethics and literature*, New York: de Gruyter, 2002. p. 256。

④ 参见 Bjorn K. Myskja, *The Sublime in Kant and Beckett: aesthetic judgement, ethics and literature*, p. 254。

⑤ 克莱维斯也支持第三点，他在其著作 *The Kantian Sublime and the Revelation of Freedom* 中认为，"特定的动物被看作在一个目的系统中时，不能引起崇高，但这并不意味着它们不能在另一种被看待的方式中引起崇高"（Robert R. Clewis, The Kantian Sublime and the Revelation of freedom, New York: Cambridge University Press, 2009, p. 120）。艺术对象也是如此，类比美的情况，所谓自由美和依附美都不过是被看待的方式，对象的目的可以由看待方式的不同被接纳或抽出。而在我们将艺术对象看作崇高的时候，我们需要采用将其对象抽离的看待方式，支持这样做的理由是，一为借鉴美的情况，二为康德并没有说我们必须在任何崇高经验中直接意识到我们的自由，而是要通过一种"偷换"，因此我们在艺术中是间接意识到我们作为理性理念的自由和道德。

⑥ 这里艾伯塞似乎有所预设，他认为在康德那里，艺术必须以美的方式来表现，而对于美的鉴赏判断必须以拥有对对象的目的或概念为前提，这样如果我们将目的抽离出来，那么就无法对表现美的艺术对象进行鉴赏。但笔者在后文会对这一预设进行反驳，认为艺术对象虽然在康德那里需要以美的方式来展现，但艺术品存在一种美和崇高相混合的情况，这种复杂情况并不能简单用艾伯塞的预设来解释。

释。由此，我们就对 A2 进行了回应。

其次，A3 关于在康德看来艺术必须以美的方式来表现，这一点是从《实用人类学》中得出的，"因此崇高虽然不是一个鉴赏对象，而是搅动情感的对象，但在再现和润饰中［在其副产品上，parerga（装饰上）］来艺术地表现这种情感时，却能够和应该是美的，否则它就是野蛮的、粗糙的和讨厌的，因而是违反鉴赏的"①。在这句话中康德强调是艺术作为鉴赏对象需要被美丽地来表现的情况，但这并不意味着艺术不能以作为崇高对象的方式来表现自身。

如果只考虑艺术对象的形式，那么的确要以美的方式来表现的艺术对象无法在艺术形式上展现崇高的特征。然而艺术所涉及的不仅是形式，还有其内容，朱光潜先生认为，如果片面地将康德归为形式主义，那将只会注意到康德所否定的东西（比如目的和概念、利害等），和康德对纯粹美与依附美的严格区分，而"没有充分认识到康德从来没有把纯粹美看作理想美，恰恰相反，他说理想美只能是依存美"②。尽管康德自身没有做到统一，但这至少说明，康德在论述关于崇高问题的时候，的确涉及了关于内容的问题，或暗示了一种形式和内容之间的关系。

类似地，盖耶对于该问题则区分了符指（sign）和被指称之物（what is signified）③，并且认为当我们在面对艺术对象的时候，不仅对艺术对象的标志有所反应，还对被标志的东西进行反应，因而我们不仅注意到的是艺术对象形式上的东西，还注意到艺术对象的内容。如果是这样，那么在艺术对象那里，完全有可能以美的表现形式来展现崇高的内容。比如康德自己在《判断力批判》中提到的腓特烈·威廉二世的诗句和伊西斯神殿上的题辞④。可见，"这些诗歌和文学性的表达都非常符合崇高，崇高能够以和美的结合的方式被表达"⑤。由此，A3 也基本得到了回应。

3. 对艺术无法如自然一样引起崇高的反驳

在回应了艾伯塞所提出的 A1-3 之后，还有 B1 和 B2 需要给出解释。其中 B1 需要我们回答如果真的存在艺术崇高，那么为何康德关于崇高的相关文本中对艺术崇高的

---

① ［德］康德：《实用人类学》，邓晓芒译，上海人民出版社 2005 年版，第 154 页。
② 朱光潜：《康德的美学思想》，《哲学研究》，1962 年第 3 期。
③ 参见 Paul Guyer, The Poetic Possibility of the Sublime, In Violetta L. Waibel, Margit Ruffing & David Wagner (eds.), *Natur Und Freiheit. Akten des Xii. Internationalen Kant-Kongresses*, pp. 307-326。
④ 康德认为这条题辞崇高地表达了一个观念。不论该题辞是否算作一个艺术品，但至少它不是一个自然对象，并且是一个以艺术化的方式来表达某种观念的对象，康德认为这个例子属于天才的艺术作品，也就是说它是美的艺术。之所以有这种可能，是因为康德将这个例子作为一个注脚放在第 49 章"构成天才的各种内心能力"中，用来帮助说明审美理念的问题，而审美理念（aesthetic idea）与精神（spirit）密切相关，因为精神就是内心鼓舞生动的原则，这个原则就是审美理念，而精神是构成天才的一种重要内心能力，天才作为联通自然与艺术的一个"中介"，自然将规则通过天才给予艺术，美的艺术又是天才的艺术，因此，这种认为在康德看来这个例子很可能是美的艺术的典范之一的推测是合理的。
⑤ Myskja, *The Sublime in Kant and Beckett: aesthetic judgement, ethics and literature*, p. 259.

论述是缺失的（而不像自由美和依附美那样在文本中都有所论述）。

克莱维斯对该问题已经给出了回应：其一，康德论述崇高问题只叙述了自然崇高是出于一种启发性和教学性的目的①，即给出纯粹崇高的解释有助于读者清楚地理解崇高的本质内涵，艺术崇高是一种混合物，情况要比自然崇高复杂；其二，如果理论上根本没有艺术崇高的位置，那么这将与康德的《论优美感和崇高感》一书中所表述的内容不符［他认为《论优美感和崇高感》一书中康德所提出的华丽的崇高（splendid sublime）与艺术崇高有关］②。即使康德的观点立场在写第三批判的时期发生了改变，也需要解释改变的原因。盖耶对此也有类似的看法，如果能够先通过简单的情况来澄清鉴赏判断中的一些普遍性的关键问题，那么这对我们再去理解复杂情况来说就会变得更容易，崇高的情况也是如此。③ 米斯加的看法也与之类似。④

而关于 B2，需要解释我们对于康德意义上艺术崇高对象的审美判断之反应。在这一点上阿利森和艾伯塞的观点是相似的，他认为，"如果崇高能够由其本身表达审美理念，那么它可能与美之间的关系比康德所正式表述暗示的关系更加密切……审美理念的表达和崇高都涉及想象力和理性，但想象力在二者中的运作是不同的"⑤。

但实际上，艾伯塞在上文中的担忧都可以被解决。首先，艾伯塞对不论是再现还是表现艺术风格化的担忧是不合理的，因为关键并不在于艺术如何展现自身，而在于我们对艺术对象的态度。并且，我们既能够分清能真正引起我们的崇高经验的艺术和只是风格化了的艺术⑥，也能将僵化的艺术表达崇高的方式不断革新，使其突破这样的

---

① 参见 Robert R. Clewis，*The Kantian Sublime and the Revelation of Freedom*，p. 125。

② 参见 Robert R. Clewis，*The Kantian Sublime and the Revelation of Freedom*，p. 54。

③ 参见 Paul Guyer, The Poetic Possibility of the Sublime, In Violetta L. Waibel, Margit Ruffing & David Wagner (eds.)，*Natur Und Freiheit. Akten des Xii. Internationalen Kant-Kongresses*，pp. 307-326。

④ 参见 Bjorn K. Myskja，*The Sublime in Kant and Beckett：aesthetic judgement，ethics and literature*，pp. 254-255。但米斯加在此与其他一些学者所不同的观点是，他认为我们有能力对艺术对象进行纯粹的崇高判断，而不是不纯粹的崇高判断。

⑤ Henry E. Allison，*Kant's Theory of Taste——A Reading of the Critique of Aesthetic Judgment*，p. 340.

⑥ 当然这里也有可能会被反驳说，有一些艺术作品就是以风格化的方式来表达崇高，但它的技法十分精湛，画面生动，这种形象上的完美的确能够引起我们的崇高经验，但作者本人可能在创作该对象的时候并没有感受到崇高，只不过就像复印机一样不断完美地画出一幅幅"崇高"的作品而已，观者所感受到的所谓的崇高经验不过是被欺骗的结果。首先，笔者本人确实非常难想象存在这样一个一画出近乎完美的表达崇高的艺术作品，一边又麻木地仅仅充当一个工具人的画家，或许有人可以说这就是画匠的一种，或者是现代社会商品化的艺术制作流程常见的操作。但关键是，美可以以一种颇具匠气但又十分精妙的方式来表达，一个画家也是如此，他可以既是一个职业画家，同时也是一个自由创作的画家（比如仇英），这两方面在其身上既是分离的，又是互相浸染的，艺术中表现的崇高也与之类似。其次，就算真的存在这样一个工具人，那么他也很难在艺术中真正表现出崇高，因为崇高不仅涉及知觉所带来的刺激，更重要的是一种"精神"，这与作家个人的状态息息相关。最后，即便的确存在这样的作品，并且是由机器不断复印出来，从而不受作家个人状态的影响，那么这需要区分两个东西，一个是该复制品的价值，另一个是该对象所带给我们的崇高体验，从根本意义上说，这种体验是由这个复制品作为复制对象的那个原版艺术品所产生的，这个复制品本身只不过充当了一面"镜子"，我们透过复制品感到的是原版艺术品带给我们的崇高，而这种经验的产生与复制品本身的价值无关。

极端，优化艺术崇高的表达方式。

其次，关于艾伯塞对克劳瑟的反驳似乎混淆了艺术创作和艺术观赏，即他借由天才的少数性否定与天才和审美理念相关的艺术表达崇高的普遍可能，但问题是天才只与艺术创作相关，而与艺术观赏无关。天才和天才的作品是少数的，但对天才的艺术作品进行观赏的观者并不必然都需要具备天才。只要理性是普遍的，那么对崇高的经验也就能够获得其逻辑上普遍的保障。

最后，关于艺术和自然引起崇高的方式问题，克莱维斯认为想象力在崇高经验中主要产生两个积极的影响①，一个是想象力自身在追求理性要求把握整体的任务下的扩展或提升，这种扩展或提升算作一种自由；一个是想象力在完成理性所赋予任务失败后，让主体意识到其内在的理性理念的自由和道德，认识到这种理性对感性的优先性。这里的关键在于，想象力能够被提升到这样一种状态，在这种状态下，我们能够通过想象力的失败意识到超越自然的理性使命。事实上，艺术也能达成这一关键要求。当我们面对画作，即使我们没有面对真正的威胁，但我们依然会不由自主地被画作引入想象自己身临其境。想象力在面对画中的对象时就会产生类似于面对自然对象时的把握整体的要求，感受到自身扩展的自由，从而又受到挫折，并将我们引向作为自由和道德的理性理念。② 因此，从这种直观的角度而不是仅局限于画作所要传达的意义，我们就能体验到艺术的崇高。

综上可见，艾伯塞所提出的艺术崇高的问题和困难都并不能实质上对艺术崇高形成阻碍，不论是将自然作为崇高对象的更广阔的背景，还是艺术品的目的，艺术应该"美丽地"表现，艺术崇高文本的缺失，对艺术崇高审美判断的反应等问题及其论证都能够予以回应。不仅是自然，艺术也同样能够符合引发崇高的内在基本结构；坚持认为艺术目的会对艺术崇高造成阻碍也只是由于秉持了错误的预设，没有考虑艺术中美和崇高混杂的复杂情况；艺术的展现不仅要考虑其形式，更重要的是考虑其内容，因此关于美的表现的反驳也不成立；而关于艺术崇高文本的缺失也不过是便于哲学论述的权宜之计；我们对艺术崇高审美判断的反应也并没有与对自然的反应有本质上的不同。鉴于这些造成艺术崇高解释阻碍的问题都得到了相应的合理回应，那么这也就为削弱艾伯塞否定存在康德意义上艺术崇高的论述提供了更有说服力的论证。

结　语

通过对艾伯塞所提出的 A1-3 和 B1-2 问题的回答，已经能够对反对方否认艺术崇

---

① 参见 Robert R. Clewis, *The Kantian Sublime and the Revelation of Freedom*, p. 79。

② 参见 Robert R. Clewis, *The Kantian Sublime and the Revelation of Freedom*, p. 80.

高之可能的几个主要观点进行了有说服力的回应，从而为赞同方存在康德意义上艺术崇高的观点进行了辩护。并且，论证了艺术崇高的可能也是对康德崇高概念，乃至第三批判作为连接前两大批判自然与自由的中介之扩展。这种扩展性的解释或者理解是建立在对康德文本的分析之上，并且与康德关于美、崇高、自然、艺术等相关概念与理论的理解与阐释相一致，从而也符合康德哲学将人作为主体的哲学基调与内在理路。不论是自然崇高还是艺术崇高，它们所最终导向的，都是道德的终极目的，是连接自然与自由的可能。

（作者单位：中国社会科学院大学哲学院）

学术编辑：刘俊含

Can art be an object of sublime?

—Reconsideration of the Object of the Kantian Sublime

Shi Ji

School of Philosophy, University of Chinese Academy of Social Sciences

Abstract：The relevant parts of Kant's *Critique of the Power of Judgment* on the sublime and art seem to suggest that the object of the sublime can only be nature. However, whether in the ambiguous lines of the Third Critique or on the basis of Kant's own theories on the sublime and art, there seems to be room for the interpretation of art as an object of the sublime. In this regard, scholars are divided between those who deny the existence of the artistic sublime in Kant's sense and those who support the possibility of such a dichotomy. Uygar Abaci and Robert R. Clewis, as key representatives of the opposing and approving sides of the debate respectively, have argued the issue on three main aspects：the conditions that must be fulfilled for the sublime object, the pure and impure sublime, and the relevant interpretations of art theory. The aim of the paper is to defend Clewis's side of the argument in favour of the existence of the artistic sublime in the Kantian sense, arguing that it is not only open to interpretation, but also fits in with Kant's philosophy as a whole.

Keywords：Kant；art；sublime；idea；beauty

艾迪生的意大利美学之旅和文化沉思

徐　颖/文

摘　要　英国作家约瑟夫·艾迪生的"大旅行"在意大利达到高潮。他据此而写成的《意大利札记》不仅集结了旅行见闻，还融入了对当地政治、经济、文化等方面的思考。此次伟大而新奇的旅程，助他日后形成独特的美学思想。在他看来，壮观的自然风光、历史古迹和艺术遗存带来的视觉体验，激发了人的想象力；而游记中嵌入的古典诗文，又拓展了人的想象空间。一路上艾迪生访古论今，旁观这个国度的兴衰沉浮，哀叹其深陷专制统治、愚昧教义、列强争夺的困境，痛惜曾经辉煌的古典文明陨落。同时，他又将目光投向英国，将古典文明复兴的希望寄托在英国身上，期望在新奥古斯都时代重现古罗马盛世。

关键词　《意大利札记》；大旅行；美学之旅；古典文明陨落

17世纪，"大旅行"（Grand Tour）风尚在英国兴起，不列颠群岛的英国人以朝圣、经商、外交、研学为由前往欧洲各地旅行。意大利因其美不胜收的自然风光、厚重的历史氛围及古典文明的积蕴而成为"大旅行"的首选目的地。英国作家约瑟夫·艾迪生（Joseph Addison，1672—1719）生逢其时，1699年加入欧陆旅行的热潮。他既是位才华横溢的诗人，又关注时局变化，具有从政的抱负，此次意大利之行对他而言意义非凡。1705年，他将旅行见闻写成游记《关于意大利部分地区的旅行札记》（*Remarks on Several Parts of Italy*）（下文简称《意大利札记》）。

一　艾迪生的修业旅行

"大旅行"或称"欧陆游学"，在英国历史悠久。中世纪已有不少英国信徒到罗马、耶路撒冷、西班牙等地朝圣。在欧洲文艺复兴运动的鼓舞下，英国人的旅行兴趣高涨，伊丽莎白时代出现越来越多的世俗旅行者。欧陆游学渐渐成为贵族子弟的必修课程。17 世纪开始，众多名人如诗人约翰·弥尔顿、哲学家托马斯·霍布斯、约翰·洛克等先后游历欧陆。真正令"大旅行"风靡英伦的是天主教牧师理查德·拉塞尔斯（Richard Lassels），他从 1649 年开始作为贵族伴游畅行欧陆，其过世后于 1670 年出版的《意大利之旅》（*The Voyage of Italy*）一书首次用到"Grand Tour"一词，并很快成为英国人意大利之行的权威指南。

1688 年的光荣革命使君主立宪制确立，英国拥有了相对稳定的政体，同时也完成了工业革命的物质准备，社会生活繁荣富足。此时，无论是意欲在政界延续权力垄断的贵族，还是崛起的工商业新富，都渴望到欧陆结交权贵、开拓视野，有产阶级对探索欧陆文化和市场产生了浓厚的兴趣。而"读万卷书"的文人，也感到偏居一隅的闭塞，渴望通过"行万里路"来修行致知，了解外面的世界。而即将大学毕业的贵族子弟，也希望在修业旅行中得到"完美绅士"的教育。于是，英国人的欧陆大旅行，在18 世纪进入了前所未有的高潮。

艾迪生生于英国西南部的威尔特郡，在牛津大学女王学院毕业后，又去莫德林学院任教。他性格沉静，内敛多思，本想和父亲一样当一位牧师，但其 1694—1695 年在校期间所写的诗人小传、拉丁文颂词和译诗受到了辉格党贵族萨默斯爵士的赏识，而后得到每年 300 英镑的资助，到欧陆游历以准备日后从事外交工作。[①] 1699 年夏天，27岁的艾迪生从英国动身，踏上了为期三年的欧陆旅程。他先是在法国学习了一年半法语，然后在 1700 年底前往意大利旅行一年，而后在瑞士周边游历。返回英格兰的路上，他又被任命为欧根亲王的秘书而加入意大利战争。1702 年 3 月威廉三世驾崩，辉格党失势，艾迪生的旅行资助也随之被取消，后来他作为贵族伴游而再次获得资助完成了德国之行，1703 年春天回到英格兰。[②]

难能可贵的是，艾迪生的此次欧陆旅行，不仅遍览法国、意大利、瑞士、德国等地的自然和人文风情，还完成了政治外交使命，并且在途中写就几部作品。在法国停留期间，他完成悲剧《卡托》（*Cato*）的初稿；1701 年冬天他翻越阿尔卑斯山塞尼山口时，写就致查尔斯·蒙塔古的长诗《意大利来鸿》（*Letter from Italy*）；1720 年在德国，他又完成了《关于古币功用的对话》（*Dialogues Upon the Usefulness of Ancient Medals*）一文。这三部作品以及艾迪生在旅行期间与英国友人的往来信件，是理解《意大利札记》的宝贵资料。

---

① 从艾迪生欧陆旅行三年的往来信件中，可见在欧洲他被很多外交官和显贵秘密接见。他刚回国就加入了辉格党俱乐部（Kit-Cat Club）。尽管辉格党已经失势，他的朋友已经被逐出了权力舞台，艾迪生仍一直坚持为辉格党服务，1704 年为辉格党伯爵所写的《战役》（*The Campaign*）受到了安妮女王的青睐，此诗轰动了全英国，伯爵因此在政府中为他安排了职位。后来艾迪生成了一名国会议员，1707 年辉格党回归，他又受到重用，1708 年被派往爱尔兰担任总督秘书。

② 关于欧陆游历三年的经历，详见 Peter Smithers，*The Life of Joseph Addison*，Oxford：Clarendon Press，1954．

艾迪生选择意大利作为欧陆游的中心并不奇怪。当时的文人都认为到意大利旅行乃人生一幸，既可提供丰富的新知，又可激发高尚的情感。艾迪生在《意大利札记》"前言"对这片土地也不吝溢美之词。他之前已有多位文人完成了意大利之旅，并留下了传世之作。艾迪生选择的是法国人米松（Francois M. Misson）在《意大利新旅程》（New Voyage to Italy）中的路线。[①] 当时英国人进意大利一般有南北两条路线：过阿尔卑斯山进入意大利北部，或者乘船从法国进入。艾迪生选择了从水路进入。他坐船从马赛出发，沿利古里亚海岸东行，经摩纳哥来到热那亚，在此北转乘车到伦巴第地区，探访了帕维亚和米兰古城后一路向东穿过河流遍布的波河平原，经古城维罗纳和帕多瓦抵达水城威尼斯，接着南下顺亚得里亚海岸寻访了费拉拉、拉韦纳、里米尼等古城，中途绕路上山去探访圣马力诺共和国，之后回到主路线上游小城佩萨罗、法诺、安科纳、洛雷托，再向西南翻越亚平宁山脉，游览翁布里亚区的斯波莱特、特尔尼、纳尔尼等地后到达罗马，稍作停留后继续向南，沿亚壁古道来到那不勒斯地区，寻访第勒尼安海沿岸的火山岩洞等天然奇迹，之后顺海路向北折返罗马，深度考察后又在罗马周边蒂沃利、奥斯蒂亚、阿尔巴诺等小城流连，再向北到托斯卡纳地区，探访了锡耶纳、来航港、比萨、卢卡共和国和佛罗伦萨，然后再次翻越亚平宁山脉游历了博洛尼亚、摩德纳、帕尔马、都灵，最后过阿尔卑斯隘口前往瑞士周边地区。

这条路线从西边北上，又从东边南下，后又向北折返，是艾迪生在米松路线基础上进行的调整，只想沿途高效紧凑地串联起各地的人文和天然的景观。18世纪初的欧陆旅行依然困难重重，需要两三次翻越高山，车马劳顿，而海边乘船航行亦是危险。艾迪生正值壮年，又带有几分新教徒的坚忍，所以游记中极少抱怨旅途的艰辛，只是尽情领略各国风情，诗情画意的描写跃然纸上。在风景中驻足的艾迪生，积累了丰富而直观的审美感受，在日后完成代表作《旁观者》（The Spectator）的部分篇章时，他将这些感受和想象升华为独特的美学思想。

《意大利札记》最大的特色便是对古典诗文的频繁引用。古典造诣颇深的艾迪生，在行前便做足了功课，收集了大量古罗马名家名作。于是每每游历山川、探访古迹之时，他都会停下脚步、动情吟咏古典诗篇。风景与诗文的嵌套，不仅拓展了审美想象的空间，还表达了艾迪生访古论今的诉求。意大利既是慕古的最佳去处，又是欧陆政权纷争的要地。已在文坛崭露头角的艾迪生，正踌躇满志地谋求在政界的发展。意大利恰好为其提供了考察历史兴替、"旁观"时局变幻的机会。艾迪生怀揣拉丁诗文探访这个国度曾有的辉煌，又时刻关注意大利在列强势力博弈下的生存困境，同时还接触

---

① 参见 William Edward Mead，*The Grand Tour in the Eighteenth Century*，Boston and New York：Houghton Mifflin Company，1914，p.280。

了意大利及周边国家的政要名人。旅途中的"旁观"与"想象"，被记录于这本《意大利札记》中，这为他步入政坛、日后写下影响深远的政论文铺平了道路。

二　"伟大而新奇"的美学旅程

17 世纪末的英国思想家笃信"经验论"。1690 年，约翰·洛克提出"心灵白板说"，他认为人脑如同白板，上面并无刻印的先入思想，而所有知识都源于经验，源于感官对外界的印象。艾迪生在经验主义学说基础上建立起美学思想，《旁观者》第 411 篇阐释了美的形成过程：人先是得到"感官"体验，继之通过"想象"将其升华为心灵感受。文中依托旅行见闻有感而发。眼前一幅幅风光画卷展开，感性体验不断在意识中得到思维的加工，览胜的旅途成了求知的殿堂，大旅行由此具备了开阔视野、启迪心智的作用。

艾迪生先是凸显了"视觉"在感官体验中占据的至高位置。他将视觉体验的快感分为两种，既包括眼前景致带来的感官快感，又包括欣赏艺术品激发的悟性快感。所以从这个意义上看，人们在"大旅行"中得到的视觉体验是双重的，既有沉浸于自然美景所得的感官快感，又有参观教堂、欣赏绘画雕塑、寻访历史遗迹时所获的悟性快感。他还在后文描述了视觉、听觉和嗅觉等多种感官体验的互补和叠加。日出日落的惊艳、鸟儿的啼啭、瀑布的水声、乡野的青翠欲滴，使美的感受更为愉悦。

接着，艾迪生强调感官体验激发了心灵"想象"，想象使人"与最遥远的事物交游"，并维持持久效果。[1] 他在《旁观者》第 412 篇阐释了美的新标准——"伟大、新奇和美"（greatness，novelty and beauty）。[2] 其中"伟大"并非指单一物体的庞大，而是视野的辽阔，蕴藏在"辽阔平原、旷茫荒漠、层峦叠嶂、峭拔高崖、浩瀚汪洋"之中，这是"大自然鬼斧神工的粗犷壮丽之美"。[3] 人的想象力喜欢"庞大而难以驾驭的事物"，因为"漫无际涯的辽阔风景"，会给人带来"令人愉悦的惊愕"，为灵魂深处带来一种"适意的宁静和惊异"[4]。他说因此人的意识讨厌"约束"，而"辽远的地平线象征了自由，任人游目骋怀"[5]；相反他不喜欢峡谷和山隘，因为闭塞的区域给人压迫感。

艾迪生所谓的"伟大"之美，与伯克所谓的"崇高美"有异曲同工之妙。辽阔的

---

① Joseph Addison, *The Spectator*, Vol. 2, ed. Henry Morley, London：George Routledge and Sons, 1891, p. 608.

② Joseph Addison, *The Spectator*, Vol. 2, ed. Henry Morley, p. 610.

③ Joseph Addison, *The Spectator*, Vol. 2, ed. Henry Morley, p. 610.

④ Joseph Addison, *The Spectator*, Vol. 2, ed. Henry Morley, p. 611.

⑤ Joseph Addison, *The Spectator*, Vol. 2, ed. Henry Morley, p. 611.

平原、耸峙的危岩、奔涌的激流、崎岖的海岸线,这一系列的视觉冲击给他带来愉悦和敬畏的复杂感受。阿尔卑斯雪山的高耸让他心生敬畏,利古里亚海岸的山石竦峙又令他折服,那不勒斯湾的波澜壮阔让他胸怀激烈,波河平原和翁布里亚山区的大河奔腾又让他心潮澎湃,伦巴第和亚得里亚海岸的古城遗址和沧桑的古战场激荡着远古的记忆。

而在"伟大"美之上,"新奇"美更让人兴味盎然。艾迪生这里所谓的"新奇",指的是不断变幻的风景。他举例说人们眺望山峦溪谷,一会儿就会感到厌烦,因为它们的姿态是固定的,所以人们更喜欢景色变幻的河流、瀑布或喷泉。他说"新奇"充盈了想象力,"为灵魂带来愉悦的惊异,又满足了好奇心",甚至会"给怪兽增添些许魅力,让人们享受大自然的不完美"①。艾迪生写下这些文字时,脑海中浮现的或许也是意大利的风景。这里三面环海,有高山纵贯半岛,平原地带河流众多,南部火山运动频繁。复杂的地形造成了丰富而奇特的地貌。艾迪生巧妙地捕捉风景中的巧妙变化。如写一马平川的原野,他会聚焦奔涌的大河和水面的烟波浩渺;沿海岸逶迤前行时,他写惊涛拍岸的同时又会描摹险峻的绝壁岬角;踏上苍茫的荒漠,他会去探访黄沙掩埋起的废弃都城。

对于前人述及的经典风景,艾迪生会刻意回避,或者一笔带过,因为他执着于探寻"新奇"之美。比如到了罗马周边地区,他说其他游记都会大写特写美第奇别墅的水造景、特韦雷瀑布和西比尔神殿遗址。所以他笔锋一转,聚焦于鲜少被提及的蒂沃利美景。在这里纵目远眺坎帕尼亚的广阔平原,又能观赏参差多变的山林峡谷和变幻不居的光影跃动。他寥寥数笔勾勒出特韦雷河的灵动多变——河水从高崖上跃下分成几道瀑布,一路上在山石间闪躲腾移,时而踪迹难寻,时而现于草木间,时而奔涌狂啸,时而温柔低语,百转千折静静流入台伯河。

在《旁观者》第416篇中,艾迪生又强调了"文字"在激发美感和想象力方面的独特魅力。"与视觉相比,精选的文字描写更为生动……诗人比大自然略胜一筹,富有活力的笔触使美呼之欲出……因为比起视觉,诗词可以为想象提供更为自由的驰骋空间。"② 这解释了艾迪生在游记中对古典诗词的频繁引用。所到之处,艾迪生无不吟咏古罗马诗人的断章残篇,每每将眼前的景致与大家的诗句并置品读。于是,古今辉映,妙趣横生,诗人的生花妙笔与现实风光形成了奇妙的交融,也在读者视野中完成了跨时空的碰撞。同是写河流湖泊,艾迪生巧用不同诗文来烘托景物的壮丽和奇特。波河平原最美的加尔达湖,是历代诗人笔下的遗世明珠,而艾迪生游湖时正逢雷雨,便引

---

① Joseph Addison, *The Spectator*, Vol. 2, ed. Henry Morley, p. 611.
② Joseph Addison, *The Spectator*, Vol. 2, ed. Henry Morley, p. 621.

用维吉尔《农事诗》（*Georgics*）来映衬湖面的惊涛骇浪。波河中游汇入多条大河，他便借来克劳狄安对万河奔涌的拟人化描写。为了表现波河下游地区的雷霆万钧之势，他特意插入了卢坎神话叙事的恣肆笔触。自然景观与诗文神话巧妙结合，织就一幅立体的画面。古典诗句所激发的心灵感受与现实画面带来的冲击，具有叠加的效果；而古人今人的不同情感穿插在一起，便形成了精彩的互文和对话。

艾迪生引用最多的是维吉尔的诗句。特尔尼乡间掩映于群山翠嶂间的瀑布，让他想起维吉尔"山野露浓"的描述；而崖上的飞瀑，则被维吉尔比作骤雨中"暴怒女神"堕入地狱的情形。这种拟人化的生动描写，想必会让每位读者的想象力都得以尽兴驰骋。游记中出现最多的是维吉尔《埃涅阿斯纪》（*The Aeneid*）中的文字。这部罗马建城的史诗令艾迪生魂牵梦绕。在帕多瓦古城，艾迪生在建城者特洛伊首领安忒诺耳的墓前想起埃涅阿斯的嗟叹，祈求受到神的佑护；而在洛雷托卡皮托尔山顶瞻仰"罗慕路斯"小屋时，他又引用史诗中埃涅阿斯看到的金盾牌上的预言，仿佛时空交叠，同古罗马将领一起驻足展望未来。

维吉尔在那不勒斯写下《埃涅阿斯纪》，死后也葬于那里。艾迪生想象着缪斯笔下海湾的重现，他还特意到维吉尔墓前凭吊，描写了墓穴入口神奇的岩洞以及附近的塞壬岩岛。艾迪生沿海岸线北行，重新跋涉埃涅阿斯的艰辛行程。在米塞诺角，他探访了埃涅阿斯为米塞努斯所建的墓穴；在伊斯基亚岛，他引用维吉尔诗句来重现防波堤上的千层巨浪和乱石穿空；在普罗奇达岛，他仿照诗句将海浪的咆哮想象为神话巨人的嘶鸣；在喀耳刻角，他想起维吉尔女神巨兽"狼嚎狮吼"的精妙比喻。海路上，艾迪生在风浪里颠簸，而吟咏的古典诗句又让人身临其境般地感受到英雄旅程的凶险和艰辛。

艾迪生呼应着维吉尔的史诗笔法，浓墨重彩地描摹了英雄的海上历险，缅怀了埃涅阿斯建立古罗马城的神话传说。最终来到台伯河口时，一路的惊涛骇浪仿佛还在眼前，海水的嘶鸣言犹在耳，他心心念着建国者的艰难困苦。神话、历史与目见的景色交融，不朽的诗篇在他胸中激荡着远古的豪情。

三　访古论今：古罗马文明的陷落

游记中对古典诗作的频繁引用，其实也受到诟病。如酷爱交游的沃波尔（Horace Walpole）就不客气地指出："艾迪生先生不像在周游意大利，而是在众多诗人中间游弋。"① 他们认为过多的引用妨碍了记述，作者不时从沉浸的景致中抽离出来，读者也

---

① Paget Toynbee, ed. *The Letters of Horace Walpole*. Oxford: Clarendon Press, 1903–1905, Vol. I, p. 60.

少了几分流畅的阅读体验。实际上，写景记游并非艾迪生真正的创作意图。从游记的题目"评论"（Remarks）一词可以看出，艾迪生的写作重心并非"记游"，而是"评论"，准确地说，是通过记游而评论，以古鉴今。

罗马为此次意大利之旅的中心。艾迪生两进罗马：第一次由北向南从东边陆路进入罗马；第二次则在游览那不勒斯之后沿西部海岸线北上重回罗马城。两次进入罗马均是踏着古典诗人的足迹前行：前者为克劳狄安南下的陆路，途经万水千山抵达罗马；后者为维吉尔沿那不勒斯湾北上的海路，经历了惊涛骇浪才抵达台伯河口。

第一次进出罗马，艾迪生感受到了现实与记忆中都城的距离。在沿着克劳狄安的陆路赶往罗马时，他一路吟诵着古罗马的诗篇，一边想象着祭祀的白色圣牛顺着克利通诺河运到罗马的圣殿；在古罗马将士血战的山川激流旁，他倾听着战马的嘶鸣。终于到了台伯河口，脚下就是几条奔腾涌入的大河，艾迪生望着面前心心念念的罗马古城，吟咏起克劳狄安的诗句"带领仰慕的众族来到骄傲的罗马；壮观的拱顶和高耸的大厦矗立眼前，表明世界的大都会已经近在咫尺"[1]，心中难掩初见帝国中心罗马的兴奋之情。然而在罗马周边的见闻很快将他初到罗马的兴奋冲刷殆尽。诗中描摹的繁华之景在现实中荡然无存，随处都是残败和寥落。曾经彰显着古罗马帝国伟绩的弗拉米尼大道，如今成了"悲伤之路"，两边满是寻常百姓的坟冢；风光旖旎的坎帕尼亚乡野，一片萧瑟荒寂。艾迪生不由哀叹：美丽的乡野与乡民的贫困反差如此强烈。王政时期的坎帕尼亚土地富饶多产，良港环绕，移民蜂拥而至；但王朝迁都、蛮族侵扰、内战纷仍、专制剥削，丰饶的罗马贫困潦倒。

第二次进罗马城，艾迪生开始了他的考古之旅。从浮雕和塑像中的人物、祭器、乐器、服饰、面具、角斗士盔甲细节，他寻觅着散落的历史碎片，将目光投向各式罗马古建筑。他将古罗马的建筑分为两类：罗马共和国时期修建的多为生活必需，如神庙、大路、高架渠、城墙和城邦大桥；而罗马帝国时期则更讲求奢侈排场，所建多为公共浴室、斗兽场、方尖碑、凯旋柱、凯旋门和地下墓穴等。前者他在旅程中所见不多，只是一笔带过，如斯波莱托的高架渠，从罗马到卡普亚的亚壁古道；而艾迪生对后者更为关注，因为它们是为历代帝王歌功颂德的道具。

元老院为奥古斯都修筑的和平祭坛上的游行浮雕，构建了罗马建城至奥古斯都时代的神话，预言罗马盛世千秋万代；然而艾迪生在祭坛前想起意大利分崩离析的现状却唏嘘不已。提比略大兴土木敕建的帕提亚凯旋门和移来的舰首讲坛伫立在广场上，似乎在静默地宣讲这个万城之城曾有的霸业。尤令艾迪生震撼的君士坦丁凯旋门，其精美的饰带浮雕取自图拉真凯旋门。作者不无讽刺地说，"信奉异教的元老会和罗马人

① Joseph Addison, *Remarks on Several Parts of Italy*, p. 112.

从图拉真凯旋门上匆匆取下装饰、放在这里来迎接新的征服者"①，而老凯旋门上的碑刻也被移来肉麻地颂扬新的君主。在维罗纳壮观的斗兽场前，艾迪生引用克劳狄安诗中描摹的画面，重现了历史尘埃覆盖的打斗场景。还有卡普里岛的提比略行宫、那不勒斯的公共浴室和喷泉、斗兽场等，无不显示了曾经的帝国辉煌。

众多敕造的大理石凯旋门和圣殿分布在罗马周边小城，艾迪生到访时发现它们已因岁月的摧残而面目全非。而且他在里米尼看到，凯撒领兵入罗马前跨过的卢比肯河以及他慷慨陈词的演讲台也名不副实，让人难以想象当年英雄的豪情万丈。曾经繁华的古城拉韦纳，如今只剩下沼泽浅滩、灯塔遗址和纪念方碑。还有更多的遗迹被湮没。艾迪生在台伯河岸边看见古奥克利克朗古城遗址，散乱各处的柱子和基座、半掩土中的大理石块、高塔的碎片、地下墓穴、浴室，以及种种带有古代印记的断壁残垣。而台伯河底也静静地躺着无数文物和遗迹，罗马人为躲避蛮族洗劫而将宝物藏入河中，泛滥的台伯河也会将岸上古迹冲入河中，罗马人还会将暴君塑像抛入河中。在罗马附近小城，艾迪生望着被黄沙掩埋的维爱古城，再次吟咏起卢坎的诗句，诗句中对古城未来的预测全部成真——"维爱和加比扬的高塔将会倒塌，于是庞杂混乱的废墟将覆盖一切"②。

被誉为"永恒之城"的罗马，却无法真正地永恒下去。不只是艾迪生，后来的旅行者如蒲伯、沃波尔等文人的大旅行叙事中也常常会提到"古罗马陷落""古典荣耀陨落"的主题，有的旅行者还会近乎夸张地渲染罗马的贫穷、无序和肮脏。③ 对于这个文明古都的败落，艾迪生归结为它是战争割据和权力争夺的牺牲品，并为这都城的满目疮痍而唏嘘不已。他站在被蛮族侵占而荒败的拉韦纳遗址，默默地凭吊着这个曾经的拜占庭文明中心；而在热那亚和帕维亚，他来到当年反法战争中喋血沙场的英国公爵墓，哀叹两个古城在法国和西班牙的权力撕扯中败落。他还参观了威尼斯的兵工厂，对外与土耳其作战的长年消耗，对内长老院玩弄权术、腐败密谋，最终令曾蔚为壮观的军事基地也走向衰落。艾迪生在威尼斯期间，正处于两次威土战争的间隙，土耳其人依然虎视眈眈。在托斯卡纳公国旅行时，艾迪生写尽了锡耶纳、来航、比萨和佛罗伦萨的纠葛，教皇党与皇帝党的多次战争、美第奇家族的僭权，使大公国沉浮兴衰。在佛罗伦萨看到一尊亚历山大大帝半身像，艾迪生为其忧郁的气质所吸引，将其解读为征服者在为被征服者而落泪叹息。

艾迪生游历欧洲期间，正值政坛云谲波诡之时。意大利此时正作为列强的玩物而被抢夺瓜分。当时两个欧洲强国法国和西班牙，一直在意大利的领土上相持不下。在

① Joseph Addison, *Remarks on Several Parts of Italy*, p. 237.
② Joseph Addison, *Remarks on Several Parts of Italy*, p. 251.
③ 参见 William Edward Mead, *The Grand Tour in the Eighteenth Century*, p. 271。

游记结尾，艾迪生来到奥地利蒂罗尔州，参观了奥地利大公、神圣罗马帝国皇帝马克西米利安一世的故宫，哈布斯堡王朝此时正是"日不落帝国"，而马克西米利安则是王朝鼎盛的奠基者。在三十年战争（1618—1648 年）期间，意大利以财力和兵力来支持哈布斯堡王朝的统治。教皇每月向王朝提供资金援助，成千上万的意大利人加入王朝的军队。一个曾经的光辉帝国竟然陨落到仰人鼻息，令艾迪生无比哀叹。艾迪生之后，历史学家爱德华·吉本于 1763—1765 年游历这片饱经沧桑的土地上，他痴迷于研究罗马帝国衰亡的原因，在他的巨著《罗马帝国衰亡史》中给出了相似的解释。

四　以古鉴今：英国的"罗马类比"

在"罗马"一章里，艾迪生用整整一半的篇幅来写罗马的古代钱币，用意颇深。他尤为关注带有建筑物和塑像图案的古币，将已现世的古币上的图案与实物并置赏玩，细细品味上面刻印的历史与文化信息。后来在德国旅行的途中，艾迪生写下了《关于古币功用的对话》一文，指出古币有保存古代文明的三大功用：（1）史学价值，为古代君主的样貌、功绩等政治史研究提供依据；（2）文化价值，蕴含着古代文明的丰富信息；（3）考古价值，已遭毁坏的建筑和塑像的信息可在古币上永久保存。

艾迪生认为，古罗马钱币将历史浓缩在方寸之间，是对失落的古罗马文明的一种慰藉和挽救，因为古币比建筑和塑像存续时间更为长久，如同纪念碑一样保存着历史信息。所以当旧币遗失或减少时，罗马的新皇帝便会找人重铸钱币。艾迪生建议英国也模仿古罗马人流通这种钱币，并提出要抹去古币上的尘垢，使其焕然一新，"就像使圣殿或凯旋门从垃圾堆中复生一样"①。可见，艾迪生将为古币清垢隐喻性地与罗马的陷落（fall）和复生（rise）关联，表达了要令"奥古斯都时代"在 18 世纪英国复兴的愿景。

后来，蒲伯专门写了一首诗"致艾迪生：对他的《关于古币功用的对话》有感"（To Mr. Addison, Occasioned by His Dialogues on Medals）作为对艾迪生《对话》的回应（*To Mr. Addison, Occasioned by His Dialogues on Medals*），他也和艾迪生一样惋叹罗马文明的陷落。蒲伯在诗中也对古币寄予相似的喻指义：抹去古币上的灰尘，不仅使其显露币上原有的美丽和历史的符号，也代表象征性地拂去古典文学的灰尘，代表了"古币与古典诗文的互相滋养……仿佛是画家与诗人的对话，令罗马的荣耀在我们的思想

---

① 转引自 Howard Erskine-Hill, "The Medal against Time: A Study of Pope's *Epistle to Mr. Addison*", *Journal of the Warburg and Courtauld Institute*, Vol. 28, 1965, pp. 274-298, p. 290。

中复生"①，这恰恰将迎接"新奥古斯都时代"到来的重任放在了文学家的肩头。

其实相似的文明更新的主题，艾迪生在 1701 年过阿尔卑斯山时写就的《意大利来鸿》中便已更为清晰地表达出来。该诗比较了维吉尔笔下的意大利与 17、18 世纪的意大利的不同，字里行间流露出对古罗马文明衰颓不再的哀叹："我寻觅着颂歌使其不朽的河流，如今却在沉默和遗忘中失落，水源已经枯竭，河道已然干涸，但是缪斯的技巧却让它永远流淌"（第 32—35 行）；"我的脑海里重现不朽的辉煌，我的灵魂中搏动着万千的激情，我看到罗马崇高的美，就闪现在成堆的断壁残垣中"（第 69—72 行）。这首诗与《意大利札记》的主旨一致，都在哀叹"古罗马文明的陷落"，希冀"以意大利的经验给英国读者以启迪……英国的政治体制比欧洲任何一个国家都能提供更多的自由和安全，而英国人应时刻警醒，护佑好这种政治自由和国家幸福"②。

艾迪生一边品读着诗人笔下的古罗马盛世，一边寻访着帝国衰亡后留下的断壁残垣，一边思索着大洋彼岸另一个国度的崛起。他在《意大利来鸿》中深情地咏叹："自由，圣洁光明的女神（第 119 行）"；"大不列颠群岛崇拜你，她倾其所有，在尸横遍野的沙场寻觅你的踪迹，从来不惜任何惨痛的代价，也要获得你！（第 127—130 行）"；"不列颠群岛以自由为冕，令她荒凉的岩石山峦微笑。（第 139—140 行）"在他看来，英国正可以成为承继"罗马精神"、重续辉煌的理想国度。

此时的英国刚刚完成光荣革命，建立起君主立宪制，这是古老的王权集中制国家迈向共和制度的一步。艾迪生在罗马周边地区游历时，丝毫没有掩饰对君主暴政的抨击和对自由的向往。他对比性地写了两组国家。第一组是教皇国和圣马力诺共和国。教皇国位于气候宜人的富饶峡谷地带，但教皇贪婪腐败，使得民生凋敝。而与之相对的是，圣马力诺共和国位于积雪覆盖的山区，不具备耕种条件，但其政府管理有方，子民安居乐业，诚实而信守正义。这个小共和国拥有古罗马共和国相似的政体：同长老院类似的"六十人议会"、与罗马执政官相似的两名执政长官和司法官等各司其职，公正管理。作者不禁在文中感叹，人民对自由都有着天然的眷恋，对政府专制无比地反感。正是自由和专制的差别才造成了这样的对比：荒凉的山野小国人丁兴旺，而罗马坎帕尼亚沃野却民不聊生。

艾迪生对比的第二组政体是托斯卡纳大公国周边城邦的命运。比萨和佛罗伦萨共和国在繁盛期放弃了自由，臣服于美第奇家族的僭主统治。作者到访两地时，发现比萨几乎变成了空城，佛罗伦萨的居民也在日益减少。他感慨这两个曾经无比关注荣誉和自由的共和国，在并入托斯卡纳公国后却养成了服从的习惯，只知道在发达之路上

---

① Howard Erskine-Hill，"The Medal against Time：A Study of Pope's *Epistle to Mr. Addison*"，*Journal of the Warburg and Courtauld Institute*，Vol. 28，1965，pp. 274-298，p. 290.

② Donald R. Johnson，"Addison in Italy"，*Modern Language Studies*，Vol. 6 No. 1，Spring，1976，pp. 32-36.

钻营。与之相反，全境位于托斯卡纳大公国领地之内的卢卡共和国却始终保持着独立和自由。他们拒绝被虎视眈眈的大公国吞并，追求正义、反抗暴政。艾迪生出入卢卡共和国时，发现唯一进出的大门上写着金色大字"自由"。他详细记录了卢卡人以死抗争托斯卡纳大公的打猎事件。艾迪生看到这样一个弹丸小国里，勤劳的卢卡人却将耕地面积开发到极致，俨然是意大利全境最为富有的区域，每个人的脸上都洋溢着明媚的笑容。这要归功于卢卡的共和制政府，管辖权每两个月会移交一次，当权政府便可以高效公正地处理公共事务，为整个共和国的利益策划。

意大利境内，大多数城邦都和坎帕尼亚地区一样，除了专制统治，也因众列强争夺而由盛转衰。比如那不勒斯本来也是高贵富足的王国，有着宜人的海滩美景，但被西班牙占领后，西班牙国王故意使其内讧，指使当地贵族横征暴敛各种苛捐杂税，怂恿当地乡绅做法官挑起事端，纵容当地神职人员作威作福。艾迪生在游记中用大量篇幅描述了那不勒斯人的困境。通过种种对比性呈现，艾迪生突出了共和制度的优势。而此时的英国正在尝试从君主制国家向自由共和的转型。对这些国家的考察，坚定了艾迪生对从政的决心。而他在游记中描摹的圣马力诺共和国和卢卡共和国，就成为可资借鉴的典型。

从另一个方面看，重商传统也利于社会的发展。艾迪生还考察了几个城邦在文艺复兴运动以来所经历的商业盛衰变化。如16世纪热那亚的圣乔治银行在夹缝中生存，由一个金融组织发展成为控制了国家税收与放贷权的高效机构；但当热那亚人开始轻视自己的共和政体、默认君主制尊贵后便走向衰落。同时在卢卡考察时，艾迪生还发现卢卡的扩张与纺织业息息相关。这个最初由罗马建造的矩形城市从11世纪开始的400年间步步为营地向周边扩张，丝织业发展极为迅速，形成当时所谓的"高新技术开发区"。而托斯卡纳的来航港却是相反的命运，托斯卡纳大公无视来航港的自由港地位，疯狂借其敛财，使其错过了发展时机。可见，商业发展、自由贸易、金融实力是它们走向真正繁荣的要素，而依附于法国或西班牙等君主制国家只能走向历史的倒退。英国一直具有重商的传统，也正在进行工业革命的准备。艾迪生借这些近距离考察的结果为英国的商业发展找到了思路。

除此之外，艾迪生也在游记中讨论了宗教的要素。他一路上寻访了各处的天主教大教堂，为其璀璨的艺术光芒所折服，但是也指出了各个教区天主教治下的种种弊端。在教皇国停留期间，艾迪生发现教皇国的居民早已不受战乱之苦，却在全欧洲生活境况最为困苦。这里土地肥沃多产，是朝圣的理想去处，又吸纳了数之不尽的善款，却留不住外迁的居民，大片土地荒弃。他一针见血地指出破败的根源就是教皇的专制独断和穷奢极欲，是天主教制度的腐败，使教民滋生懒惰懈怠习气，才落得穷困潦倒。

同时，艾迪生也不断地讽刺天主教教民的愚昧和迷信。当他看到有名的"泪滴水晶"

圣物神迹时嗤之以鼻，也嘲讽了拉韦纳教会圣职竞选时假托神迹为权力服务的事例。在帕多瓦的圣安东尼教堂，他讥讽信徒们为了还愿而悬挂的拙劣涂鸦、粗鄙铭文和蜡制人体模型等种种无用的献礼。在米兰大教堂，他为教堂恢宏的大理石外观和丰富的圣物展示叹为观止，但却借讨论米兰大主教提前被封圣一事时，不忘讽刺天主教封圣制度的虚伪和可笑。艾迪生感叹宗教改革使欧洲多个国家摆脱了无知，比如法国人就不会像那不勒斯人那样迷信宗教把戏。他声称与新教教会交流越多，被解放的程度就越高。

意大利之旅结束后，艾迪生来到瑞士各州游历。他发现瑞士也是由众多州组成的松散联邦，位于阿尔卑斯山区中，为深山密林天堑所阻隔，各个州信奉的教义也并不相同，但是各州之间却一片祥和，出现公开裂痕后也会很快弥合。州与州之间虽然在宗教事务上颇有分歧，却能长年维持团结一致，互不侵犯彼此的权力，艾迪生找到了原因：他们一直依照最早建国时的界限从不逾矩，心满意足地相处；而且瑞士人天生平和、冷静、克制。艾迪生到访时还发现，瑞士的几个州都正在大力荡涤浮华奢侈之风。这些都使得瑞士联邦在欧洲一片乱局中如同世外桃源般地存在。

总的看来，艾迪生通过旅行见闻呈现三个有利国家发展的要素：共和制、重商主义、新教伦理，恰恰是英国所具备的。艾迪生回到英国后，参与到辉格党政治活动中，同时也通过杂文创作的形式参与新教道德改革，谋求在信奉新教伦理的中产阶级和奢靡浪荡的贵族阶层间达到一种平衡。他在瑞士见到的绅士品格——"理性自律、公允适度、文雅知礼"，正是他所推崇的理想英国绅士的风范。艾迪生之后的整个 18 世纪迎来了古典主义的复兴。此时的英国国力蒸蒸日上，并因在英西和英法战争中获胜而增强了信心，英国人骄傲地自比"奥古斯都人"，推崇古典文学的道德模式，欲在不列颠重现古典诗文中所赞颂、所封存的古罗马盛世。这种"罗马类比"的信心一直维持到了 19 世纪。

（作者单位：国际关系学院外语学院）

学术编辑：刘俊含

Joseph Addison's Aesthetic and Cultural Meditations in His Voyage toItaly

Xu Ying

University of International Relations

Abstract：British writer Joseph Addison consummate his Grand Tour in Italy，and his

Remarks on Italy, based on this tour, is composed of his travelogue in Italy and his meditations on Italian politics, economy and culture. With greatness and uncommonness, his voyage to Italy contributes to his aesthetic ideas formed years later. From Addison's perspective, grand natural scenes, historic sites and artistic relics bring about colorful experience of sight and spark one's fancy; the classical allusions embedded in the travelogue broaden one's space of imagination. With a view on the dilemma of Italy gripped by the tyrannical rule, religious superstition and power struggle, Addison, during the whole journey, observes the rise and fall of this country, laments over the passing glory of the classical civilization. And he casts a backward glance over Britain and pins the revival hope on his homeland with the expectation of retrieving the ancient Roman glory in British new Augustan Age.

Keywords: Remarks on Several Parts of Italy; grand tour; aesthetic journey; fall of classical civilization.

蜀学视域下的苏轼画学思想及其艺术表达[*]

刘　晗/文

摘　要　苏氏蜀学作为宋学重要流派,会通诸家,长于经史文学,在中国思想史上有着独特的学术品格和学术价值。苏轼是苏氏蜀学的实际领袖,他以儒学为宗,吸收佛道本体论、心性论思想资源,以道为最高哲学范畴,注重变化,推崇自然,以情为本,建立了独具特色的思想体系。他的哲学思想直接推动他对绘画的认识和绘画创作。苏轼讲究"合于天造,厌于人意"的艺术追求和"适吾意"的审美功能,提出了"常理""意气""适意""真态""天工""自然"等核心范畴,将绘画视为表现万物之常理和生命之真性,偏爱枯木怪石小景图,善于在方寸之间超越荣枯、美丑,彰显出浓郁的文人意识。苏轼的画学思想及其艺术表达着独特的内在逻辑和审美情趣,对后世绘画,尤其是文人画产生深远影响。

关键词　蜀学;苏轼;常理;意气

谈及苏轼,人们常常会称赞其文学艺术成就,而对他的哲学思想缺乏应有的同情和理解。其实,苏轼一生最为看重"三传"(《东坡易传》《书传》《论语传》),把这三部书看作自己裨益后世的不朽之作:"某凡百如昨,但抚视《易》《书》《论语》三书,即觉此生不虚过。如来书所论,其他何足道。"[①] 与苏轼性情最为投契的门生秦观曾说道:"苏氏之道,最深于性命自得之际。其次则器足以任重,识足以致远。"[②] 可谓一语中的。作为苏氏蜀学的实际领袖,苏轼对于道、性、命、情、理等有着独到的理解,但由于种种原因,学界未给予足够关注。朱良志曾在《扁舟一叶——理学与中国画学研究》一书中谈道:"苏轼的诗文名声太大,掩盖了他在哲学上的贡献,这是不争

---

　* 河南省高校人文社会科学研究一般项目"苏轼日常生活美学研究"(项目编号:2022-22JH-560)。

　① 孔凡礼点校:《苏轼文集》,中华书局 1986 年版,第 1741 页。
　② (宋)秦观撰,徐培均笺注:《淮海集笺注》卷 3,上海古籍出版社 1994 年版,第 981 页。

的事实。我们在研究他的绘画理论时，应该充分考虑它的理学渊源。"① 这里的"理学"是对两宋时期思想学术的统称，包括苏氏蜀学。苏轼开创了影响深远的"士人画"，讲究"意气"，崇尚"自然"，追求"适意"，偏爱以枯木、怪石为表现内容的写意小景图，极大影响着中国传统绘画，尤其是文人画的发展。在《枯木怪石图》（又名《木石图》）中，枯木、怪石成为审美存在的内在逻辑是什么？枯木、怪石如何敞开了一个自在圆满的生命世界？"心"统摄世界的同时如何保证"物"的自足？这些话题看似老生常谈，实则有待进一步厘清。苏轼讲究"性命自得"，其艺术表现有着独特的内在逻辑和审美情趣，不同于"重载道、顺秩序"的文艺传统，正如朱良志曾说："东坡是中国传统文人艺术的思想领袖，以他为首的文人集团的形成，标志着传统文人艺术真正成为与重载道、顺秩序一脉思想相抗衡的一种思潮。"② 也许，在蜀学视域下探讨苏轼的画学思想及其艺术表达，不失为一条可以尝试的研究路径。

一　常理：苏轼画学思想的哲学根基

宋人爱讲"理"。按照葛兆光的说法，宋儒要凸显士人及其象征的文化，因此，他们常常探讨"天下"与"太平""道"与"理""心"与"性"等一些具有超越性的概念。"天道性命"成为宋儒深入探讨的核心命题。学界惯用"道学"或"理学"来指称宋明时代主流的儒家思想。冯友兰在其晚年修订的《中国哲学史新编》中就是以"道学"来指称宋代主流思想学术的，即以周敦颐、邵雍、张载、程颢、程颐为代表的思想学说。侯外庐的《中国思想通史》也以"道学"称之，因二程以"理"为最高范畴，故又称"理学"。吕思勉、钱穆以"理学"指称宋明时期主流儒学思想，将周敦颐推为宋代理学开山之祖。葛兆光的《中国思想史》也以"理学"指称宋代主流思想。"道学"和"理学"又是什么关系？侯外庐认为，"道"和"理"是异名同实的。陈来认为，道学是理学起源时期的名称，北宋时期的理学当时即称为道学。《宋史》一书中专立《道学传》一门，就是以周敦颐、程颢、程颐、张载为主。后南宋朱熹推崇二程，将道学发展为一个含义明确、指称特定学术系统的称谓，即理学。由此可知，无论是道学，还是理学，基本指称源自伊洛的程朱学说，并不包括其他学派的儒家学者。

邓广铭在《略谈宋学——附说当前国内宋史研究情况》一文中指出，道学、理学、新儒家都无法涵盖宋代思想学术之全体，应当用"宋学"一词概括两宋学术之全部，并强调在建立宋学过程中几名最突出的人物，其中，以王安石居首。邓广铭的论断有

---

① 朱良志：《扁舟一叶——理学与中国画学研究》，安徽教育出版社 2006 年版，第 9 页。
② 朱良志：《一花一世界》，北京大学出版社 2020 年版，第 383 页。

可靠史料支撑。南宋赵彦卫在《云麓漫钞》中指出，王安石推明义理之学。又据南宋陈振孙《直斋书录解题》记载，自熙宁八年（1075）王安石复相而颁《三经义》于太学，从此"王氏学独行于世者六十年"。由熙宁八年而后又六十年，已是南宋初年。这足以说明：在北宋之世，王学的兴盛极其重要地位。同时，鼎立的还有苏氏蜀学。苏氏蜀学，即由苏洵开创，由苏轼、苏辙发展成熟，由张耒、秦观、黄庭坚、晁补之等文人学士为核心的学术流派，注重感性，长于经史，在中国思想史上有着独特的学术品格和学术价值。张岂之主编的《中国思想史》一书特列"苏氏蜀学"一章，将苏氏蜀学与王安石新学、二程理学并立，并指出，苏氏蜀学"在北宋中期学术界别具一格，影响巨大"①。苏氏蜀学的影响主要在熙宁、元祐年间。这充分说明，苏氏蜀学在中国思想史、哲学史上的重要地位。

作为苏氏蜀学的实际领袖，苏轼以儒学为宗，吸收佛道本体论、心性论思想资源，以"道"为最高范畴，以"水"为喻，使有和无、实与虚、具体与抽象、物质与精神融为有机整体，建立了独具特色的思想体系。在《东坡易传》中，苏轼说道：

> 阴阳一交而生物，其始为水。水者，有无之际也，始离于无而入于有矣。老子识之，故其言曰："上善若水"，又曰："水几于道"。圣人之德，虽可以名言，而不囿于一物，若水之无常形。此善之上者，几于道矣，而非道也。若夫水之未生，阴阳之未交，廓然无一物而不可谓之无有，此真道之似也。②

苏轼以"道"为最高哲学范畴。他认为，天地万物皆为"道"所化生，但"道"又不等同于任何具体存在，它只显现在万千事物的生成变化中。这样的"道"非有非无，亦有亦无，可以借助"水"来说明。水处于"有无之际也"，它上通于道，下达于物，它"无常形"而"随物赋形"，故水"几于道"。很明显，苏轼把"道"看作有着自身创生方式和自我运行规律的生命有机体，他说："夫道之大全也，未始有名，而易实开之，赋之以名。以名为不足，而取诸物以寓其意，以物为不足，而正言之。"③苏轼的"道"为自然全体，它本身是"大全"。"大全"是一个无所不包的存在，但本身不显现为具体形象，它灌注于每个具体存在物，但每个具体存在物都不能代表"道"，仅仅只是"道"的显现，在物为"物理"，在人为"人性"。在苏轼看来，当"道"在每一具体事物中显现的时候，必然会呈现其独特的个性，物我之间、物物之间有了差异，但此不同仅在于生命形态、生命秉性的不同，它们享有共同的"道"，人之

---

① 张岂之主编：《中国思想史》，高等教育出版社 2018 年版，第 262 页。
② （宋）苏轼：《东坡易传》，上海古籍出版社 1989 年版，第 124 页。
③ （宋）苏轼：《东坡易传》，第 140 页。

性与天地之性是一致的，人心和道心是一体的，都遵循自然之理，即"常理"，故曰：

> 天下之至信者，唯水而已。江河之大与海之深，而可以意揣。唯其不自为形，而因物以赋形，是故千变万化而有必然之理。①

"水"变化万千，随物赋形，此乃"水"之"常理"。在苏轼哲学思想中，"水"具有形而上意义，它处于有无之际，化生万物、养育万物而不宰制万物。天下之道莫不如此。实际上，苏轼更多从客观规律的层面来理解"道"，而非局限于儒家的道统，这使得苏氏蜀学与王安石新学、二程洛学相区分。王安石注重儒家经世致用之"道"，程颐则将儒家伦理之道提升至"天理"的本原地位，苏轼则强调"道"的自然天成，认为"道"是生气贯注、川流不息的。他们对于"道"的理解正如潘立勇所说："理（道）学家究学明体，政治家经世致用，文学家禀性重文，三家各争其统，分途发展，交互影响，形成宋代人文学术鲜明的特色。"② 苏轼之"道"体现在文学艺术领域，就是强调艺术创作要合乎万物之"常理"，他在《净因院画记》中说道：

> 余尝论画，以为人禽官室器用皆有常形。至于山石竹木，水波烟云，虽无常形，而有常理。……如是而生，如是而死，如是而挛拳瘠蹙，如是而条达畅茂，根茎节叶，牙角脉缕，千变万化，未始相袭，而各当其处。合于天造，厌于人意。③

苏轼认为，"山石林木，水波烟云"无"常形"，它是瞬息万变、幻化无穷的，但"无常形"的背后有"常理"。这个"常理"指什么？应该是万物"各当其处""合于天造"。也就是说，天地万物有着千变万化的形貌、状态，但都如其真性地存在着、显现着，这就是"理"，也是苏轼所说的"同"。他在评论文与可的墨竹画时说道：

> 与可论画竹木，于形既不可失，而理更当知；生死新老，烟云风雨，必曲尽真态，合于天造，厌于人意；而形理两全，然后可言晓画。④

"形"与"理"的关系成为苏轼画学思想的核心问题。苏轼重视"形"，但如果只是"论画以形似，见与儿童邻"，而是讲究"形"与"理"的合一。只有"形理两

---

① 孔凡礼点校：《苏轼文集》，第 1 页。
② 潘立勇：《宋明理学人格美育论》，人民出版社 2021 年版，第 36 页。
③ 孔凡礼点校：《苏轼文集》，第 367 页。
④ 蔡国黄编著：《东坡谈艺录》，复旦大学出版社 2012 年版，第 105 页。

全"，才能曲尽万物"真态"，从而"合于天造"。苏轼画学思想可以说是其哲学思想的直接产物。他认为，万物都是"形"和"理"的有机统一。"形"变化万千，但都遵循一定的"理"；"理"规定着物的"性"，但万物又有各自独特的"形"。因此，绘画应通过纷繁复杂的"形"呈现天地万物的"理"，只有符合"理"的绘画，才能见出万物之"真态"，正所谓"含风偃蹇得真态，刻画始信有天工"。此"真态"就是脱略了物外在的形体变化，而呈现的生命最本原、最本真的状态。只有把握了"常理"，才能通万物之生意，从而赋予书画自然、清新的生命意蕴，故"物一理也，通其意，则无适而不可"（《跋君谟飞白》），"我书造意本无法，点画信手烦推求"（《石苍舒醉墨堂》）。苏轼可谓深谙书画艺术的精妙之处，讲究"合于天造，厌于人意"，在"无常形"中深究"常理"，追求"形""理"两全，从而抵达物性、画意、人心融为一体的艺术境界。

真实性和技能性应是"画"的原初含义。魏晋之前，"画"更多属于工艺活动，即通过一定的技能和技巧，对现实具象进行呈现，多用于地图、建筑、器皿、塑像中。到了魏晋时期，依然将"形似"视为"画"的基本要求，如陆机曰："存形莫善于画"；宗炳曰："以形写形，以色貌色"；颜延之亦曰："图载之意有三：一曰图理，卦象是也；一曰图识，字学是也；三曰图形，绘画是也。"唐代白居易也说："画无常工，以似为工；学无常师，以真为师。"但宋代书画家对"形似"的追求发生了变化。翰林待诏直长郭熙说："画见其大象，而不为斩刻之形，则云气之态度活矣。真山水之烟岚，四时不同：春山澹冶而如笑，夏山苍翠而如滴，秋山明净而如妆，冬山惨淡而如睡。画见其大意，而不为刻画之迹，则烟岚之景象正矣。"[①] 如何在变动不居的"形"中见出宇宙之体、万物之理？这成为宋人绘画的核心命题。熙宁年间，"理"就逐渐成了宋人画学思想的核心范畴，尤其是文人画家开始由追求"穷形尽相"到"穷理尽性"。但同时，他们认为"形"与"理"应该是高度统一的，正如朱良志所说："理寓其中，理为本，形为末，一味追形则丧理，一味追理则不成绘画，推崇一种'既不泥于形象，又不失其理'的方法。"[②] "形"与"理"的统一成为衡量绘画品级的关键因素。"理"为"形"之精魂，"形"为"理"之澄明，高超的艺术作品必然和天地万物内在的"理"相契合，在文字、线条、色彩中呈现万千生命的节奏和韵律，正如钱谷融所说："真正的艺术作品和真正的大自然的作品一样，都是有生命的……同生活之树一样是常青的。只有艺术才是自然的最称职的解释者，因为只有艺术才能把握住自然的生命。"[③] 只要把握了自然万物的"理"，自由的心灵必然流溢出合乎自然的艺术品。苏轼在评文与可的墨竹时说道："与可之于君，可谓得其情而尽其性矣。"（《墨君堂

① （宋）郭思编：《林泉高致：中华生活经典》，中华书局 2020 年版，第 38 页。
② 朱良志：《扁舟一叶——理学与中国画学研究》，第 57 页。
③ 钱谷融：《艺术・人・真诚》，华东师范大学出版社 1995 年版，第 167 页。

记》）正因为文与可把握了竹之"披折偃仰""群居不倚，独立不惧"的性理，才可以"身与竹化"，创作出"形"变而"理"不变的墨竹。苏轼对于"常理"的把握，实际上就是要超越对单纯形似的追求而展现生命之真。因此，绘画作品中的"形"可以是简略的，甚或是扭曲的，但一定要传达出天地万物的盎然生机和生生不息的宇宙精神。

二　意气：苏轼画学思想的核心精神

如果说"常理"构成了苏轼画学思想的哲学基础，"意气"则成为苏轼画学思想的核心精神。二者是相辅相成的。苏轼经常论及"士人画"和"工人画"之间的异同，曰："观士人画，如阅天下马，取其意气所到。乃若画工，往往只取鞭策皮毛槽枥刍秣，无一点俊发，看数尺许便卷。"① 苏轼认为，"工人画"在"曲尽其形"中过于匠气，见不出生气，而"士人画"注重"意气"。苏轼认为，绘画不能只停留于对物的模仿，而是要富有奇思妙想，创作出情趣盎然、宛如天工的画作，蕴含着独特的生命体验和人生境界。苏轼盛赞王维曰："摩诘本诗老，佩芷袭芳荪。今观此壁画，亦若其诗清且敦。祇园弟子尽鹤骨，心如死灰不复温。门前两丛竹，雪节贯霜根。交柯乱叶动无数，一一皆可寻其源。"（《王维吴道子画》）苏轼认为，吴道子虽为画圣，但仍为画工，不通文人气息，而王维虽非画圣，但有文人意趣。很显然，苏轼评价绘画的标准不同于张彦远和朱景玄。张彦远的《历代名画记》最为推崇吴道子、李思训、张璪；朱景玄的《唐朝名画录》将吴道子、李思训、张璪的画列为神品，而将王维的画列为妙品。但在苏轼看来，王维的画作"萧然有出尘之姿"，又多以"浮云杳霭，与孤鸿落照"来表现，具有一种清新、空灵、悠远的意境，充分展现了文人孤高、淡然的生命情趣和人格精神。沈括曾在《梦溪笔谈》中说道："书画之妙，当以神会，难可以形器求也。世之观画者，多能指摘其间形象、位置、彩色瑕疵而已；至于奥理冥造者，罕见其人。如彦远《画评》言：'王维画物，多不问四时，如画花，往往以桃、杏、芙蓉、莲花同画一景。'余家所藏摩诘画《袁安卧雪图》，有雪中芭蕉。此乃得心应手，意到便成，故其理入神，迥得天意，此难可与俗人论也。"② 王维的绘画契合天地造化之精神，"不问四时"恰恰是心随物转，以"雪中芭蕉"呈现一个自在、圆满的生命世界。

苏轼提倡"意气"，凸显"士气"，从而实现对生命真意的发现。按照朱良志的说法，这就是"文人意识"。朱良志认为，"士气"或"文人意识"，"大率指具有一定的思想性、丰富的人文关怀、特别的生命感觉的意识，一种远离政治或道德从属而归于

---

① 孔凡礼点校：《苏轼文集》，第 2216 页。
② 俞剑华编著：《中国历代画论大观》（第二编），江苏凤凰美术出版社 2016 年版，第 202 页。

生命真实的意识"①。朱良志认为，如果没有"文人意识"，就不会直面最基本的感觉和感情、忧伤和希望，从而表现人真实的生命感觉，即要把那种本分的、原初的本色世界展现出来。苏轼将"士人画"与"工人画"对举，就是要突破"工人画""尽其形"的局限，凸显"士人画"对"适吾意"的追求，也就是说，"士人画"要能够展现文人独特的情绪、情意、情致、情趣，彰显他们所体认到的宇宙精神和生命意蕴，用宋人的话来讲，就是追求"气象"。钱穆曾说："气韵在用笔，而气象乃在画面全体之格局。气韵仍属所画之外物，而气象乃涉作画者内在之心胸。气象二字，尤为宋代理学家所爱用。观人当观其气象，观画亦然。"② 宋之前多以"气韵"品评绘画作品，更注重传达出所描绘物象的生动神态，如谢赫论画六法中以"气韵生动"为第一，唐代张彦远也提出过"以气韵求其画，则形似在其间矣"的明确观点。并且，中唐之前绘画功能多为道德教化，如："丹青之兴，比雅颂之述作，美大业之馨香。"（陆机）"图绘者，莫不明劝戒、著升沉，千载寂寥，披图可鉴。"（谢赫）"夫画者：成教化，助人伦，穷神变，测幽微，与六籍同功，四时并运，发于天然。"（张彦远）无非都在强调绘画的政治教化功能。直到王维、张璪、王墨等文人士大夫开始从事绘画创作，这种状况才逐渐发生变化。俞剑华在《中国绘画史》一书中指出："王维山水虽注重水墨，加意渲淡，然犹拘守规矩，笔墨谨严。迨至张璪或用秃毫，或以手摸绢素，'外师造化，中得心源'，画树尤为特出，能以手握双管，一时齐下，而生枯各别，是为王维山水之第一次解放。……及至王墨创泼墨之体，酒颠画狂，毫无绝墨。是为王维画之第二次解放。山水至此，已无复拘谨之迹，纯任画家个性，信手挥洒，皆成佳作。"③ 俞剑华认为，王维虽开创水墨山水，但仍"拘守规矩"，直至王墨创"泼墨之体"，才真正实现"纯任画家个性，信手挥洒"。这说明，文人画的重要标志就是作画者的独特生命体验和审美情趣。到了五代、两宋时期，水墨画由山水渐渐发展至花鸟、人物等，富有文人气息的水墨画渐渐成为中国画坛的主流，绘画展现自我生命的维度日益凸显。

朱良志认为，如果没有强调内在生命逻辑的哲学支撑，就不可能产生探究人类存在的价值和意义的"文人意识"。苏轼对于"意气"的强调，与他独特的性情观有紧密关系。性、情虽然是宋代思想学术的核心问题，但不同的学术流派还是有差别的，尤其是蜀学和洛学。"蜀学与洛学同为北宋思想史上的重要派别，但两派在学术思想上多有差异，集中体现在他们对'人情'问题的看法上。"④ 以苏轼为首的蜀学呈现重经史，尚文艺，崇情感的独特个性。苏轼主张以人情为本，强调顺应人情，对于当时过

---

① 朱良志：《南画十六观》，北京大学出版社 2019 年版，第 9 页。
② 钱穆：《中国学术思想史论丛》（6），台北：东大图书公司 1978 年版，第 224 页。
③ 俞剑华：《中国绘画史》，东南大学出版社 2009 年版，第 53 页。
④ 张岂之主编：《中国思想史》，第 262 页。

分崇理抑情的洛学，是极为反感和不满的。贺麟曾指出，在宋以前，孔孟的生活态度都是淳厚朴茂，有春夏温厚之气的，而到了宋代程朱那里，俨然变成了严酷冷峻，山林道气很重的生活态度，带有秋冬的肃杀之气。程朱理学达到了高度的系统性和严密性，但在一定程度上抹杀了人性的复杂性和人情的合理性，将本应活泼灵动的自然生命局限在性、命、理等纯粹思辨的概念中，变得有点不近情理。方东美亦曾反复指出："宋儒过分执着于偏颇的理性，而对于人类具有善性的欲望，情绪，以及具有善性的情感、情操，都一概抹煞了。这是一个偏颇的哲学，它不能够同文学、诗歌、艺术以及一般的开阔的文化精神结合起来。"① 如果说，程朱理学将本来生动活泼的儒家思想带入了"天理"与"人欲"的对峙中，苏轼的性情观则在承继原始儒家的基础上融进了任真自然的道家风骨，开启了明清时期重性灵、倡情感的精神风尚。

苏轼秉性重情，他认为，情是本原。他说："夫圣人之道，自本而观之，则皆出于人情。不循其本，而逆观之于其末，则以为圣人有所勉强力行，而非人情之所乐者，夫如是，则虽欲诚之，其道无由。故曰'莫若以明'。使吾心晓然，知其当然，而求其乐。"② 苏轼也谈性，但与理学家不同，他所谈的性指自然之性。他认为，性无先验之善，善乃"道之继"，故人性是待完成、开放的。很明显，苏轼对于人性的认知有着老庄的痕迹，主张自然人性。但同时又强调，内在的、抽象的"性"须通过外在的、具体的"情"显现出来，"性""情""命"三位一体，统一于自然而然的"道"中，故曰："情者，性之动也。溯而上，至于命，沿而下，至于情，无非性者。"③ 苏轼承认人与生俱来的七情六欲，认为人的喜怒哀乐都是出于生命本然，是应该得到承认和肯定的。同时，苏轼将自我放置到广大的自然中，更加强调个体的存在是和生生不息、周流不止的自然融为一体的，人的情感需求不仅仅体现为个体的本能欲求，更体现为与天地合一的"大情""大乐"。因此，苏轼主张在充分肯定人情正当性的基础之上，保持自性，排除物欲对心性的干扰，任"情"而不纵"欲"，使性之所发、情之所动合于"真"的要求。这是苏轼的可贵之处。苏轼有着真率通达、本真自然的生命境界，故将绘画视为生命情感的天然流露，他曾说道："空肠得酒芒角出，肝肺槎牙生竹石。森然欲作不可回，吐向君家雪色壁。"苏轼认为，作画乃"森然欲作不可回"的生命冲动，是"当其下手风雨快，笔所未到气已吞"的生命状态。对于苏轼而言，绘画的求真、教化功能逐渐减退，日益隆升的是画作传递出的情趣和意气，故曰"文以达吾心，画以适吾意而已"④。苏轼认为，绘画就是要展现画者直面天地万物时当下、瞬间的生

---

① 方东美：《新儒家哲学十八讲》，中华书局 2012 年版，第 71 页。
② 孔凡礼点校：《苏轼文集》，第 61 页。
③ （宋）苏轼：《东坡易传》，第 5 页。
④ 孔凡礼点校：《苏轼文集》，第 2211 页。

命感受，包括真实而鲜活的感觉、直觉、情绪、情感。如此，苏轼理想的艺术境界就是人、画合一，即艺术创作和自我生命融为一体，艺术品就是自我生命的自然呈现。

基于生命个体内在自然的生命逻辑，苏轼继承发展了庄子"游于物之外"的精神，凸显生命个体的性情和情趣，认为真正的绘画只有充分"适吾意""达其理"，超越"形似"抵达"天工与清新"，从而成为愉情悦性、独抒性灵的艺术存在时，才能从"百工"中提升出来，从而成为真正的文人艺术。绘画贵在"意气"的传达，以及平淡、天然的境界。欧阳修在《试笔》中写道：

> 萧条淡泊，此难画之意，画者得之，览者未必识也。故飞走迟速，意近之物易见，而闲和严静，趣远之心难形。若乃高下向背，远近重复，此画工之艺尔，非精鉴之事也。①

欧阳修追求的是"萧条淡泊""闲和严静"的真意与理趣。整体而言，宋人论画更注重创作主体的生活态度和生活情趣，追求一种脱略一般画法、超越形似的画格，展现一种迥异流俗的自由心态。活跃在苏轼周围的文人画家李公麟、王诜、文同、晁补之等，皆欢喜在笔墨中体察自然万物的存在之理，以及自我生命的本真与纯粹。苏轼是最典型的一个。他标举心灵、精神，追求个体的自由、适意，但似乎又有着内在的反转，不求形似但又强调写物之工，常曰要"明于物理而深观之"。苏轼认为，无论是"物理"，还是人意，都有着本然的存在之理。人以"诚"相待万物，才能"明"万物之理，物之"真"才能显现，从而抵达相遇相成，当下圆满的理想境界。生命个体在穷尽"物理"的基础上，把握物之意趣，展现生机盎然的自然精神。"意"可以超脱于"形"，但不能脱略于"理"，即人须遵循物之道，而不是对万事万物的僭越和占有。这是高度理性的北宋精神，也是情理一体的苏轼意趣。如此，苏轼在画论中一再强调的"理""意""真""趣"之间就有了内在的关联，它们在"道"的统合下，融为一体，实现了天道与人道、自然与艺术的彼此渗透，相互交融。

三　枯木怪石：苏轼独特的艺术表达

在追求"常理""意气"的画学思想推动下，苏轼主张"自然成文""随物赋形"的艺术创作观，对宋代乃至以后产生了重大影响。苏轼说："有道而不艺，则物虽形于

---

① 俞剑华编著：《中国历代画论大观》（第二编），第 354 页。

心，不形于手。"① 仅有"道"而没有成熟的艺术表达，则无法呈现天地万物的真性、真意，但又不能为"艺"所累，应该是既工巧又天然。这是一种"忘"的境界。"口必至于忘声而后能言，手必至于忘笔而后能书，此吾之所知也。"② "忘"并非舍弃书画之艺，而是"身与竹化""忽然而不自知也"。高度娴熟的技能已内化为生命活动，自然而然生长出诗词、书法、绘画等艺术作品。他在评文与可的竹画时说道："与可画竹时，见竹不见人。岂独不见人，嗒然遗其身。其身与竹化，无穷出清新。"（《书晁补之所藏与可画竹三首》）苏轼追求自然清新的审美情趣，拒绝功利和技巧，任生命真性自然流露，让生命之本体自然呈现。这是艺术创作的自由境界，也是"性命自得"的人生境界。真正的艺术作品基于一定的法度，但又超越法度之上，意在笔先，心手如一，正所谓："出新意于法度之内，寄妙理于豪放之外，盖所谓游刃余地，运斤成风者耶？"③ 在《枯木怪石图》中，苏轼画了枯木一株，怪石一块，看似毫无法度，实则超略形似，笔墨清晰明了，毫无凝滞之感，呈现了一个生机盎然的生命世界。在这里，枯木延展出天空和大地，怪石流溢出山水和草木，它们共同组成了息息相关的生命场域，演绎出大化流行、生生不息的自然精神。

关于苏轼的枯木怪石图，朱良志曾说道："他的枯木竹石图等，是一种典型的由哲学思考推动的艺术创造，他画枯木寒林，在超越荣枯，不是以枯来表达生命的绝望，更不是通过枯来隐喻新生。"④ 如果以物观之，草木荣枯，四季流转，天地万物无时无刻不在变化之中；如果以道观之，终始、盛衰、荣枯、生死"一"也。苏轼在《赤壁赋》中写道："逝者如斯，而未尝往也。盈虚者如彼，而卒莫消长也。盖将自其变者而观之，则天地曾不能以一瞬。自其不变者而观之，则物与我皆无尽也，而又何羡乎？"⑤《赤壁赋》实乃关于"变"与"常"的哲学文章。以"变"来看，秋、冬时节的赤壁是不一样的，诗人感叹道："曾日月之几何，而江山不可复识矣。"这正是天地万物生生不息之道。苏轼恰恰就是要超越生成变坏的节奏，超越由变所带来的名利荣辱、盛衰成败的功利考虑，追求"卒莫消长"的永恒。他说："惟江上之清风，与山间之明月。耳得之而为声，目遇之而成色。取之无禁，用之不竭。是造物者之无尽藏也，而吾与子之所共食。"⑥ 对于苏轼而言，在变动不居的宇宙中安放自我，自适于天地万物之间，就可以当下圆满、瞬间永恒。这是一种审美的自由境界。

苏轼常说"造物初无物""造物本无物""空洞更无物"等，并不是说无中生有，

---

① 孔凡礼点校：《苏轼文集》，第 2211 页。
② 孔凡礼点校：《苏轼文集》，第 390 页。
③ 孔凡礼点校：《苏轼文集》，第 2213 页。
④ 朱良志：《一花一世界》，第 400 页。
⑤ 孔凡礼点校：《苏轼文集》，第 6 页。
⑥ 孔凡礼点校：《苏轼文集》，第 6 页。

而是说生成变坏乃瞬间之事，执着于物毫无意义，更反对以知识、审美、道德去区分万物。苏轼提倡"寓意于物"的审美态度。他说："君子可以寓意于物，而不可以留意于物。寓意于物，虽微物足以为乐，虽尤物不足以为病。留意于物，虽微物足以为病，虽尤物不足以为乐。"① 不留意于物，是不为物所累，超越分别，澄明真性。抱持这样的态度，可以"出生死，等巨细，平尊卑，舍爱憎，超越历史与现实，所谓当下圆成是也。这是其人生的目标，也是其艺术至高境界的标准"②。只有以虚空的心境与万物相往还，才能超越万物而拥有万物，从而"与物同游，与万物共成一个独特的体验世界，没有物我相对之境界，给人带来怡然自适之体验"③。因此，苏轼要创造一个随物婉转的艺术世界。枯木怪石的形式并不始于苏轼，但真正从思想上认识这一艺术形式的应该首推苏轼。他画枯木、怪石，拒绝水彩，推崇小景，就是要淡去巨细、美丑、荣枯的区别与对峙，抵达"坐观万景得天全"的生存境界。

除了枯木，在绘画表达时，苏轼还有意凸显石之"丑"，借以表达他超越生死、浓淡、美丑，从而让生命自我呈现的审美理想。他曾说："梅寒而秀，竹瘦而寿，石丑而文，是为三益之友。"④ 在中国古汉字系统中，石是冷硬、粗粝、朴拙的，它是"丑"的，而苏东坡从石之"丑劣"中发现了"至好"。这就面临着如何看待"丑"与"美"的关系问题。按照常规的审美标准，黝黑而多窍的石头是丑的，可"怪怪奇奇石，谁能辨丑妍？"（刘克庄《药洲四首》）所谓的"丑"和"妍"都是人为的区分，真正的审美应该超越知识、趣味、道德的局限，让物成为物自身，实现物我之间的往还。这样的美是一种"大全""天全"，它是天地万物的自然呈现。苏轼有诗曰："如今老且懒，细事百不欲。美恶两俱忘，谁能强追逐。"（《寄周安孺茶》）欧阳修亦云："砖瓦贱微物，得厕笔墨间。于物用有宜，不计丑与妍。"（《古瓦砚》）美与丑，乃是知识的见解、道德的分别，不符合天地万物的真性。苏轼并不是以"丑"为美，也不是化"丑"为美，而是要取消关于美、丑的人为设定，展现天地万物自然而然的生命样态，从而表达对浑整的、质朴的生命真性的坚守。苏轼以独特的艺术手法呈现了一个无高下、尊卑、美丑之别的生命世界，在这里，"我"与天地万物共同组成一个"意义相关的世界"，彼此照亮，瞬间生成，圆满自足。"我"从"石"之"文"中看到了瘦、漏、透、皱，更看到了造就"石""文"之"水"的万千姿态。这实际上从石之"丑"中演绎出了"外枯而中膏，似澹而实美"的艺术境界。这也是中国古人瘦淡而朴茂的人生境界。苏轼曾云："君看岸边苍石上，古来篙眼如蜂窠。但应此心无所住，造物虽

---

① 孔凡礼点校：《苏轼文集》，第 356 页。
② 朱良志：《一花一世界》，第 390 页。
③ 朱良志：《一花一世界》，第 405 页。
④ （宋）罗大经：《鹤林玉露》，孙雪宵、田松青校点，上海古籍出版社 2021 年版，第 14 页。

驶如吾何。"（《百步洪二首》）在生灭、盛衰、荣枯、流变中见出恒常如斯，努力挣脱自我的局限，超拔、升腾，与天地万物融为一体。

在枯木中超越荣枯，在怪石中超越美丑，让生命真性"敞亮"。这是苏轼"无还"之道的艺术表达。苏轼认为最高的艺术境界是"寄至味于澹泊"，在素朴、疏淡的艺术形式中如实呈现一个鸢飞鱼跃、生机盎然的生命世界，而水墨很好地保全了天地万物的素朴、天然、整全。"夫画道之中，水墨最为上，肇自然之性，成造化之功。或咫尺之图，写百千里之景。东西南北，宛尔目前；春夏秋冬，生于笔下。"① 水墨最能表现自然之性、自然之道。对于古代文人来讲，有意拒绝或淡化色彩对画意的侵袭和渗入，主要想让万物之"本"从纷繁复杂的"象"中解放出来，从而呈现一个生机盎然的真如世界。追求形似一般会运用丹青、朱黄、铅粉，以达到逼真的效果。而淡墨挥扫，更适宜表达文人墨客之性灵、情趣。自晚唐五代以来，"绮丽"之风渐被抛弃，水墨逐渐成为中国绘画的主要表现形式。到了北宋，深受性理之学浸染的宋儒更加偏爱高古、清雅之境，正如欧阳修在《画鉴》中提倡的"萧条淡泊"之画意。"从宋代开始出现的追求淡逸的风格几乎成了中国画的基本审美趋向，浓艳缛丽的色彩和气氛渐渐从主流绘画语汇中退出，水墨渲染的表现方法深深地扎下了根，高人逸品式的境界被渲染强化，汰去可能引起人欲望的成分，绘画成为提升人们情性的媒介。"② 故苏轼欢喜枯木、瘦石、墨竹等萧疏荒寒之景，不敷五彩，寥寥数笔，情趣盎然，充分体现了宋代文人崇尚平淡、自然、素朴的审美理想。

苏轼以竹石小景图呈现了一个圆满自足的生命世界，在方寸之间展现了宏阔、浩渺的宇宙天地。这种"小中现大"的绘画风格是苏轼自觉的艺术追求。"小中现大"本于《楞严经》，曰："一为无量，无量为一，小中现大，大中现小。""一"为世界的真如，万物皆为"一"的显现，这就是万物之"理"；"一"为"大全"，它化生出形态各异的天地万物，这就是万物之"殊"。一与万、理与殊乃一体，无分别，无差等，是"月落万川，处处皆圆"的天地境界。苏轼曾说："但怪云山不改色，岂知江月解分身。"（《次韵赠清凉长老》）此诗蕴含着"一月普现一切月，一切水月一月摄"的禅理。苏辙亦说："大而天地山河，细而秋毫微尘，此心无所不在，无所不见。是以小中见大，大中见小，一为千万，千万为一，皆心法尔，然而非有所造也。"③ 苏氏蜀学有着浓厚的儒道释三家思想贯通之痕迹，苏轼更是宣称儒道释是同源的："孔老异门，儒释分宫。又于其间，禅律相攻。我见大海，有北南东。江河虽殊，其至则同。"④ 苏轼认为，儒道释都是要从"心"上找寻人生存在的价值和意义，体现在艺术领域，就是在方寸

---

① 俞剑华：《中国绘画史》，第 61 页。
② 朱良志：《扁舟一叶——理学与中国画学研究》，第 29 页。
③ （宋）苏辙：《栾城集》卷 25，陈宏天、高秀芳点校，中华书局 1990 年版，第 429 页。
④ 孔凡礼点校：《苏轼文集》，第 1961 页。

之间完成心灵的推展，故苏轼激赏鄢陵王的折枝，曰："谁言一点红，解寄无边春。"无边的春色尽在一朵微花中，万物之气象尽在"一点灵明"中。苏轼有诗云："我持此石归，袖中有东海。"他从东海如"弹子窝"一样的小石中窥见天地宇宙之精神。他将奇石命名为"壶中九华"，也是此意。苏轼有着俯仰人生、逍遥天地的宇宙情怀，他提倡的"寓意于物"就是要摆脱人为的大小、高低、美丑的羁绊，将自我从知识、道德中解放出来，直面存在，瞬间体悟，当下圆满。因此，苏轼在绘画中对于枯木怪石、荒寒寂寞的表现，就是要从比兴传统的艺术追求中解放出来，转向对生命真性的体验和呈现，在一花一草、一竹一石中彰显万物的真意，从而回归生命自身原有的秩序。在苏轼的笔下，流动的是一个"活泼泼地""无量宇宙"。

苏氏蜀学贯通儒道释三家思想，讲究天地万物存在之理，而苏轼又长于文学艺术，以独特的艺术形象展现了万物之真性，营构了一个"性命自得"的艺术境界和人生境界。当他用笔墨摹拟天地万物时，也在言说着一个真实而鲜活的"我"。黄庭坚曾赞道："折冲儒墨阵堂堂，书入颜杨鸿雁行。胸中元自有丘壑，故作老木蟠风霜。"（《题子瞻枯木》）学生兼挚友的山谷深懂东坡先生的心胸："老木"自有"丘壑"。苏轼的"丘壑"既有着风流倜傥的神采、清新高雅的情趣，更充盈着磊落洒然的风度，以及浩然天地间的气骨。苏轼一生宦海沉浮，他总是以阔大的心胸坦然接受生命中所有的遭遇。在他看来，自然流转不息，天道也；世事沉浮盛衰，人道也。荣与辱、穷与达、出与入，以"道"视之，全然没有本质的不同。人生如寄，如泡如影，风雨也好，晴天也好，都是生存的外显形式，属于生命中应有的不同状态，且瞬息万变，相互转化，又何必执着。如此，苏轼将个人之悲喜、人生之沉浮放置于大化流行的自然中，在他者与自我、社会与个体、道德与情感、规训与自由之间悠游从容、进退自如，最终抵达与天地同流的人生至境。

（作者单位：华北水利水电大学外国语学院）

学术编辑：张朵聪

Su Shi's painting thought and artistic expression from the perspective of Shu Xue

Liu Han

North China University of Water Resources and Hydropower College of Foreign Languages

Abstract：As an important school of Song Studies，Su's Shuxue is popular among all families and is good at classics and historical literature. It has a unique academic character and academic value in the history of Chinese thought. Su Shi is the actual leader of Su's Shuxue. He takes Confucianism as his sect, absorbs the ideological resources of Buddhism and Taoist ontology and mind theory, takes Taoism as the highest philosophical category, pays attention to change, respects nature, and is based on emotion, and establishes a unique ideological system. His philosophical ideas directly promoted his understanding of painting and painting creation. Su Shi pays attention to the artistic pursuit of "made in line with nature, tried of people's will" and the aesthetic function of "suitable to my will", and put forward "conventional reasoning", "spirit", "suitable", and "true state". The core categories such as Tiangong and "nature" regard painting as the expression of the common of all things and the authenticity of life, prefer the small scenery of dead wood and stone, and are good at surpassing glory and death, beauty and ugliness in a square inch, and show a strong sense of literati. Su Shi's painting thought and art express unique inner logic and aesthetic taste, which has a far-reaching impact on later paintings, especially literati painting.

Key words: Shu Xue; Su Shi; conventional reasoning; spirit

胡塞尔之后的"发生现象学"：艺术"可见性"的辩证法[*]

林梓豪/文

摘　要　胡塞尔在其后期的"发生现象学"中对传统现象学的意识构造理论进行了深化，这同时也成了思考艺术"可见性"问题的重要理论来源。20世纪法国哲学家梅洛-庞蒂、德勒兹与德里达因为在不同方面对发生现象学进行的阐释与改造而形成了一条德法现象学的内在批判与转换的路径。这条路径既是现象学朝向自身界限的逾越，也通往了先验感性与经验现实的差异共生状态，并在此张力之中触发了"发生性的视觉"、"先验经验论中的可见时间"以及"幽灵的可见性"等有关于视觉与艺术可见性本质的发生思想，从而构成了一种关于艺术"可见性"与"不可见性"之辩证法的问题视域。

关键词　艺术；发生现象学；可见性；时间；先验经验论

在英国当代画家弗朗西斯·培根（Francis Bacon）艺术生涯末期完成的作品《公牛研究》（*Study of a Bull*）中，一个存在于黑色的虚空与白色的光明的屏障之间的半透明化的公牛形象似乎将我们引入了一个介于"可见性"与"不可见性"之间的模糊地带——这是不是培根在对于可见性与真实之关系的问题探求中，为我们所留下的最后暗示？无论如何，一种关于"什么是可见的？"的提问方式已先天地将视觉中的事物显现机制与用来为真理奠基的主体意识看作同一问题的两个面向，也由此形成了现代艺术哲学的关键问题。在 Anna Vind 与 Iben Damgaard 等主编的文集《不可见性：对神学、哲学和艺术中的可见性和超越的反思》（*In-visibility*：*Reflections upon Visibility and Transcendence in Theology*，*Philosophy and the Arts*）中，《不可见性的现象学》这篇文章的说法"如果我们把可见和不可见看作两个世界，我们就在它们之间移动"[①]，就从现象学的立场上

---

[*]　本文为国家社会科学基金青年项目"'新维特根斯坦学派'日常语言分析美学研究"（项目编号：19CZW005）的研究成果。

[①]　Arne Gron, "Phenomenology of In-visibility", eds. Anna Vind and Iben Damgaard, *In-visibility*：*Reflections upon Visibility and Transcendence in Theology*，*Philosophy and the Arts*, Gottingen：Vandenhoeck & Ruprecht, 2020, p. 14.

同样地指出了“可见的”与“不可见的”之间的内在含混性。

可以认为，现象学是一种关于“看”（seeing）的哲学，胡塞尔希望通过现象学还原而令可见者的被给予能够在“明见性”（Evidenz）中被保证，“明见性实际上就是这个直观的、直接和相即地自身把握的意识，它无非意味着相即的自身被给予性”①。所以说，在“可见性的意识”而并非“客体的可见属性”的意义上，现象学关涉的是事物自身显现的逻各斯（logos），“回到事实本身”，使事物能够如其所是地显现自身。这种同语反复的表达想说明的是，“作为可见物的可见物”不是供我们观察的现象世界，而是“我们如何看到我们所看的东西？”② 保罗·克利（Paul Klee）的经典名言“艺术所做的并不是将可见物画出来，而是使事物可见”③，在界定“什么是可见物”的问题上已经是对于现代绘画实践原则的至高概括：现代绘画不是要重新确定什么是可见的，而是要重新定义可见性本身意味着什么——而这与现象学的基本原则相一致。值得注意的是，在 20 世纪法国现象学家梅洛-庞蒂（Maurice Merleau-Ponty）于 1959 年的法兰西学院课程笔记之中，克利被解释为一个处于“发生”（Genesis）之中的画家，前者从后者的艺术中得出结论，“绘画是一种哲学：在行动中抓住了哲学的发生”④。这其实已经将“发生”与可见性问题联系到了一起。不言自明的是，世界显像的“发生”过程总包含着某种具体的感觉内容，所以克利的艺术在本质上并不是“更抽象的”⑤，但追随着胡塞尔后期的发生现象学（Genetische Phänomenologie）的脚步⑥，梅洛-庞蒂关于“发生”问题的思考如前者一般，是在意向性的深入过程中对于其纵向历史结构的内部考察，所以“发生”又具有“本原”与“基底”的抽象含义。那么从“发生”为意向结构奠基的角度来理解，克利的绘画同时又是“更绝对的”⑦。这正是“发生”在

---

① ［德］埃德蒙德·胡塞尔：《现象学的观念》，倪梁康译，商务印书馆 2018 年版，第 71 页。

② Arne Gron，"Phenomenology of In-visibility"，eds. Anna Vind and Iben Damgaard，*In-visibility*：*Reflections upon Visibility and Transcendence in Theology*，*Philosophy and the Arts*，p. 15.

③ Paul Klee，*Notebooks*：*Volume*1：*The Thinking Eye*，trans. Ralph Manheim，London：Lund Humphries，1973，p. 76.

④ Maurice Merleau-Ponty，*The Possibility of Philosophy*：*Course Notes from the Collège de France*，1959－1961，Evanston：Northwestern University Press，2022，p. 20.

⑤ ［德］维尔·格罗曼：《克利》，赵力、冷林译，湖南美术出版社 1992 年版，第 218 页。

⑥ 在 1921 年的《静态的现象学方法与发生的现象学方法》这篇文章中，胡塞尔将现象学的内容构成划分为“（1）关于一般的意识结构的普遍现象学，（2）构造现象学，（3）发生现象学”。但对于胡塞尔的发生现象学转向的时间并没有确切的结论，参考德里达的说法，“自 1919 年起，先验发生的主题在胡塞尔的沉思中居于中心的位置”。参见 The Problem of Genesis in Husserl's philosophy，trans. Marian Hobson，Chicago：University of Chicago Press，2003，p. 3.“马尔巴赫（Eduard Marbach）和榊原哲也（Tetsuya Sakakibara）在《纯粹现象学和现象学哲学的观念（第二卷）》（简称《观念 II》）的原始铅笔稿（1912）中看到了发生现象学观念的萌芽，耿宁把胡塞尔最初构想发生现象学观念的时间确定在 1917—1921 年，霍伦斯坦（Elmar Holenstein）给出的时间是 1917—1918 年，斯特洛克和李南麟（Nam-In Lee）则把时间大致确定在 1920 年。”以上参见李云飞《胡塞尔发生现象学引论》，北京师范大学出版社 2019 年版，第 17 页。

⑦ ［德］维尔·格罗曼：《克利》，赵力、冷林译，湖南美术出版社 1992 年版，第 218 页。

具体与普遍之中的张力，也是以克利为代表的现代艺术的内在张力。

从反叛"再现"（Representation）的意义上来看，现代以来的艺术图像在力图使事物"是其所是"地无蔽显现，但却又产生了某种难以确认的不透明性；而对于 20 世纪法国重要的哲学家梅洛-庞蒂、德勒兹（Gilles Deleuze）与德里达（Jacques Derrida）与传统现象学的关系来说，现象学的"发生"问题在重构与贯穿胡塞尔现象学的意味中①也包含着明见性理论形态的自我变更的潜能——可见性与不可见性的根源性"共在"状态。以上这两种张力正是现象学在某种极限处所自行产生的一种对于可见者（le visible）的反思，而考察这二者的关联则是我们去解释为什么"绘画从来都只是在颂扬可见性之谜而非其他的谜"②的一种路径。

一　视觉的发生：梅洛-庞蒂的"内在性超越"

胡塞尔的"发生现象学"是相对于其"静态现象学"研究阶段而言的，因为不同于后者对于意向活动与意向相关项的普遍意识结构的构造性分析，前者在此基础上更深层次地进入了意识构造自身的历史性维度之中，即回溯到那个使最本原的意向活动得以可能的内时间意识（Inneren Zeitbewusstseins）中。时间不是意识中的"客体"，而被胡塞尔看作"发生性分析本身的解释图式"③。"作为广包性的固定形式与流动性当下"④，时间结构支撑起了现象学的发生起源（Genesisursprung）的基础，内时间领域自身即一个动态的历史构成过程⑤，具体化的单子（Monade）自我与其先验形式一体两面地属于这种时间先天构造原则："这些或那些对象以及对象范畴借以对自我而存在的那些构造系统，甚至只有在合规律的发生学框架以内才是可能的。同时，它们还受

---

① 可以参考如下说法，"当下的哲学氛围是一个历史意识尤为强烈的氛围，对胡塞尔现象学的反叛和解构大都走的是发生现象学的路向"。参见倪梁康等编著《中国现象学与哲学评论（第八辑）发生现象学研究》，上海译文出版社，2006 年，第 379 页。钱捷在《〈几何学的起源〉和发生现象学》中认为，"胡塞尔之后的现象学的发展似乎有一个悖谬性的命运：愈是对于胡塞尔现象学的深刻诠释，愈是对它的深刻反叛。无论是海德格尔还是梅洛-庞蒂或者萨特，甚至是德里达，概莫能外"。倪梁康等编著《中国现象学与哲学评论（第八辑）发生现象学研究》，第 87 页。

② ［法］梅洛-庞蒂：《眼与心·世界的散文》，杨大春译，商务印书馆 2019 年版，第 39 页。

③ Donn Welton, *The Other Husserl: The Horizons of transcendental Phenomenology*, Bloomington: Indiana University Press, 2000, p. 248.

④ ［德］埃德蒙德·胡塞尔：《贝尔瑙时间意识手稿》，李幼蒸译，中国人民大学出版社 2019 年版，第 111 页。

⑤ 在这个过程中，"意识是一个连续不断的生成。但它不是体验的一种单纯接续，不是一个流，就像人们想象一个客观的流那样。作为在一种连续不断的层级序列的进展（progressus）中的一种连续不断的客体性的构造，意识是一个连续不断的生成。它是一个绝不会中断的历史。而且历史是一个完全为内在的目的论（Teleologie）所统治的越来越高级的意义构成物（Sinngebilde）的逐级构造过程"。参见［德］埃德蒙德·胡塞尔《被动综合分析：1918-1926 年讲座稿和研究稿》，李云飞译，商务印书馆 2017 年版，第 258 页。

到普遍发生学的形式的束缚，这种形式使得具体的自我（单子）作为一个统一体，作为在其特殊的存在内容中可共存的东西而成为可能。"①

一方面，只有普遍性的发生才能使从先验自我到具体自我的回溯是有效的②，但另一方面，不同于对立义形式的横断面的分析，"发生的意向性分析则朝向着完全具体的关联域"③，因为"发生"总已经是在自身构造的被动意向生活中的终极性"原河流"（Urstömen），发生性的起源观念既保持了一个"活的当下"（urlebendige Gegenwart）的意义构造的先验性核心，同时又被回溯为所有具体性的意识流。所以，胡塞尔的发生现象学所要揭示的是，"经验"与"先验"在意识构造过程中具有最大限度的同一性。

而对于梅洛-庞蒂来说，通过将现象学定位为"重新学会看世界"的任务，他描述了一种人的眼睛与身体"嵌套"在世界之中的结构：眼睛朝向存在的结构开放，"就像人寓居自己家中一样"④，与此同时，"本己身体在世界之中，就像心脏在机体之中"⑤。透过这个结构，我们不仅应该看到这种描述拒绝把我们已然存在于世界的状态与"外在的世界"相分离，更要看到这一点，即它本身就是占据先验地位的意义发生结构：因为我们只能不可还原地"通过"身体领域来看世界，但无法"利用"身体来为纯粹的心灵带来感性内容——这种让先验意识回到实存之中的动机令梅洛-庞蒂的身体发生机制转移了胡塞尔发生现象学的轴心，即从构造世界的先验自我转移到实存于世界之中的身体。这种转移巩固了作为"我能"（je peux）的无前提性意识零点的身体的地位。笛卡尔主义的传统在身体与心灵的双重"纯化"中设想能达到一种透明的可视性，然而"没有褶皱的一个客体的透明，只不过就是它想要成为的东西的一个主体的透明"⑥。而视觉的发生所要回到的是使这种透明性假设成立以前的意识状态。只有一种外在于世界的理智主体才使得客体在视觉中变得"透明"，而所谓的"看"，是指超越于几何投影形式的表象而去"把握"某种通过"我能"的身体而显现的存在本身。⑦ 画家内

---

①　[德] 埃德蒙德·胡塞尔：《笛卡尔式的沉思》，张廷国译，中国城市出版社 2002 年版，第 103 页。

②　法国现象学家苏珊·巴什拉（Suzanne Bachelard）认为，"使对象得以在其统一性中、在其持久的统一性中被构造的体验之被动综合应当与普遍的时间形式相适应，普遍的时间形式本身是在一种'连续的和绝对普遍的'被动综合中被构造的。因此，胡塞尔可以提到谜一般的"普遍的发生"——从其普遍性这个事实来说，它是一个谜——，普遍的发生决定了自我的一切构造活动"。参见 [法] 苏珊·巴什拉《胡塞尔的逻辑学：〈形式逻辑与先验逻辑〉研究》，张浩军译，华东师范大学出版社 2021 年版，第 395 页。

③　[德] 埃德蒙德·胡塞尔：《形式逻辑和先验逻辑——逻辑理性批评研究》，李幼蒸译，中国人民大学出版社 2019 年版，第 267 页。

④　[法] 梅洛-庞蒂：《眼与心·世界的散文》，杨大春译，第 39 页

⑤　[法] 梅洛-庞蒂：《知觉现象学》，杨大春、张尧均、关德群译，商务印书馆 2021 年版，第 281 页。

⑥　[法] 梅洛-庞蒂：《知觉现象学》，杨大春、张尧均、关德群译，第 276 页。

⑦　"当我坐在我的桌子旁边的时候，我能立即'看出'我的身体被它遮掩住的那些部分。我在鞋子中收缩我的脚的同时，看到了它。"参见 [法] 梅洛-庞蒂《知觉现象学》，杨大春、张尧均、关德群译，第 212 页。

在地观看着世界，正如人内在地看自己。① "如其所是"地看事物的方式是身体寓居于世界的 "本己身体的综合"（La Synthese du Corps Propre），所以，在作为视觉能力的知觉发生中，我们可以理解为什么 "可以与身体相比较的与其说是物理客体，毋宁说是艺术作品"②。艺术对本质显现的基本动机将成为它作为一个作品的具体实在。在这个过程中，作家与艺术家之所以在从事 "真正的表达"，是因为他们的身体表达回到了现象学的最终发生性，先验自我形式的身体与感性经验内容其实是同一体：经验表达的 "沉积"（sedimentation）不停地实现着世界的本质，这种意义构成过程中的最深刻的回溯、意识所能自我寻找到的最坚实的基底令意向性行为在具体的 "活的当下"中与世界本身差异地同一。所以，"表达行为构成了一个语言世界和一个文化世界，它使趋向于超越的东西重新回到存在"③。

针对巴尔扎克《驴皮记》中 "白色的桌布像一层刚落下的雪，餐具对称地摆在上面，餐具上堆着金黄的小面包，好像戴了一顶帽子"④，加斯凯（Joachim Gasquet）在《画室》中曾记录下了塞尚对于如何画出这个场景的想法："我年轻的时候就想画出这场景，这块雪白的桌布……现在我知道只画 '对称摆放的餐具' 和 '金黄的小面包'。如果我画 '堆着'，我就完了。"⑤ 而在梅洛-庞蒂看来，塞尚之眼令《驴皮记》的语言描述的各种事物相汇合⑥，这是通过本己身体的经验为世界的可见性奠基的过程。发生是自行存在于世界之中的超越性，并且这种超越性是借由主体出发才能使某物是 "可见的"。美国艺术评论家贝朗松（B. Berenson）之所以错得离谱，就在于他认为绘画会唤起对实在之物的触感，但事实上，绘画无须切肤之感就会把 "可见的实存（existence）赋予给世俗眼光认为是不可见的东西"⑦。绘画所要表明的是身体潜在的可见性，"解开了事物中心隐藏的 '潜在可见' 的褶子，令其可见，正如视觉的自动生成"⑧。塞尚在坚定与自我怀疑的矛盾态度中令自己的视觉通向 "实在" 而不是 "客体"，由此他面临的难题就是，如何将自我与世界本原同一性的纵向维度中的意义发生形式用画笔表现出来。绘画本质上是 "未完成的" 的过程，这也是必然地导向自我意识重建

---

① "我们每个人似乎都在通过一只内在之眼看自己——它在几米远的地方从头部到膝盖看我们。" 参见《知觉现象学》，杨大春、张尧均、关德群译，第 213 页。

② ［法］梅洛-庞蒂：《知觉现象学》，杨大春、张尧均、关德群译，第 214 页。

③ ［法］梅洛-庞蒂：《知觉现象学》，杨大春、张尧均、关德群译，第 274 页。

④ ［法］约阿基姆·加斯凯：《画室——塞尚与加斯凯的对话》，章晓明、许菊译，浙江文艺出版社 2007 年版，第 162 页。

⑤ ［法］约阿基姆·加斯凯：《画室——塞尚与加斯凯的对话》，章晓明、许菊译，第 162 页。

⑥ ［法］梅洛-庞蒂：《知觉现象学》，杨大春、张尧均、关德群译，第 384 页。

⑦ ［法］梅洛-庞蒂：《眼与心·世界的散文》，杨大春译，第 39 页

⑧ ［法］艾曼努埃尔·埃洛阿：《感性的抵抗：梅洛-庞蒂对透明性的批判》，曲晓蕊译，福建教育出版社 2016 年版，第 209 页。

的过程,"塞尚的怀疑"是现象学还原之不可能性之中的一种现象学心理学的动机。能够去"看"的身体一方面内在于世界,另一方面又在"意向性的超越"中使可见性内容成为世界本身,视觉的发生成了在世界之中的"内在性超越","人们称之为视见度的东西就是这种超验性本身"①,视觉也就被赋予了"超视觉"(voyance)的意义,它的意向性成就如塞尚的《圣维克多山》(*Montagne Saint-Victoire*)系列作品所呈现的那样,是可见性与不可见性的混合状态。

如果说绘画的"未完成性"是在敞开一种并未被预见与无法设想的可能性,那么在对于克利的绘画的分析中,梅洛-庞蒂为我们提供了在这个问题之内理解"肉"(chair)的本体论的可能性,正如其所强调的,克利着眼于对"发生"本身的把握,而"发生"与"本体论"的遭遇根本性地符合着现象学在后期梅洛-庞蒂头脑中的发展态势,形成了"肉"的可见性问题对于存在之内部缝隙的揭示。正如埃洛阿所说:

> 哲学应该成为一种发生现象学,成为本源性的(radical),遵循这个词的词源意义,深入本源的裂隙闭并"伴随着这一分裂、不相合性、这一区分"。因此现象学不应满足于成为一种发生哲学,而应成为发生之发生的现象学——也就是说,成为本体发生学(ontogénétique)。②

绘画因聚焦于"发生"本身而具有未完成的敞开性。纵观从前期到后期的思想演进过程,梅洛-庞蒂所探究的"世界的可见形式"都不是"物理—光学"关系中视觉功能的落实,而是在回溯到先验自我的构造机制的过程中,将超越性赋予了"可见"本身,所以,在"肉"的意义上思考世界自身的可见与不可见的辩证法,实质上是展开了世界本体的自我差异化运动中的意义发生界面,而这个界面的本体属性在现象学还原中解除了任何形而上学的预设,获得了感觉的内在性。正是由于"内在的灵性化"(animation interne)③,绘画在"自身具象"(autofiguratif)④之中使世界成为世界——绘画从自身之内,令世界在本己的绽裂中"看"到自己,因为它已经被超越于先验自我之外:

> 或许我们现在更好地体会到了"看"这一微不足道的词所包含的一切。视觉并不是思想的某种模式或面向自身在场:它乃是被提供给我的不面对我自己在场

---

① [法]梅洛-庞蒂:《符号》,姜志辉译,商务印书馆2003年版,第24页。
② [法]艾曼努埃尔·埃洛阿:《感性的抵抗:梅洛-庞蒂对透明性的批判》,曲晓蕊译,第119—120页。
③ [法]梅洛-庞蒂:《眼与心·世界的散文》,杨大春译,第65页。
④ [法]梅洛-庞蒂:《眼与心·世界的散文》,杨大春译,第63页。

的、从内部目击到存在的裂缝的手段，只是根据这一裂缝，我才向着自我封闭。①

二 时间的可见：德勒兹的"先验经验论"

深入发生现象学中的可见性问题，我们需要面临"知觉"（perception）与"感觉"（sensation）在解释艺术呈现物的内在构成时的意义区分，而这种区分产生于德勒兹《什么是哲学？》（*Quest ce-que la Philosophie*？）对现象学的重新审视中。德勒兹认为以梅洛-庞蒂为代表的艺术现象学依赖一种原初的"定见"：肉体的知觉作为一种原初信念与对这个世界的所感的真实性是相一致的，正是由于先在地设定一种与世界相同一的知觉主体，"在提出原发性的经验，并且使内在性成为内在于某一主体的内在性的同时，现象学却无法阻止主体形成一些新的知觉和有预示的情感里提取俗套的定见"②。而这只是因为"世界的肉体与物体的肉体成为可以互相交换的关联项，是一种理想的巧合"③。相反，德勒兹和加塔里并不相信肉体如他们声称梅洛-庞蒂所相信的那样，可以构成感觉的存在，可以支持知觉和情感。④

相对于现象学美学所保留的身体知觉与世界形象的同一性形式而言，德勒兹所关注的是艺术的具体形象得以被构建的过程，以及这种建构所生成的感觉的"坚固性"。正如弗莱（Roger Fry）在对于塞尚的著名研究中指出，"在他对自然的无限多样性进行艰难探索的过程中，他发现这些形状（指球体、圆锥体和圆柱体）乃是一种方便的知性脚手架，实际的形状正是借助于它们才得以相关并得到指涉"⑤。尽管塞尚笔下的灰色由多种色调构成并显示出不同的色彩倾向，"但一切都坚固地保留在其平面上"⑥。塞尚通过几何形式来处理色块与物体的形状，并把它们建立起来，在这其中饱含着构造地质学的强力⑦，在将绘画方式与建筑进行类比的思路中，德勒兹也认为，"艺术不是从肉体，而是从房屋开始的"⑧。例如，在 1880 年的《梅塘城堡》（*Chateau du Medan*）中，塞尚独具的构造性笔触（Constructive Strokes）的效果充分体现了几何结构对风景

---

① ［法］梅洛-庞蒂：《眼与心·世界的散文》，杨大春译，第 71 页。

② Gilles Deleuze and Félix Guattari, *What Is Philosophy*？ trans. Hugh Tomlinson and Graham Burchell, New York：Columbia University Press, 1994, p. 150.

③ Gilles Deleuze and Félix Guattari, *What Is Philosophy*？ trans. Hugh Tomlinson and Graham Burchell, p. 178.

④ 参见 Judith Wambacq, *Thinking between Deleuze and Merleau-Ponty*, Athens：Ohio University Press, 2017, p. 187。

⑤ ［英］罗杰·弗莱：《塞尚及其画风的发展》，沈语冰译，广西美术出版社 2016 年版，第 97 页。

⑥ ［英］罗杰·弗莱：《塞尚及其画风的发展》，沈语冰译，第 81 页。

⑦ 参见 ［法］吉尔·德勒兹《时间—影像》，谢强、蔡若明、马月译，湖南美术出版社 2004 年版，第 390 页。

⑧ Gilles Deleuze and Félix Guattari, *What Is Philosophy*？ trans. Hugh Tomlinson and Graham Burchell, p. 186.

的塑造作用①,这是"创造一门纪念碑式的新艺术,这种新艺术复兴了现代性题材,并以理想的秩序形式观察自然"②。德勒兹从中看到的则是"建构论"与"还原论"之间的差异,而这个差异是对于主体的不同态度导致的。如果是说艺术是在感觉的组合中树立起的一种感知物的"纪念碑",它在其自身的建构中"已经不是知觉了,感知物独立于感受它的人的状态"。③ 艺术的经验无法被设想为内在于被建立起来的主体之中,而这个问题的提出源于德勒兹对于梅洛-庞蒂现象学的思想动机的突破,即超越现象学的主体,通过真实经验的差异来打破"主体经验与世界真理相符合"的定见。在德勒兹看来,这正是"现象学应当把自己变成艺术的现象学"④ 的途径。

在发生现象学阶段,胡塞尔在笛卡尔式的"我思"中力图揭示一个"全新的先验经验领域":"并非'我在'的空洞同一性是先验自身经验的绝对不可怀疑的持存,相反,自我的一种普遍确然的经验结构(例如,体验之流的一种内在时间形式)却是通过现实的和可能的自身经验的一切特殊的被给予性——尽管它们在具体情况下并不是绝对不可怀疑的——而延伸着的。"⑤

德勒兹发现了这个时期的胡塞尔在先验自我的纯粹反思性维度中极端强调内在性经验的重要性,肯定并延续了"从发生(genesis)的角度思考经验的先验条件"⑥ 的思想路线。这也正如乔·休斯(Joe Hughs)所说,"当德勒兹在《差异与重复》里将其哲学反复描述为'先验经验主义'之时,他显然将自己归于晚期胡塞尔的思想阵营"⑦。但对于胡塞尔甚至是梅洛-庞蒂来说,仍然内在于主体中的经验无法达到真正的"发生性",因为这种先验经验主义是不够"非人化"的:因为只有当我们不从一个先验主体出发,而是"直接在感性物中领会那只能被感觉的东西……经验论就成为了先验的经验论,感性论就成为了决然无疑的科学"⑧。在这个意义上说,发生现象学具有了另一种发展动力:对艺术的解释要诉诸德勒兹哲学所力图形成的形态,即一种关于经验的发生学,这同样是先验经验论从胡塞尔到德勒兹的版本的转换。

乔纳森·克拉里(Jonathan Crary)在质疑梅洛-庞蒂以一种"纯真之眼"的方式来

---

① 在这幅画中,"塞尚神奇般地精确运用了介于中间的河流空间,使观看者与画面拉开了距离。河中的倒影使画面流露出一种微妙的秩序,倒影上方是坚实的网格状的水平地带和间隔蠢立的树木"。参见 [英] 玛丽·汤姆金斯·刘易斯《塞尚》,孙丽冰译,北京美术摄影出版社 2019 年版,第 199 页。

② [英] 玛丽·汤姆金斯·刘易斯:《塞尚》,孙丽冰译,第 203 页。

③ Gilles Deleuze and Félix Guattari, *What Is Philosophy*? trans. Hugh Tomlinson and Graham Burchell, p. 164.

④ Gilles Deleuze and Félix Guattari, *What Is Philosophy*? trans. Hugh Tomlinson and Graham Burchell, p. 178.

⑤ [德] 埃德蒙德·胡塞尔:《笛卡尔式的沉思》,张廷国译,第 39 页。

⑥ [澳] 雷克斯·巴特勒:《导读德勒兹与加塔利〈什么是哲学?〉》,郑旭东译,重庆大学出版社 2019 年版,第 25 页。

⑦ Joe Hughes, *Deleuze's Difference and Repetition*, London and New York: Continuum, 2009, p. 10.

⑧ [法] 吉尔·德勒兹:《差异与重复》,安靖、张子岳译,华东师范大学出版社 2019 年版,第 106 页。

解释塞尚时，就对其进行了德勒兹式的批判——塞尚其实是在差异性的运动与弥散性的时间中进行视觉的综合，眼睛要同时抓住视觉中心与边缘域。在这个过程中"视觉本身乃是'一座变形与置换的真正剧场'"①。通过对现代性知觉形态的考察，克拉里发现时间与自我并不是同一化的，这其中的不稳定性（destabilization）是一种不断运动的感觉强力的效应。以此观点为中介，可以切入的一个关于视觉发生性的关键问题：德勒兹通过解除了"时间作为人的直观形式"的从属地位，通过颠覆了"时间从属于对运动的计量"的古典关系而将时间直接奠基在力的强度差异场域上。尤其是对于"晶体时间"（cristaux de temps）来说，它"不分割时间，它主要是颠倒时间对运动的从属关系。晶体犹如一种时间的理性认知体（ratio cognoscendi），而时间反而成为理性的本质（ratio essendi）。晶体揭示或展现的是时间的隐在基础"②。相对于"运动—影像"的感觉动力机制（sensori-moteur）对于时间呈现的间接性，在"时间–影像"中，影像作为时间本身即感觉的可见性内容。所以在《弗朗西斯·培根：感觉的逻辑》中，同样的结论也出现在了德勒兹对于培根绘画的分析中，"在培根那里，有一种很强的时间力量，时间是被画出来了的"③。

在这个过程中，德勒兹对于发生现象学的改造是将主体的时间综合移置为时间自身的综合，"时间综合"（synthèse du temps）的概念成了二者之间的关键连接点。从《差异与重复》的写作到 1978 年在万森纳（Vincennes）进行的关于康德哲学的讲座，德勒兹反复提及《哈姆雷特》（Hamlet）第一幕第五场的台词："时间脱节了（The time is out of joint）。"这句话的重要性在于，它描述了一种无根基的空时间形式——在胡塞尔的"被动综合"（Passiven Synthesis）基础上，先验主体与内时间形式的同一性在其中趋于分裂，这意味着发生现象学朝"自在的差异"推进了关键性的一步。时间的差异综合的最终结果是令理智的认知重新返回感性，正如"时间—影像"令"运动—影像"的感觉动力机制发生了脱序，时间就成为不断触发感性内容生成的自在可见性本体——而高更所说的"发情的眼睛"④ 最终所看到的，就是存在于这种使不可见的时间变得可见的趋向之中的物质在场本身。塞尚将眼睛从一个固定器官转换为"无器官的身体"，由此绘画"使得在场感直接成为可以被看到的东西。通过色彩、线条，在场感得以进

---

① ［美］乔纳森·克拉里：《知觉的悬置：注意力、景观与现代文化》，沈语冰译，江苏凤凰美术出版社 2017 年版，第 235 页。

② ［法］吉尔·德勒兹：《时间—影像》，谢强、蔡若明、马月译，第 153 页。

③ ［法］吉尔·德勒兹：《弗兰西斯·培根：感觉的逻辑》，董强译，广西师范大学出版社 2017 年版，第 64 页。

④ 德勒兹提到，"高更有个说法，叫'我们永不满足的、总在发情的眼睛'，绘画的冒险历程，就是唯有眼睛才能负责物质存在、物质性的在场：即便只是为了一只苹果"。参见［法］吉尔·德勒兹《弗兰西斯·培根：感觉的逻辑》，董强译，第 72 页。

入眼球"①。在先验经验论视角下的视觉概念中,塞尚绘画的现代性就体现为"在场感"本身作为感觉强力的可见性。

三 "看"的盲目性:德里达论"幽灵"的可见

"时间的脱节"问题不仅是德勒兹的"第三时间综合"的核心发生机制,对于德里达而言也具有重要意义。在《马克思的幽灵:债务国家、哀悼活动和新国际》(*Spectres de Marx：L'état de la dette，la travail du deuil et la nouvelle Internationale*)中,德里达也重复性地提到这句台词②:"时间脱节了,世界越来越衰败。"③"时间的脱节"既指示着一种发展失序的时代症候,同时又是一个重新思考历史与现实情境中的关于正义的可能性的契机,其中尤为关键的是,德里达在这个问题上引入了作为"幽灵"的"他者"的到来与显现,我们也可以由此进入德里达对于世界的可见方式的理解中,以及在何种意义上,这个问题是其解构理论的一种具体表现形态。

德里达通过对《算术哲学》《逻辑研究》《几何学的起源》等著作的细读而发现了"发生问题"在作为胡塞尔现象学的理论基底的同时也已处于一种自我矛盾的处境中④,这是解构思想之所以能够产生的理论动机。先验主体的内在时间流指向了静态意向结构之下的发生结构,所以胡塞尔应该去发掘一种原初的综合,这种原初的综合"联合了绝对主体性与绝对时间性"⑤。但这种属性却令植根于先验主体内部的现象学时间具有了模糊的形态⑥:既是关联于具体时间体验的活动,又是未变样的时间本身,于是这就构成了发生时间性问题的悖论。所以,在《胡塞尔哲学中的发生问题》中,德里达用辩证法的思路阐释了发生思想的内在张力:一方面,"发生"在本质上是先验的,即绝对起源意义上的发生,另一方面,它又需要从时间的经验变化角度来理解,所以又是一种经验性的发生。在此条件下,德里达的诊断是:"尽管自称具有原初性,艾多斯

---

① [法]吉尔·德勒兹:《弗兰西斯·培根:感觉的逻辑》,董强译,第68页。

② 日本德里达研究者高桥哲哉认为,"德里达像是被这句话迷住似的。可以说《马克思的幽灵》通篇把这句话作为根本主题思想。"参见[日]高桥哲哉《德里达——解构》,王欣译,河北教育出版社2001年版,第225页。

③ Jacques Derrida, *Specters of Marx：The State of the Debt，the Work of Mourning and the New International*, trans. Peggy Kamuf, London：Routledge, 1994, p. 96.

④ 其中,德里的一个具体说法为,"发生问题既是胡塞尔思想的基本动机,又是困境时刻。他似乎不间断地摒弃或隐匿此动机和时刻"。参见[法]德里达《胡塞尔哲学中的发生问题》,于奇智译,商务印书馆2009年版,第41页。

⑤ Jacques Derrida, *The Problem of Genesis in Husserl's philosophy*, trans. Marian Hobson, p. 65.

⑥ "纯粹时间流的绝对'主体性'有时是先验意识,时而是实体的时间性,并且是'自在的',有时是源自于不同的时间性生活体验始被构成的活动,时而是一切时间现象学变化的基础。"参见 Jacques Derrida, The Problem of Genesis in Husserl's philosophy, trans. Marian Hobson, p. 67.

的结构'总是已经'被构成和已经发生的。"①

所以，发生现象学的提出并不能帮助胡塞尔实现现象学的绝对还原，通过对于"先验性"与"世间性"的矛盾共存的张力的揭示，德里达将作为意识构造的绝对源泉的"发生"判定为失效，并更进一步将自我的绝对"在场"颠覆了：在纯粹意识之中的"总是已经"的历史意识"将自我和时间两者的概念植根于延异的生产性关系中"。② 在此意义上，既不是一个"概念"也不是一个"词"的意义的"原初"形式——"延异"（différance）出现了③，而时隔十几年后，德里达在《声音与现象》（*La Voix et le Phénomène*）中又迈进了关键的一步，因为他真正地让发生问题的张力转化为"语音中心主义"的理想形态——作为"在场形而上学"模式的内心独白的语言④——的破产，因为意义自主性的发生已经破坏了对于能指符号的"无肉身"性的预设，所以"能指似乎已经属于理想性的因素。从现象学的观点看，它自我还原，它把自己身体的世俗不透明性改造成为纯粹的半透明性"⑤ 的观念就是不成立的了。"延异"作为一种"痕迹"（trace）已经"比现象本身的原初性（originarité）更加'原初'"⑥。"'延异'的这种既不严格'在场'，但也不严格'缺席'"⑦ 的特征在从其被孕育的《声音与现象》《书写与差异》《论文字学》《哲学的边缘》等文本向后期德里达思想的转变中拥有了一个被称为"幽灵"（spectre）的理论形态。这也是"脱节的时间"与其前期对于现象学内时间意识问题的解构的呼应。

对于《共产党宣言》中的经典开篇"一个幽灵，一个共产主义的幽灵，在欧洲游荡"⑧，德里达在《马克思的幽灵》中将其阐释为一种特殊的可见性问题："那幽灵，正如它的名字所表明的，是具有某种频率的可见性。但又是不可见的可见性。并且可见性就其本质而言是看不见的，这就是为什么它一直存在于现象或存在之外（epekeina

---

① Jacques Derrida, *The Problem of Genesis in Husserl's philosophy*, trans. Marian Hobson, p. 3.

② ［美］弗农·W. 西尼斯：《导读德里达〈声音与现象〉》，孔锐才译，重庆大学出版社 2022 年版，第 161 页。

③ 差异似乎在经验的意义上被理解为后于本原的发展样态，但德里达通过指出胡塞尔现象学中的矛盾而提取了差异的先验含义，提出了可被概括为"并非原初性的原初"与"……总是已经"的句式：差异总是（原初性地）已经与明见性的意义一同被给出（意义不再是"原初"的），意义的表达与这种表达过程先验地发生的差异总是共时的。本原性的差异总是不可还原地先于理想性的纯净意义——"作为自白的'意谓'"（Le vouloir-dire er la représentation）——而在"在场"之中提前运作，"在场形而上学"的原初性已经不是真正彻底的"原初性"了。

④ 德里达认为，对于胡塞尔来说，"这种向内心独白还原的第一个好处，就是语言的形体活动在独白中确实是不在场的"，参见［法］雅克·德里达《声音与现象》，杜小真译，商务印书馆 2017 年版，第 51 页；所以"它的表达性并不需要经验的身体。"［法］雅克·德里达：《声音与现象》，杜小真译，第 52 页。

⑤ ［法］雅克·德里达：《声音与现象》，杜小真译，第 98 页。

⑥ ［法］雅克·德里达：《声音与现象》，杜小真译，第 85 页。

⑦ ［美］弗农·W. 西尼斯：《导读德里达〈声音与现象〉》，孔锐才译，第 160 页。

⑧ 《共产党宣言》，人民出版社 2014 年版，第 26 页。

tse ousias）。"①

"先验自我"被德里达带入了时间性的永恒延异之中，它必须要不停地出离于自身的纯粹性之外，这种"延异"的运作就为黑暗与光明、可见与不可见的二元性划分的明晰性带来了污染。"différence"与"différance"在法语发音上并不存在差异，"e"的"a"的区别只能通过符号的书写才能被看到，"différance"的书写要通过符号的可见性痕迹（一种自身得以显现的感知物）来影响语音形式的无肉身在场，"透明性"的非感知在场就朝向了不纯粹的可见性开放。可见物涌现于意义的差异化之中，概念纠缠于表达概念的文字之中。正如马丁·杰伊（Martin Jay）所说，对于内在于延异中的感知性可见面向而言，"没有任何文字概念的元语言可以净化其被隐喻所污染的思想，没有超感知的领域可以释放自己在感性中的纠缠"②。幽灵，既是不纯意义的"痕迹"（trace），也是某种可感的"线条"（trait）。介于在场与不在场之间，"trait"是一种不断篡改自身的签名（signature），线条的原真性在作为书写痕迹的同时也成了一种伪造性的涂抹（rature），绘画的笔触在划定区域与敞开空间之间的离间游戏中牵拉出一种"无处之处"（le lieu sans lieu）。关于"书写"与"绘画"、"在场"与"复制"、"符号"与"意义"之对立的预设早已消失在线条的运动所造成的扭结与错位之中，图形与文字互相转化为互相侵越的痕迹。在《绘画的真理》（La vérité en peinture）中，德里达举出了画家 Adami 的《根据〈丧钟〉的素描习作》（Study for a Drawing after Glas）这幅作品：一条鱼被钓离了《丧钟》（Glas）③ 这本书，线条既勾画出了一道"水面"，也是一道令形象化的线条与表意文字丧失区分的深渊，同时这个深渊又代表了鱼介于空气与"书之水面"之间的趋向死亡的极限瞬间，画面就在文字与绘画的互相错置的扭结中使绘画可见性的边界如书写意义的播撒运动一般不断漂浮。这是一种"'绘画与/或者书写的类型'，'trait'的修辞"④。

在线条书写的自行发生中，绘画已不可能再是透明的自明理念的感性显现。画家已经位于一个"在世界之中"的结构，所以并不是自然性的视觉机制，而是这个结构在"观察"世界，或者说世界在通过自身中的一个意义发生的维度来反求诸己，得到

---

① Jacques Derrida, *Specters of Marx：The State of the Debt，the Work of Mourning and the New International*, trans. Peggy Kamuf, p. 125.

② ［法］马丁·杰伊：《低垂之眼：20 世纪法国思想对视觉的贬损》，孔锐才译，重庆大学出版社 2021 年版，第 431 页。

③ 《丧钟》是德里达于 1974 年发表的著作。

④ Jacques Derrida, *The Truth in Painting*, trans. Geoff Bennington and Mcleod, Chicago：University of Chicago Press，1987，p. 159.

某种并非"真实经验"的形象。作为"幽灵"的痕迹取消了实存物能够直接显现的预设①，绘画行动与生俱来地具有原始的"盲目性"，在此可以参考梅洛-庞蒂在 1960 年 5 月的笔记中关于"意识的盲点"的论述："意识没有看见的东西就是意识在准备观看其余的东西中的东西（就像我们的视网膜，它的布满使我们能看见东西的纤维的地方是盲的）。意识没有看见的东西就是使它能看见东西的那种东西，就是它和存在的关联。"②

这种关联使画家首先使自身占据着一个使绘画表达得以发生的根源位置，如同在自画像的创作过程中，画家的目光与所要呈现的目标内容（身体形象）原本就重合在一起的状态，"盲点"（punctum caecum）就意味着画家自身作为"他者"的原初差异，由于画家的眼睛不可能直接看到自我的形象，所以绘画中的盲点不是别的，恰恰就是画家自己，绘画可以被看作由盲者的"触觉"所发起的活动，这种盲目性指示的其实是视觉得以产生的超验原点总是已"不在场"的黑夜感，"'被画出的事物'与'画出线条'之间的异质性仍然是一个深渊"③，这个深渊永远是不可见性在可见物之中的无边界地敞开，不可见性与可见性之间的异质性缠绕着可见性④。在缠绕之中，彻底的明见之物的出场总是被无限推迟，绘画从根本上来说是"盲视"中的"发生"运动。

四　"光"与"暗"的辩证法："光的暴力"与"阴暗的预兆"

胡塞尔意义上的意向活动的发生总是要收回到先验主体的意识构造中来，世界仍然意味着一个"意向相关项"。而从梅洛-庞蒂开始，这种"自我的构造相应地是世界的构造"的模式被逐步瓦解，后者将其改造为"自我在世界之中构造"，而它造成的"自我"与"世界"之间的本原差异就在胡塞尔对具体生活领域的构造之基础上召回了"自然态度"（natürliche Einstellung），并真正触及了现象学的极限：先验意识中的自明性向原始经验地面的回归。而梅洛-庞蒂开启的"肉"的内在开裂与差异被德勒兹与德里达引向了自在差异的发生性，从而更为彻底地将先验意识内部的历史性转换为以符号形式而运作的超越性的意义发生：胡塞尔现象学中的先验论形态从而被改变。所以梅洛-庞蒂指出，"真正的先验，它不是一个没有阴影、没有晦暗的透明世界由之

---

① 视觉形象与"幽灵"的关系问题，梅洛-庞蒂也曾有论及："光线、亮度、阴影、映像、颜色，画家寻求的所有这些客体并非全都是一些真实的存在：就像各种幽灵一样，它们只有视觉上的存在。"参见［法］梅洛-庞蒂《眼与心·世界的散文》，杨大春译，第 40 页。

② ［法］梅洛-庞蒂：《可见与不可见的》，罗国祥译，商务印书馆 2018 年版，第 316 页。

③ Jacques Derrida, *Memoirs of the Blind*：*The Self-portrait and Other Ruins*，trans. Pascale-Anne Brault and Michael Naas，Chicago：University of Chicago Press，1993，p. 45.

④ 参见 Jacques Derrida, *Memoirs of the Blind*：*The Self-portrait and Other Ruins*，trans. Pascale-Anne Brault and Michael Naas，p. 45。

得以在一个无偏无倚的旁观者面前展现出来的那些构造活动的集合"①。这正是发生作为起源与开端（Ursprung）与开端的含义。同时，通过之前的分析也可以理解，德勒兹的"先验经验论"与德里达提出的"准先验的"（quasi-transcendental）说法其实也是为传统的先验论注入了发生性的动力，并导向了明见性的不可能。这些环节一起组成了德法现象学转换过程中的另类先验论谱系，并且也形成了关于影像的"可见性/不可见性"的辩证问题。

胡塞尔之后的"发生现象学"启动了"准在场"（quasi-présence）根源处的意义纽结：可见物打开了自身的反面。② 不可见性在根源处支撑着世界本身的可见③，以至于可见与不可见的边界在形象创造的开端处就随"在场的形而上学"一起于历史源头处被污染而面目全非了。所以塞尚通过对圣维克多山的描绘而追寻自然真实面目的过程，已经把"想象的与实在的，可见性的与不可见的都混淆在一起了"④。这种"混淆"是"发生"的必然性，正如德勒兹所说的"阴暗的预兆"（précurseur sombre）的含义："雷电在不同的强度之间炸裂，但先于它的是一股不可见的、不可感的阴暗的前电流。"⑤ 它自身是"不在那里"的先在回路，但却是相异性系统之间的施动者，是让它们的差异得以产生与显现的一个不可见的基底。这个基底成了可见者自身的幽灵。对于德里达来说，正是"幽灵"这种无法解构之物抗拒着自身被显现的直观，具有不在场的可见性，而不是血肉身体之中的亲身可见性。⑥ 梅洛-庞蒂认为笛卡尔在《屈光学》（Dioptrique）中所要尝试的就是要把幽灵从哲学中驱逐出去，因为这样我们的观念就会变得明晰。⑦ 但梅洛-庞蒂想说的恰恰是，幽灵是不应该也无法去驱逐的，正是理念的晦暗性驱动着现代画家对于"不可见之物"的渴望，画家的视觉所要填充的恰恰是以准确与客观性自居的现实表象的匮乏。色彩与形状都无法摆脱自身连带的阴影，而"成为可见的就意味着停止那种勾勒出事物独立轮廓、切断与其相连的阴影的光线"⑧。

德里达认为，意向性本身反倒是有一种特殊的"明见性"，那就是没有任何东西显现出来。这种为明见性提供着可能性的源泉而自身却不可见的"理念"是不可被纳入

---

① ［法］梅洛-庞蒂：《知觉现象学》，杨大春、张尧均、关德群译，第 501 页。

② 参见 Maurice Merleau-Ponty, *The Possibility of Philosophy：Course Notes from the Collège de France*，1959-1961，trans. Keith Whitmoyer, p. 116。

③ 参见 ［法］梅洛-庞蒂《可见与不可见的》，罗国祥译，第 187 页。

④ ［法］梅洛-庞蒂：《眼与心·世界的散文》，杨大春译，第 44 页。

⑤ ［法］吉尔·德勒兹：《差异与重复》，安靖、张子岳译，第 211 页。

⑥ 参见 Jacques Derrida and Bernard Stiegler, *Echographies of Television：filmed interviews*，trans. Jennifer Bajorek，Cambridge：Polity Press, p. 115。

⑦ 参见 ［法］梅洛-庞蒂《眼与心·世界的散文》，杨大春译，第 45 页。

⑧ ［法］莫罗·卡波内：《图像的肉身：在绘画与电影之间》，曲晓蕊译，华东师范大学出版社 2016 年版，第 156 页。

现象学还原领域的黑暗硬核①，它只是对"看"（voir）本身的开启，使观念的直观被拖入"延异"的深渊中，正如在此前的先验观念的变异中，"身体是表演的明亮所必需的剧场的黑暗"②，先行占据先验地位的不可化约的发生形式使"物"不再成为"理念"的影子而得以被看见。因为这种可见机制需要无限理性的光明才得以保证。"现象"（Φαινομοενον）一词的词源包含着"光"（φως）这一部分——我们能看到的显现物是被光所照亮的，"光"就成了理智认知模式的隐喻。希腊哲学传统与光学的联合延续到了现象学的明见性理论中，所以德里达在《暴力与形而上学：论伊曼努尔·列维纳斯的思想》中认为，"步柏拉图后尘的现象学应比所有其他的哲学更受制于光。因为它未能减低那种最后的幼稚，即观看的幼稚，就将'存在'先决规定为'对象'"③。梅洛-庞蒂、德勒兹与德里达接续的现象学思考就是对意向结构的"光明性"的深刻回问，当发生性观念回溯到意识流的原始当下时，这种回问就指向了"我思"的明见性背后的"处于遥远的过去视域中的昏暗的意识背景"④。在《经验与判断》（*Erfahrung und Urteil*）中，胡塞尔也已经指出，"每一经验，不管在严格的意义上其被经验者为何，当其有所见时，必然是相关于这样一种物之知识，包括潜在性知识（Mitwissen），即对此物之特性尚未为其所见"⑤。

由此，可见性的辩证法开启于这条由胡塞尔所探入的内时间领域构造的道路，并在身体的时间性、时间综合与延异思想之中更为彻底地展开。时间蕴含着影像作为其自身可见本体的最深层辩证性，这种辩证关系发生在先验主体与存在之间最"尖锐"⑥的原初开裂（déhiscence）的位置，而这个位置必将因为感性经验在其中的发生而形成一个可见性的视觉切面。于是，胡塞尔以后的"发生现象学"尽管存在着切入角度的不同，但都共同发现了那种无时间性的意义形式与能够使它在原意识的"活的当下"

---

① 德里达认为胡塞尔在时间性反思问题中的未完成性已经开启了现象学中最深层的发生领域，"在这一区域中，黑暗不是有可能不再是显现的准备，不再是把自身献给现象之光的领域，而是有可能成为光明本身在暗夜中活动的永恒源泉？我们在这里作为数学起源而例证性地进行考察的观念化的理念和权能不就保存在这种本质的黑暗之中吗？"参见［法］雅克·德里达《胡塞尔〈几何学的起源〉引论》，方向红译，南京大学出版社 2004 年版，第 152 页。

② ［法］梅洛-庞蒂：《知觉现象学》，杨大春、张尧均、关群德译，第 147 页。

③ ［法］雅克·德里达：《书写与差异》，张宁译，生活·读书·新知三联书店 2001 年版，第 139 页。

④ 胡塞尔区分了发生观念中的不同原始性的区别，"一种是我的原始性，亦即成熟的、自身思义的自我的原始性；另一种是通过进一步的回问和通过发生性的揭示被重构起来的（rekonstruietrte）原始性，亦即构造性的发生之'开端'的原始性。因此，问题在于我的处于昏暗的视域中的隐蔽的过去"。转引自李云飞《胡塞尔发生现象学引论》，第 153 页。

⑤ ［德］埃德蒙德·胡塞尔：《经验与判断》，李幼蒸译，中国人民大学出版社 2019 年版，第 17 页。

⑥ 方向红在分析德里达的《胡塞尔现象学的发生问题》时，认为这本书的重要意义就在于发现了发生论的先验主体与存在本身的共存问题，"发现了'生成'或'起源'中'差异''污染'以及'辩证法'和'存在论'的不可避免的存在"。参见方向红《生成与解构：德里达早期现象学批判疏论》，商务印书馆 2019 年版，第 169 页。"先验主体"与"存在"在根源同一性上朝向差异化的趋向，有着如同两条介于平行与交错之间的线条所构成的无比"尖锐"的极限"夹角"。

中源源产生出来的内在时间性之间的张力，所以这个感性切面既在主体内部存在，也在存在论的本体自身之中存在——这正是梅洛-庞蒂进行的现象学本体论转向之后所带来的"存在"与"自我"间的张力。艺术创造的主体在这种悖论之中被"脱节的时间"所贯穿，艺术成为对世界的差异化构造而产生的"一致的变形"，德勒兹与德里达在此认为我们"不是根据捕获的感觉内容来进行适配的想象，而是在意义的形成中追求时间的力量"①。这个状况无论是对于判定艺术"使不可见之物可见"的潜能来说，还是对于存在意义的认同来说，都既是一种终极的确定性，也是一种深刻萦绕的不安。幽灵般的可见实在对于这个世界而言，犹如同时在光明之处敞开与无限深渊之中闭合的发生形式本身，可见之物如同在隐微地闪烁的光芒中显现出自身的明见性与迂回——可见性之中总有一个未见性的根源。这也正如德里达在分析海德格尔对"精神"（Geist）一词的使用时说，"火焰的暧昧的光亮，将会使我们靠近某些未思之物的纽结之处"②。

结 语

综上所述，这是关于艺术的"可见性"如何"发生"的系列问题。梅洛-庞蒂、德勒兹与德里达激发出了先验还原论与本体论思想之间的剧烈共振，在各自对于艺术可见性问题的理解中深入视觉机制内部的晦暗基底，由此触发了"可见"与"不可见"的辩证关系，并且因他们共属于对胡塞尔发生现象学的阐释与改造而形成了一条德法现象学的内在批判与转换的路径：这条路径既是现象学朝向自身界限的逾越，也通往了先验感性与经验现实一起存在于意识之中的差异共生状态。曾被建立起来的牢固视觉秩序随着绘画的经验表象"被一道道黑夜之墙隔离的光芒四射的核"③ 所吸引，转移到了绘画本体的"实际的透视"（perspective vécue）④ 之中，在此正如马里翁（Jean-Luc Marion）所言，"不可见者且唯独不可见者使得可见者成为实在的"⑤。胡塞尔之后的"发生现象学"已经说明，诉诸真理的艺术及其他实践往往都走在使不可见的事物变得可见的道路上。

本雅明在他最后的著作《历史哲学论纲》中曾写道，"七月革命"爆发时，"在革命的第一个夜晚，巴黎好几个地方的钟楼同时遭到射击"。⑥ 这也可以理解为在"可辨

① Tamsin Lorraine, *Living a Time Out of Joint*, eds. Paul Patton and John Protevi, *Between Deleuze and Derrida*, London and New York：Continuum, 2003, p. 45.
② ［法］雅克·德里达：《论精神：海德格尔与问题》，朱刚译，上海译文出版社 2008 年版，第 19 页。
③ ［法］梅洛-庞蒂：《意义与无意义》，张颖译，商务印书馆 2019 年版，第 iv 页。
④ ［法］梅洛-庞蒂：《意义与无意义》，张颖译，第 10 页。
⑤ ［法］让-吕克·马里翁：《可见者的交错》，张建华译，漓江出版社 2015 年版，第 5 页。
⑥ ［德］瓦尔特·本雅明：《历史哲学论纲》，载汉娜·阿伦特编《启迪：本雅明文选》，张旭东、王斑译，生活·读书·新知三联书店 2014 年版，第 274 页。

性的当下"（Jetzt der Erkennbarkeit），时间在被定格的临界状态中成为辩证影像（Das dialektische Bild），人们"看见"了原本不可见的时间并对此实施爆破。突然显现出来的时间成了真理诞生的契机，并且"在打断中真正新颖的才第一次显现出来，如同清爽的黎明"①。如同本雅明将保罗·克利的《新天使》（*Angelus Novus*）解读为一个凝视着进步之危机的形象，"真正的艺术作品"② 总是在某个契机中使原本不可见的可见性显现出来。

（作者单位：东北大学艺术学院）

学术编辑：刘俊含

"Genesis Phenomenology" after Husserl: Dialectics of "Visibility" of art

Lin Zi-hao

Northeastern University　College of Arts

Abstract：In his later "Genesis Phenomenology", Husserl deepens the theory of consciousness construction in traditional phenomenology, which also becomes an important theoretical source for thinking about the problem of "visibility" of art. The 20th century French philosophers Merleau-Ponty, Deleuze and Derrida have formed a path of internal criticism and transformation of German and French phenomenology because of their interpretation and transformation of the Genesis phenomenology in different aspects. This path is not only the crossing of phenomenology towards its own limits, but also leads to the differential symbiosis between transcendental sensibility and empirical reality, and this tension triggered the "visual genesis", "visible time in transcendental empiricism", "the visibility of specters" and other ideas about the nature of visual and artistic visibility, so as to constitute a dialectic perspective on the "visibility" and "invisibility" of art.

Key words：art；Genesis Phenomenology；Visibility；time；Transcendental empiricism

---

① ［德］瓦尔特·本雅明：《作为生产者的作者》，王炳钧、陈永国、郭军、蒋洪生译，河南大学出版社 2014 年版，第 157 页。

② ［德］瓦尔特·本雅明：《作为生产者的作者》，王炳钧、陈永国、郭军、蒋洪生译，第 157 页。

欧文·潘诺夫斯基艺术图像学
哲学概念的基本建构

张红芸*/文

摘　要　在西方当代艺术史上，潘诺夫斯基不仅是西方现代图像学的开拓者，同时也是"艺术科学"的积极建构者。在《艺术史与艺术理论的关系：向艺术科学基本概念体系迈进》（以下简称《关系》）一文中，潘诺夫斯基试图重返康德在美的认识当中寻找先验形式的任务，为艺术科学建立基本概念体系。由此形构出以"内容"与"形式"二元基础性概念为核心的艺术科学概念系统，并以"艺术本体论"、"艺术现象论"与"艺术方法论"的三分方式归纳出艺术科学所要处理的基本概念体系。艺术科学基本概念不仅构成了一组严密的艺术科学方法论体系，同时也为后期艺术图像阐释模式的建构提供了重要的概念与范畴基础。

关键词　潘诺夫斯基；艺术科学；基本概念；内容与形式

一　艺术科学与美学关系的分化

19 世纪末至 20 世纪初，西方理论界出现了将艺术科学从美学中独立出来的理论潮流。这一潮流与美学自身的演进相互关联。一方面，自鲍姆嘉通到黑格尔、谢林等美学家的艺术理论研究都大体遵循思辨的、演绎的与认识论的哲学方式。鲍姆嘉通认为诗的艺术是"完善的感性谈论"；谢林指出在绝对原则中艺术是有限和无限、必然和自由的结合；黑格尔直接将美视为理念的感性显现，黑格尔关于美的本质的探讨是从古典型艺术与古希腊艺术中抽象出来的。如此种种艺术哲学理论体系、艺术学说都试图从哲学或美学体系中总结出一种关于艺术的本质与观念，并以抽象、概括的概念范畴

---

　　*　本文为 2020 年国家社会科学基金哲学重点项目"现代性的视觉秩序研究"（项目编号：20AZX019）的研究成果。

演绎出艺术类型或艺术体系。因而，"美学的目标变成了建立普遍永恒的艺术概念"①。另一方面，此时期的艺术理论研究依然统辖于美学的范围与视域下，艺术被视为美学的一部分甚或与美同名，在黑格尔心目中美学是艺术哲学。韦尔施曾指出，"在康德1970 年发表《判断力批判》、1796 年前后发端的'德国唯心主义的最早系统纲领'，以及谢林 1800 年发表《先验唯心主义体系》之间，美学开始了其空前的、将自身提高到哲学这一顶峰的征程，它开始无一例外地被理解为艺术哲学。几个世纪以来，这一美学观念占据统治地位，黑格尔、海德格尔、英伽登和阿多诺这些截然不同的哲学家，均持同样的观点"②。但由于黑格尔从象征型、古典型到浪漫型的演绎方法是以美学三段论逻辑的历史展开的，因而，它只是逻辑与历史相统一的美学体系，并非具有独立学科形态的艺术史体系。至 19 世纪末期，观念论美学开始丧失往昔主导地位，心理学美学出现了拒斥美学抽象思辨的形而上的研究思路，试图通过从具体到抽象的"自下而上"的实验科学研究方法揭示审美经验与审美对象之间的联系。在经验主义与实证主义语境中，艺术科学开始了自己的独立运动。

在艺术科学尚未成为独立的学科之前，深受 19 世纪自然科学影响的丹纳就指出，精神科学与自然科学在内在精神与研究方法上具有一致性。丹纳主张将自然科学的研究方法应用于精神科学，以经验、历史的方法考察文学与艺术而非对其进行形而上的演绎。在《艺术哲学》中，丹纳强调艺术的起源与发展取决于种族、环境、时代三要素的综合影响，丹纳说道："我们的美学是现代的，和旧美学不同的地方是从历史出发而不从主义出发，不提出一套法则叫人接受，只是证明一些规律。"③ 丹纳之后，对艺术和艺术史进行非美学层面的探讨蔚然成风，美学家呼吁积极关注艺术实践与艺术经验事实，而反对对美的本质等问题做反复的抽象思考。

德国著名艺术理论家格罗塞（Ernst Grosse）试图从艺术哲学与艺术科学的区别入手，提出艺术科学研究应以描述和归纳的方法作为根本方法论原则，而拒斥思辨的、演绎的艺术哲学方法体系。格罗塞倡导的"艺术科学"包含"艺术史"与"艺术哲学"两条研究线路：艺术史重事实的探求和记述，它在艺术和艺术家的发展中考察历史事实；艺术哲学（格罗塞称之为"狭义的艺术科学"）则指向"艺术的性质、条件和目的的一般研究"，它关涉广义的艺术理论及原理。"艺术史和艺术哲学的结合，就成为现在所谓的艺术科学。"④ 格罗塞借助于大量异域艺术的图文档案、实物以及民族志资料对原始民族的"前艺术"与"原始艺术"进行考察，使艺术研究脱离于抽象思

---

① ［德］沃尔夫冈·韦尔施：《重构美学》，陆扬、张岩冰译，上海译文出版社 2002 年版，第 106 页。
② ［德］沃尔夫冈·韦尔施：《重构美学》，陆扬、张岩冰译，第 104—105 页。
③ ［法］丹纳：《艺术哲学》，傅雷译，安徽文艺出版社 1995 年，第 49 页。
④ ［德］格罗塞：《艺术的起源》，蔡慕晖译，商务印书馆 1984 年版，第 1 页。

辨的艺术哲学而改换科学的"实证"姿态，从而对原始民族的造型、舞蹈、诗歌及音乐艺术进行审美研究。由此观之，格罗塞所倡导的艺术科学在思维路向上蕴含着两个层面的意义：首先，艺术科学所持有的观念是与观念论美学中思辨的、演绎的、自上而下的艺术哲学相对立的；其次，艺术科学主张研究的"客观性"与"科学性"，注重事实的搜集、整理与概括。其中，经验性的归纳与描述是其根本的方法论原则。

具有独立学科意义的艺术科学概念的提出得益于一批美学家的不懈努力。在美学领域，美学家玛克斯·德索（Max Dessoir，又译德苏瓦尔）与埃米尔·乌提茨（Emil Utitz）是研究"一般艺术科学"最重要的两位大师。1906 年，德索于《美学与一般艺术学》中提出了"一般艺术学"概念，标示了艺术科学作为一门独立学科的诞生。德索认为，"美学并没有包罗一切我们总称之为艺术的那些人类创造活动的内容与目标"。反之，艺术除了表现美，亦表现悲与喜、崇高与卑下，甚至连丑也含括在内。"美的概念应比艺术价值与美学价值来得狭窄"，因此我们需要"寻找一种将要超越审美问题的一般艺术学。"① 德索的追随者美学家埃米尔·乌提茨试图将美学研究同艺术理论结合起来，在乌提茨看来，"一般艺术科学"是一门关于"艺术的哲学"（Philosophie der Kunst），是专门研究艺术的性质与价值的科学。乌提茨意义上的"艺术的哲学"不同于黑格尔的"美的艺术哲学"，因为乌提茨提出的"艺术哲学"的研究对象是艺术领域的全部事实、历史和现实，并不局限于美。因而，可以认为，学术层面上的"艺术科学"是相对于"美学"而言的，正是由于当时的学者看到了传统美学的不足，即"美学并不能胜任全部艺术现象"才提出了"艺术科学"。也正是在此意义上，舍斯塔科夫强调："美学与艺术学的相互关系是最重要和最复杂的问题之一，它必须通过对美学学说史的研究而揭示出来。"②

实际上，早在德索提出"一般艺术学"之前，美学家康拉德·费德勒就率先从艺术理论与实践的角度划分出了独立的艺术研究与传统美学的界限，并建立了自己的理论体系。他打破植根于观念论哲学的形而上美学，为艺术科学研究设定了基本议题，即可视的形象——造型艺术的"视觉形式"，艺术科学由此开启了广义上的"纯可视性"（Rein Sichtbarkeit/pure visibility）观念论研究。"纯可视性"观念得到了德语国家诸多艺术理论学者，特别是"艺术科学学派"的积极呼应。诸如李格尔、沃尔夫林等艺术美学家开始展开对风格与形式的具体研究，将视觉形式的演变作为视觉艺术史的书写范式，从而推进了古典形而上美学向现代视觉形式论美学的艺术范式的转换。在此意义上可以说，德索、乌提茨与费德勒乃至沃尔夫林与李格尔等艺术史家在世纪之

---

① ［德］玛克斯·德索：《美学与艺术理论》，兰金仁译，中国社会科学出版社 1987 年版，第 2 页。
② ［苏］舍斯塔科夫：《美学史纲》，樊莘森等译，上海译文出版社 1986 年版，第 3 页。

交建构"艺术科学"的过程中，都试图寻求一种关于形式主义方法论的学理规范，以此构成艺术史的"科学"体系。

正是在艺术科学与美学分化的理论语境中，李格尔与沃尔夫林以康德的形式美学为理论依托，提出了"知觉形式论"的艺术科学体系，试图揭示艺术史的基本法则，即那些决定特定时代和民族艺术风格演变的内在心理基础。同时，费德勒和希尔德勃兰特以形式与空间为依托的"纯视觉"（纯形式）理论也在认识论层面上促使艺术史成为一门真正的人文科学。而后，这种理论背景也成为潘诺夫斯基探讨艺术与美学理论的思想温床：潘诺夫斯基在德国汉堡时期的理论著述都围绕"艺术科学方法论建构"这一任务展开。潘诺夫斯基试图从德国古典哲学与认识论中探求精神动力为艺术科学学科建构奠定坚实的哲学基础。这种观念在《关系》一文中得到了具体显现。对艺术科学的基本概念体系的建构，潘诺夫斯基直接沿用了康德关于感性直观形式，亦即对时间和空间所使用的概念书写方式，企图以一种更纯粹、更严谨的康德哲学立场来建构艺术图像学研究所需的概念体系。艺术研究需要转变为一种关于艺术的"解释性"学科，需要建构一种哲学式的、适合具体艺术科学研究的概念范畴系统的基础和合法性标准。"精确的艺术科学（exakte Kunstwissenschaft）需要方法论的支持。"[1] 只有为艺术图像学研究建立先验范畴体系，艺术科学乃至于他其后的艺术图像学所独有的问题形态才可能产生。

二 艺术科学基本概念与范畴的哲学反省

沃尔夫林在《艺术风格学——美术史的基本概念》中以 16 世纪盛期文艺复兴与 17 世纪巴洛克时代的雕塑、绘画与建筑艺术作为研究对象，以此讨论艺术研究中的一个关键问题——在不同的文化与不同的时代，是否存在着一种视觉或美学规范（norms）用于概括那些看似杂乱无章的艺术风格演变？换言之，是否存在一种关于形式与风格的审美创造的规范？以此阐明文艺复兴到巴洛克艺术的风格差异。在沃尔夫林看来，"无概念的感觉是盲目的"，而依据视觉经验抽绎出的基本概念来叙述风格和艺术史一般体系是符合内在逻辑规律的。沃尔夫林由此概括出了五组对举且包含辩证关系的视觉形式分析范畴，分别是：线描和涂绘（linear and painterly）；平面和纵深（plane and recession）；封闭的和开放的形式（closed and open form）；多样性和统一性（multiplicity and unity）；清晰性和模糊性（clearness and unclearness）。沃尔夫林把这五对概念归为"观看的范畴"，以对应于康德"范畴"（Kategorien）学说。但根据潘诺夫斯基的说法，

---

① Anton H. Springer, "Kunstkeneer und Kunsthisoriker", *Imreuen Reich*, Vol. 11, 1881, p737.

沃尔夫林所概括的五对概念不过是以历史分析的经验主义方法对偶然的经验概念的阐述,它们也许可以用来描述文艺复兴与巴洛克风格之间的个体差异,但它们称不上是对源自艺术可能性的先验分析。换言之,它们仅仅是对历史材料的诠释,而无关"基本概念"①。因而,潘诺夫斯基认为,沃尔夫林的基本概念——"观看的范畴"与康德的"范畴"学说并不具有精准的对应关系。

康德在对知性概念及纯粹知性概念的演绎阐释中谈论范畴,他从认识论角度出发来赋予范畴意义。不同于亚里士多德从众多的概念中提取出最具普遍性,且万事万物都可从这个概念去规定的纯粹概念的思维路线,康德试图从知性的逻辑判断表里引出"范畴"。从先验分析论入手,从先天知识的诸要素加以分析,说明此要素为纯粹的知性知识,即知性概念(范畴)和纯粹知性的原理。康德模拟亚里士多德的传统逻辑判断表,采用三分法把范畴表分为四大类:"量的范畴,即单一性、多数性、全体性;质的范畴,即实在性、否定性、限制性;关系的范畴,即依存性与自存性(实体与偶性)、原因性与从属性(原因和结果)、协同性(主动与受动之间的交互关系);模态的范畴,即可能性—不可能性、存有—非有、必然性—偶然性。"② 康德认为,所谓范畴是"赋予一个判断中的各种不同表象以统一性的那同一个机能,也赋予一个直观中各种不同表象的单纯综合以统一性,这种统一性用普遍的方式来表达,也就叫做纯粹知性概念"③。由此可知,在康德那里,范畴是知性的纯粹概念,它理性地"考察、吸取和联结感性经验材料的形式",因而具有必然与普遍的有效性。它的这种功能被应用于感性内容的直观上,形成了科学的认识或经验,对经验认识加以整理和综合从而成为认识的普遍原则。因而范畴是对现象世界认知的普遍原则,也是将杂多汇整建立为统一的机能,是人的主观知性的形式而并非客观世界的联系和规律在意识中的反映。哈珀·柯林斯出版的《哲学大辞典》(*The Harper Collins Dictionary of Philosophy*)对康德"范畴"的特性做了如下归纳:范畴是一切经验的必要条件,没有范畴就没有经验,没有知识;康德的十二范畴是我们知性形式的完整形式(事物只能以这些方式出现和获得意义);范畴只用来指涉现象领域,并不描述本体领域;范畴被使用、投射和施加于经验所提供的原材料上,但并不是也不可能从经验中得到,它们超出了经验之外。④

以上对康德范畴理论的概括叙述,给予考察沃尔夫林与潘诺夫斯基的艺术科学基本概念以诸多启示。

① Jan Bialostocki, "Erwin Panofsky (1892-1968): thinker, historian, human being", *Neterlands Quarterly fo the History of Art*, Vol. 2, 1970, p73.

② [德]康德:《纯粹理性批判》,邓晓芒译,人民出版社 2004 年版,第 71—72 页。

③ [德]康德:《纯粹理性批判》,邓晓芒译,第 71—72 页。

④ 参见 Peter A. Angeles, *HarperCollins Dictionary of Philosophy Second Edition*, New York: Harper Collins, 1992, p39。

就概念与范畴层面而言，尽管沃尔夫林未曾声称自己凭借视觉经验与形式风格抽引出的基本概念等同于先验范畴，但他的确参照康德把范畴等同于知性纯粹概念的思想脉络。但据实而论，沃尔夫林将"基本概念等同于范畴"与康德将"范畴等同于知性纯粹概念"是依据不同的论证前提得出的结论。首先，康德的理智范畴带有先验特质，具有普遍有效与必然性，沃尔夫林的视觉形式概念只从特殊视觉经验出发，以"直观"的方式揭示文艺复兴和巴洛克时期视觉模式的一般差别。其次，康德对"范畴"的一词的用法和推证过程都十分严密：通过先验分析论对先天知识的要素进行分析。康德从知性活动，亦即逻辑判断表入手，由质、量、关系、模态生成范畴表，以此来说明所谓的范畴。范畴是对现象世界认知的普遍原则，是将杂多汇整建立为统一的机能。康德对范畴的阐释意旨十分明确，即为纯粹先验的概念或原则提供必要的知性结构。沃尔夫林所谓的"范畴"方式并不具备康德的"范畴"那般深刻的哲学意涵，它只是视觉形式分析的一种方式，只是用一系列二元对立的抽象概念对艺术作品的结构法则进行了客观的分析。这是沃尔夫林的理论优点，亦是缺点所在。在沃尔夫林的行文中，对视觉形式分析概念的经验描述与一般心理学原则的揭示一直处于交织状态。

陈怀恩套用康德关于范畴特性的书写方式对沃尔夫林的视觉形式概念特性加以概括，以更清晰、更简洁的方式描绘出了沃尔夫林的视觉形式概念与康德范畴观念之间的差异与分歧所在。第一，艺术科学基本概念是一切艺术观念、艺术知识的必要条件，如果不通过这些基本概念，艺术经验则无从产生，对艺术史的知识也无法建立。第二，艺术科学基本概念是说明艺术形式的完整形态描述（艺术作品只能以这些方式出现和获得意义）。第三，艺术科学基本概念只用来指涉视觉现象领域，并不能描述艺术品的内容与意义。第四，艺术科学基本概念被使用、投射和施加于视觉经验所提供的原材料上，但却是从视觉经验中得到的。① 从这种对比来看，沃尔夫林的视觉的/观看的概念是康德哲学和美学的同一方向上的某种发展，但又源于不同原则的论调（这也显示出了一种后康德时代美学与艺术理论的发展特征，既源于康德又超越康德）。所谓同一方向的发展，指沃尔夫林吸纳了康德赋予范畴概念的决定性地位的基本理念，并将其用于艺术风格史的研究。所谓源于不同原则，在于康德的范畴无论在来源还是性质层面都是先验的，而沃尔夫林所谓的范畴是一种通过经验描述形成的相关形式概念。康德认为存在于认知主体头脑中的"先验形式"超脱经验之外的，它作为一个中介者连接知性纯粹概念和感性，而沃尔夫林则在一般意义的"视觉感知"的基础上考察历史性的艺术形式和风格特征的演化规律，沃尔夫林所构建的视觉形式概念并未导向康德

---

① 参见陈怀恩《图像学：视觉艺术的意义与解释》，河北美术出版社 2011 年版，第 175 页。

对范畴观所做的规定和说明。实际上，也正如沃尔夫林所明确指出的那样：范畴只是形式，是理解的和表现的形式，本身并没有表现的内容，它"只是一个让明确的美能够显现的图式的问题"①。

伯恩哈德·施魏策尔（Bernhard Schweitzer）与埃德加·温德（Edgar Wind）同样认为沃尔夫林五组对举的基本概念称不上是"基本的"或"简洁的"。施魏策尔指出，"因为文艺复兴和巴洛克之间的强烈对比不是根据先验的原则建立起来的，它们似乎超出了'纯粹（科学）定位和分类'"②。而在温德看来，宣称一种纯粹分类的陈述与其说是适合某些艺术史的"问题"，毋宁是湮没了更为重要的"意义"课题。③ 在赫尔曼·鲍尔（Hermann Bauer）看来，沃尔夫林最突出的贡献在于，虽然他并没有找到任何先验概念，但他真正建立起了风格概念的问题意识——"一套风格批判的区分（stilkritische Unterscheidung）"④。鲍尔认为，自17世纪起，艺术科学无论在概念和方法上都产生了比较清楚的反省，并且相继产生了以"概念—风格分析—结构分析—象征分析"作为研究主轴的艺术研究方法，虽然早在18世纪，就已有造型艺术方面文章开始应用"风格"一词，将之作为艺术形式和个性概念的描述性用语，但是一直到19世纪后，艺术史家才真正意识到"风格问题"的存在。因此，风格分析可以说是19世纪艺术理论家阐释的主题，无论是希尔德勃兰特、李格尔、沃尔夫林或贝伦森的著作，都相继致力于探讨"造型艺术之形式问题"与风格问题。在这些著作中，李格尔将风格问题作为一个哲学式命题进行了阐述，但沃尔夫林才是真正建立风格概念的问题意识者。从鲍尔的批评中可以看出，沃尔夫林提出艺术科学基本概念之举所引发的讨论风气，其影响力恐怕比其理论本身还要来得深远。正是由于沃尔夫林形式风格基本概念的提出，美学与艺术研究者才开始致力于寻找各种时代的风格特征，从而建立起以风格概念作为主导方向的艺术与美学写作风气。

三 为艺术图像学研究建立先验范畴体系

在潘诺夫斯基看来，艺术科学研究面对的是具有纷繁的感性特质的具体艺术现象，它使用的是具体的概念，但具体概念有赖基本概念，所以艺术理论对于艺术科学研究具有不可或缺的价值。艺术理论所提供的基本概念须具有先验的有效性，这种先验有

---

① ［瑞士］海因里布·沃尔夫林：《艺术风格学：美术史的基本概念》，潘耀昌译，中国人民大学出版社2003年版，第268页。

② 转引自［美］迈克尔·安·霍丽《帕诺夫斯基与美术史基础》，易英译，湖南美术出版社1992年版，第80页。

③ 转引自［美］迈克尔·安·霍丽《帕诺夫斯基与美术史基础》，易英译，第80页。

④ 陈怀恩：《图像学：视觉艺术的意义与解释》，河北美术出版社2011年版，第175页。

效性又与艺术史的经验研究相结合，以此构成艺术理论与艺术史的互动关系。潘诺夫斯基试图以阐释艺术史与艺术理论关系为契机，表明"构建先验有效的艺术理论的基本概念体系不仅合理更为必需"①。所谓的艺术科学基本概念应具有三种特性——先验效力、直观性以及所属的基本概念须与系统构成连贯的体系。"正如我们所见，艺术史家倘使没有以隐含一般理论概念的术语重新建构艺术意志，就无法描述再创造经验的对象。"②

何谓艺术科学的基本概念？艺术科学的基本概念又有如何特性？这是潘诺夫斯基的论述重点。潘诺夫斯基指出，艺术理论家无论是秉承康德《判断力批判》的立场还是持有新经院哲学家认识论的观点，抑或是格式塔心理学进行的课题研究，都不可能在不涉及特定历史情境中的艺术作品的情况下建立一般普遍概念体系。③ 而某些概念之所以称为基本概念，须包含如下三种特性：其一，基本概念须具备先验有效性，对于理解所有艺术现象既合理又不可或缺；其二，基本概念不涉及非显性的对象，而涉及显性对象；其三，基本概念与下属的专门概念建立某种系统的联系。④ 不言而喻，潘诺夫斯基归纳出的艺术科学概念体系遵循着康德关于感性直观形式的阐释立场，这也是他重返康德为艺术科学寻求哲学基础的重要任务。康德对感性直观形式，亦即对空间与时间的概念的先验阐明对潘诺夫斯基艺术科学基本概念的构建具有巨大启示意义。康德将空间与时间引入先验感性论中加以阐释，空间与时间不再是对象的属性，而是感性的直观形式，它也是一种"纯粹直观"。"我把一切在其中找不到任何属于感觉的东西的表象称之为纯粹的（在先验的理解中）。因此，一般感性直观的纯粹形式将会先天地在内心中被找到，在这种纯粹形式中，现象的一切杂多通过某种关系而得到直观。感性的这种纯形式本身也叫做纯粹直观。"⑤ 在论证空间的直观形式时，康德指出，空间并非从外部经验中抽绎出来的经验性概念，而是作为一切外部直观之基础的先天的（非经验的）、必然的表象。纵然我们由空间去除对象的一切表象，而我们却无法设想无空间存在；空间作为先天概念绝非普遍的概念，或是关于一般事物的关系的推论的概念，而是一个纯粹直观。因为它不像概念一般将表征事物的其他概念涵盖其下，而是把它所涉及者包含其内。⑥

① Erwin Panofsky, "On the Relationship of Art History and Art Theory: Towards the Possibility of a Fundamental System of Concepts for a Science of Art", *Critical Inquiry*, Vol. 35, 2008, p. 44.

② Erwin Panofsky, *Meaning in the Visual Arts*, New York: Doubleday, 1955, pp. 21-22.

③ 参见 Erwin Panofsky, *Meaning in the Visual Arts*, pp. 21-22。

④ 参见 Erwin Panofsky, "On the Relationship of Art History and Art Theory: Towards the Possibility of a Fundamental System of Concepts for a Science of Art", *Critical Inquiry*, Vol. 35, 2008, p54。

⑤ ［德］康德：《纯粹理性批判》，邓晓芒译，第 B35 页。

⑥ 参见 ［德］康德《纯粹理性批判》，邓晓芒译，第 B38—A25 页。

根据康德关于空间与时间作为感性直观形式所使用的描述方式，如果同潘诺夫斯基艺术理论基本概念的特性加以一一对应，便可对艺术科学的基本概念作出细致说明：基本概念须是先验的，具有自上而下的抽象性；基本概念涉及显性对象是直观而非经验所获得的；基本概念与专门概念构成结构性体系。潘诺夫斯基对艺术科学基本概念的看法可谓是直接"搬用"了康德关于空间与时间概念所使用的书写方式。

以艺术科学基本概念的先验性阐释为基础，潘诺夫斯基继续沿用康德以二元基础性概念构建哲学范畴的理论思路，形构出了以"内容"与"形式"二元基础性概念为核心的艺术图像学基础概念系统，并以"艺术本体论"、"艺术现象论"与"艺术方法论"的三分方式归纳出艺术图像学所要处理的基本概念体系。

其一，作为艺术本体论领域的一般对立概念："内容"（volume）与"形式"（form）。①潘诺夫斯基对《艺术意志的概念》中的核心概念"内在意义"、"连贯性"与"主观与客观"等概念术语加以重新表述，以"内容"与"形式"作为统一作为艺术科学的基本范畴。他认为，所有的艺术问题都隐然指向了一个本身即以对立形式存在的同一根本问题，而此问题作为一切艺术创作活动之条件的必然产物而具有先验性，这个根本问题可以以"内容"与"形式"加以描述。

其二，作为方法论领域的一般对立概念："时间"（time）和"空间"（space）。内容与形式在纯粹本体论意义上的对立对应着时间与空间在方法论上对立。如果内容与形式的对立是艺术问题存在的先验前提，那么时间与空间之间的相互作用是一切解决方案的先验条件。②

其三，作为现象领域特别是视觉领域的特殊对立概念：作为本体论层次的基础性概念的内容与形式是通过一系列所从属的对立的价值显现的。首先是基本认知层面的视觉/触觉原理，它是我们对形体初步的、直观的掌握；其次是构图价值层面的融合/分立原理，是艺术家对艺术对象的安排与所形构的次序；最后是整体造型价值层面的深度/平面原理，是艺术家营造出的整体造型与影像。

概而言之，从本体论角度审视艺术作品，它是内容与形式之争；从方法论角度，它是时间与空间之争；而唯有在这种相互关联的模式中，方能通达艺术作品之理解。

---

① 潘诺夫斯基德文原文为 Fulle，潘诺夫斯基此文的英译者 Katharina Lorenz 指出，德文 Fulle 既有 volume（体量）之意，又有 richness（丰富）之意，他在英译本中翻译为"volume"。关于 Fulle 一词的翻译在学术界也引起了争论，Allister Neher 在"'The Concept of Kunstwollen'，Neo-Kantianism and Erwin Panofsky's early art theoretical essays"一文注释中给出了关于"Fulle"的多重解释：fullenss（充实）、plenty（充分）、abundance（富足）、completeness（完整）等。由于潘诺夫斯基艺术图像学是经由对图像的内容、主题及寓意层面的阐释上升至和象征、文化与哲学观念，本文将 volume 译为"内容"。

② 参见 Erwin Panofsky，"On the Relationship of Art History and Art Theory：Towards the Possibility of a Fundamental System of Concepts for a Science of Art"，*Critical Inquiry*，Vol. 35，2008，p. 46.

一方面，内容与形式处于生动活泼的相互作用中；另一方面时间与空间又使自身融于一种独立且可感知的对象之中。[①] 本体论与方法论中的两对概念在视觉现象中又可以推导出三组特殊的对立：视觉触觉价值；深度平面价值；融合分立价值。艺术科学的基础概念体系只能以两极对立的形式出现，才能使现实的艺术可能产生某种调和形式（见表1）。

表 1 潘诺夫斯基艺术科学中的对立概念

本体论领域内的一般对立概念（genernal antithesis within the ontological sphere）	现象领域，尤其是视觉领域内的特殊对立概念（specific contrast within the phenomenal and, especially, within the visual sphere）			方法论领域内的一般对立概念（general antithesis within the methodological sphere）
	基础价值对立（contrast of elementary values）	造型价值对立（contrast of figural values）	构图价值对立（contrast of compositioal values）	
内容与形式（Volume versus form）	视觉触觉价值 Optical values（empty space）versus haptic value（body）	深度平面价值 Value of depth versus values of surface	融合分立价值 Values of fusing versus values of spliting	时间与空间 Time versus space

可以看出，潘诺夫斯基艺术科学的基本概念体系是针对沃尔夫林的视觉形式分析的五组基本概念提出的。潘诺夫斯基对沃尔夫林五组基本概念加以整合，以三组真正的"视觉形式"加以贯通。一方面，潘诺夫斯基指出，沃尔夫林以其所构建的五组"视觉形式"基本概念作为一条"公式"来阐释艺术的风格特征和探寻风格发展的历史规律，这种观念易使人误入歧途，因为基本概念体系并非涵盖了种种艺术问题的具体解决办法，它显示的只是一种艺术风格的分析方案。"基本概念并非附着于具体对象之上的'标签'，它们之间所引起的必然的对立特征并不指向可以直接加以观察的表象世界中的风格差异，而只是存在于表象世界之外的两种原则的对立，这种原则的对立唯有借助于理论方能定位。"[②] 因而艺术科学的基础概念体系并不能被直接用于解释经验世界的艺术现象，两极对立的基本概念具有先验特质，并不能在确定的形式中加以把握。另一方面，艺术科学的基本概念就只是提出艺术问题的概念，它不像艺术史那样对艺术提出历史分期与界定风格特征，而是仅仅描述艺术表现世界之外的价值领域的对立，这些对立以多样的方式显现在具体艺术作品之中，"它们提供了一剂具有先验

---

① 参见 Erwin Panofsky, "On the Relationship of Art History and Art Theory: Towards the Possibility of a Fundamental System of Concepts for a Science of Art", *Critical Inquiry*, Vol. 35, 2008, p. 46。

② Erwin Panofsky, "On the Relationship of Art History and Art Theory: Towards the Possibility of a Fundamental System of Concepts for a Science of Art", *Critical Inquiry*, Vol. 35, 2008, p. 46.

有效的'催化素',由此构建起关于艺术表现的讨论"①。即基本概念所提供的是艺术问题的"规划"或"构架",并非问题的解决方案。正是在此层面上,潘诺夫斯基认为艺术科学显现出了它同美学、艺术心理学之间的区别——在面对艺术的基本问题时,艺术理论并不像哲学与美学那样追问使艺术成为可能的先验的前提和条件,也不像规范美学那样声称艺术作品必须遵守某些规制或规范;也不如艺术心理学探求实现艺术作品或艺术作品的印象的某些条件。② 除此之外,艺术科学的基本概念虽是一个由专门概念相互连接形成的基础性概念体系,但它更是一个核心概念的"综集"。潘诺夫斯基将早期艺术美学体系中的核心概念,诸如"风格"、"视觉形式"、"艺术意志"以及"符号"与"符号形式"等在艺术与美学研究中产生持久影响的方法熔于一炉,将它们视为艺术作品在现象(视觉)领域内的特定表现,使其显现为基础价值(视觉与触觉,即空间与有形实体)、象征价值(深度的与表面的)和构图价值(内在的和外在的联系,即内在有机统一与外部的并置)三种价值。这些概念各有其美学渊源,因此三组基础概念无论融合成体系抑或作为独立的专门概念都具备明确的可读性与可阐释性。

问题的关键在于,潘诺夫斯基所提出的本体论、方法论与现象(视觉)领域内的三组基本概念是否属于"先验概念"。潘诺夫斯基认为,现象(视觉)领域内的三组形式概念实际上是由本体论领域与方法论领域内两组基本概念推导出的专门概念,即"内容与形式"和"时间与空间"这两组"基本概念"或"元概念"下的专属概念,因而它们也具有先验的特质。"在先验的基础上对艺术科学的基本概念加以解释,其效力独立于任何经验,但这并非理所当然地意味着以一种独立于任何经验的纯粹理性的方式被推导出来。"③ 艺术科学的基本概念形成于种种艺术问题之中,并以内容与形式、时间与空间的对立加以呈现,而且以特定的感官世界为先验前提。因此,对根本问题的理解离不开经验的(视觉的)呈现。此外,如果说所构建的艺术问题的某些概念具备先验有效性,但并不能因此而宣称可以依凭某种先验形式来构建艺术概念,而只是意味着它们具有合理性的先验基础。相反地,如果仅仅因为艺术概念出现于经验之后就以此反对它们的先验有效性也是不恰当的。④ 由此,艺术科学的种种基本的、专门的

① Erwin Panofsky, "On the Relationship of Art History and Art Theory: Towards the Possibility of a Fundamental System of Concepts for a Science of Art", *Critical Inquiry*, Vol. 35, 2008, pp. 52–53.

② 参见 Erwin Panofsky, "On the Relationship of Art History and Art Theory: Towards the Possibility of a Fundamental System of Concepts for a Science of Art", *Critical Inquiry*, Vol. 35, 2008, p. 53。

③ Erwin Panofsky, "On the Relationship of Art History and Art Theory: Towards the Possibility of a Fundamental System of Concepts for a Science of Art", *Critical Inquiry*, Vol. 35, 2008, p. 55.

④ 参见 Erwin Panofsky, "On the Relationship of Art History and Art Theory: Towards the Possibility of a Fundamental System of Concepts for a Science of Art", *Critical Inquiry*, Vol. 35, 2008, p. 55。

概念虽然始于经验，但其效力却行于经验之前以及超出经验之上。所以如果脱离了艺术—历史经验，艺术科学的概念创造活动将无法实现，但艺术—历史经验无法撼动艺术科学概念体系的逻辑性和连续性的地位。在此层面上，比亚洛斯托基认为，或许可以为潘诺夫斯基《艺术史和艺术理论的关系》一文再增加一个副标题，即"艺术之为科学导论"①。

潘诺夫斯基对艺术科学基本概念的阐释也被视为康德哲学和美学同一方向的某种发展，但也显示出了一种不同于康德范畴观的某种原则。首先，潘诺夫斯基关于艺术科学的基本概念必须具有"先验性、必然性与纯粹直观性"观念，严格执行了甚至是"照搬"了康德对感性直观形式的阐释方式。其次，潘诺夫斯基在艺术本体论与方法论意义上所谈论的"内容与形式""时间与空间"范畴，不仅是作为艺术科学的基本范畴，更是哲学与美学学科乃至他后期艺术图像学理论的基本范畴。此类范畴能够从所依托的哲学或美学理论中获得支持甚至可以直接推导出来。而现象（视觉）领域内的视觉—触觉、深度—平面、融合—分立的二元概念实质上只是内容与形式、时间与空间范畴在视觉上的特定表现。换言之，潘诺夫斯基艺术科学的基本概念可以被理解为在本体论与方法论意义上的"内容与形式""时间与空间"等哲学与美学范畴在视觉上的特定表现。在艺术科学基本概念体系的建构上，潘诺夫斯基根植于哲学与美学传统，其哲学思辨意味更为浓厚。艺术科学基本概念虽源于康德的哲学理论却并未止步于康德。潘诺夫斯基指出，艺术科学基本概念的先验有效性必须与艺术史的经验研究相结合，"艺术史唯有将研究对象与先验艺术问题相联系方能对风格的重要性作出解释，以至于其它人文学科，尤其是哲学和宗教研究，必须将经验观察与哲学、宗教和其它艺术问题的类比相关联，唯有如此才能理解它们的本质和意义"②。

四 "内容与形式"的有机统一揭示艺术图像的内在意义

潘诺夫斯基将"内容与形式"作为艺术科学本体论层面的基础性概念或"元概念"，在此，所谓的"形式"是指视觉现象的"综集"（Aggregat），是与事物内部质料、内容、题材相对立的呈现在视觉感官之前的事物之外形。而"内容"则是认知主体对这些综集关系所显现的抽象的几何形象的认知。

在黑格尔的美学体系中，内容与形式具体可以被阐发为理性内容与感性形象的关

---

① Jan Bialostocki, "Erwin Panofsky (1892-1968): thinker, historian, human being", *Neterlands Quarterly fo the History of Art*, Vol. 2, 1970, p. 73.

② Erwin Panofsky, "On the Relationship of Art History and Art Theory: Towards the Possibility of a Fundamental System of Concepts for a Science of Art", Critical Inquiry, Vol. 35, 2008, p. 65.

系。黑格尔提出"美是理念的感性显现",理性内容要通过感性形式来显现。对于两者之间的关系,黑格尔指出,内容是起到决定性的作用的首要因素,形式作为内容的表现方式而存在。黑格尔用了一个形象的比喻来描绘内容与形式之间的决定作用,"感性形象好比眼睛,理念则是从眼睛中透出的心灵,眼睛的作用就在于把心灵、灵魂显现出来。因而学术界普遍认为,黑格尔的美学是内容美学的格致"①。至少在19世纪形式美学与艺术科学学派产生之前,内容与形式之间仍存在着不可调和的喧嚣争论。在艺术研究中,即使是标榜对视觉艺术作纯粹形式研究的形式主义美学也常将形式与内容的概念作为其美学理论的基础以及艺术风格区分的根据。因此,潘诺夫斯基将"内容与形式"作为艺术科学本体论层面的基础性概念在某种方面可以被认为是重新使艺术研究恢复了对"内容"的重视。

潘诺夫斯基以"内容与形式"概念作为艺术图像学的基础性概念,同时,他以一种无形的因素——艺术作品的主题、题材与寓意作为出发点,由此进入历史、文化与哲学语境阐发阶级、时代与种族的深层内涵。在此过程中,潘诺夫斯基并未抛弃对形式因素的肯定。"就艺术作品来说,对观念的关注是通过对形式的关注来平衡的,观念都可能被形式所掩盖。"②尽管形式在这里是由它与观念的关系所确定的,但是,"在一件艺术作品中,形式不能与内容相分离:色彩与线条、光线和阴影、立体和平面的处理运用,不论所呈现出的是如何悦目的视觉影像,都必须要了解,它同时也具备了超乎视觉的意义"③。同时要使艺术创作的一系列基本问题得到概念性表述,就需要构造成对的概念,"因为所有这些艺术问题都隐含地指向一个'元问题',而这个问题本身也以对立的形式存在"④。因而,在潘诺夫斯基学术生涯的初始阶段,形式与内容的问题就已成为他的学术关注点——将二者视为意义的相互表现,抑或如艺术图像学中所强调的,是"人类精神的基本趋向"的表现。在霍丽看来,潘诺夫斯基作为艺术史家的声望正是在此基础上形成的。形式与内容作为一种"理想的统一体"共存于图像这一系统与结构之中,这种统一的价值在于,它使形式与更为普遍的思维和审美知觉相联结,从而演变为"整个文化所共有的感情倾向和思维习惯的一种具体体现或具体化"⑤。因而,形式成为一种以历史为基础的"形式",一种"有意义的形式"。从这个角度看,内容与形式一同成为同一历史动力或精神平行的现象。这是潘诺夫斯基学术

---

① 朱立元:《西方美学范畴史》第2卷,山西教育出版社2005年版,第157页。

② Erwin Panofsky, *Meaning in the Visual Arts*, p. 12.

③ Erwin Panofsky, *Meaning in the Visual Arts*, p. 168.

④ Erwin Panofsky, "On the Relationship of Art History and Art Theory: Towards the Possibility of a Fundamental System of Concepts for a Science of Art", Critical Inquiry, Vol. 35, 2008, p. 45.

⑤ 转引自［美］迈克尔·安·霍丽《帕诺夫斯基与美术史基础》,易英译,湖南美术出版社1992年版,第146页。

生涯的早期阶段所追求的目标，这也是隐藏于他对沃尔夫林形式主义美学批判背后的基本理念，同时也是他重新阐释李格尔"艺术意志"的哲学目的。

在后期对艺术图像学阐释路径的思考中，潘诺夫斯基对形式与内容的关系进行了重新定义。他强调，"任何人面对一件艺术作品，无论是对其审美再创造，抑或理性的解析，皆受到三种因素的影响：物质化的形式、观念（造型艺术中的主题）和内容……但可以肯定的是，对'观念'和'形式'的强调愈接近平衡状态，作品揭示所谓的'内容'愈有力"①。由此，内容超出了题材的传统规定，与凝聚在艺术作品中的心理、社会、文化、政治、精神、哲学等相联结，并指向一个时代、民族与阶级的宗教信仰与哲学信念的基本态度。可以看出，潘诺夫斯基对形式与内容关系的再阐释，为其后图像学阐释三层次打下了根基。

潘诺夫斯基视"形式与内容"为一种"理想的统一体"是受到瓦尔堡的影响，瓦尔堡将"形象"视为一种"陷入选择与冲突形势中的个体"，瓦尔堡暗示了将一个形象区分为两种构成成分的可能性。詹姆斯·S. 艾克曼（James S. Ackerman）也声称，"只要我们谈到区分'形式与内容'的'规范'，描述就不仅是可行的，而且是必不可少的，因为符号的生命和形式的生命并非同时存在于历史每一处"②。在某种意义上，形式的"意义"已在于，它成了一条线索，将艺术图像引向有意味的观念。同时，唯有形式与内容的有机统一，才能产生卡西尔式的符号意义与图像的历史与文化深层观念。正如潘诺夫斯基所指出的，在大多数艺术史研究所勾画的"被照亮的地带"之外，有一个"关系之结无限地延伸和扩展到其它的文化现象，意识与无意识的广阔领域"③。

潘诺夫斯基通过对艺术科学范畴的先验性问题的阐释，充分地显现出了潘诺夫斯基试图从哲学美学的理论视角建构艺术科学研究的问题形态意识。这种问题形态意识，是一种对视觉艺术研究方法作批判性反思的意识。T. J. 克拉克（Timothy James Clark）认为这种批判性反思的问题意识彰显了潘诺夫斯基艺术图像理论的哲学思辨特质。潘诺夫斯基对透视矛盾性的辩证思考"开启了探索领域，提出了某种问题的威力"④。在他看来，潘诺夫斯基重新发现了支撑当时视觉艺术研究的思维方式，这种思维方式极富生命力，以至于其后诸多乏味的有关透视的文献都由于缺乏这种思维模式而造成了问题视角的丧失。在克拉克看来，正是艺术理论研究中"问题"的视角和思维模式的丧失使艺术史逐渐走向终结，名存实亡。因而克拉克在 1974 年一期《泰晤士文学副

---

① Erwin Panofsky, *Meaning in the Visual Arts*, pp. 13-14.
② James S. Ackerman, "Art History and the Problem of Criticism", *Daedalus*, Vol. 1, 1960, p. 152.
③ Giulio Carlo Argan, "Ideology and Iconology", *Critical Inquiry*, Vol. 2, 1975, pp. 304-305.
④ 曹意强、［英］麦克尔·波德罗等著：《艺术史的视野——图像研究的理论、方法与意义》，中国美术学院出版社 2007 年版，第 100 页。

刊》（*Times Literary Supplement*）中撰文指出，艺术理论的研究主题应该回到李格尔与潘诺夫斯基等那些具有知识分子的严谨和责任感的艺术哲学奠基者那里。如此，潘诺夫斯基艺术图像学中的问题视角和思维模式之于当下艺术、哲学与美学研究领域中尘嚣甚上的"艺术终结论"而言，具有重大的理论批判意义。

（作者单位：商丘师范学院美术学院）

学术编辑：袁青

The Basic Construction of Irving-Pannofsky's Philosophical Concept of Art Iconology

Zhang Hong-yun

Academy of fine arts, Shangqiu Normal University

Abstract：In the history of contemporary Western art, Panofsky is not only a pioneer of modern Western iconology, but also an active constructor of the "science of art". In his essay "Relation", Panofsky tries to return to Kant's task of searching for a priori forms in the understanding of beauty and to establish a basic conceptual system for the science of art. In this way, a conceptual system of art science is constructed, with the fundamental concepts of "content" and "form" as the core, and the concepts of "art ontology," "art phenomenology," and "art phenomenology" as the core. Art Phenomenology" and "Art Methodology" are used to summarize the basic concept system that art science has to deal with. The basic concepts of art science not only constitute a set of rigorous art science methodological system, but also provide an important conceptual and category basis for the construction of the later art image interpretation model.

Keywords：Panofsky; Art science; basic concepts; content and form

感知性美育何以可能：技术图像时代的观看问题

袁　博/文

摘　要　图像与观看向来互不相离。无论在《周易》等中国经典中，还是在诸多西方美学的观点里，图像是作为载体，以可见之象传达着不可见之义，使得人们可以在观看中敞开其内涵，生发主体的诚敬与专注，具有直观性美育的意义。但是在当下，技术图像已然不是一种对象、客体，而是一个宇宙、时代。现今的技术图像世界亦被居伊·德波称为景观（观看的）社会。虽然"图像"从古至今都伴随着人类，但相比于传统图像，技术图像的特点在于：它在高度发展的复制技术下变得大众化，在流通中变得商品化，在信息技术的发展中成为世界本身，因生成式、自动化而保有自己的生命力。由此，"观看"不仅成为一种被动、娱乐的大众姿态，而且已经成为人类基本的存在方式。换言之，"观看"在当今已经是一种切身的存在论哲学问题，并且敦促着主体自身的反思和一种感知性美育的敞明。本文将以"观看"为切入点，重新探究其为感知性美育门径的两个维度：具身性与反思性，由此说明"观看"何以为感知性美育、感知性美育在技术图像时代何以可能这两个深刻的问题。

关键词　技术图像；观看；图像；感知性美育

前　言

蔡元培将"美育"之词引入中国，梁启超亦将审美解读为不同于强制律令的趣味教育、情感教育。无论在艺术学界还是在哲学界，美育的实然与何以然一直是一个令人深思的话题。从古至今的哲学家与艺术家几乎都对美育的问题提出过自己的观点。中国古代不仅重视乐的教育意义［"命汝典乐，教胄子"（《尚书正义》）］，同样将山水艺术的创作过程理解为艺术家自身的修身之旅（"山静似太古，人情亦澹如"①）。在西方，虽然柏拉图并不认可艺术家的种种作为，但他依旧认为审美教育可以养化民众的心灵。文艺复兴时期的艺术家更是企图用写实的方法将科学与艺术建立对话。自古至今，对于美育的讨论层出不穷，学者们面对自身的时代背景和人类境况，提出了各自的思想。

所以，在美育的语境下，观看不再是知识论范畴下的认识，而是美学范畴下的感知性涵养。柏拉图所强调的心灵之观看、《周易·观卦》所谓的"观民设教"、文艺复兴对于画其所见的尝试、海德格尔所谓的真理之敞明，都能够说明这样一种感知性教育：面对图像，民众能够在日常却专注的观看中生发对于意义的遐想、反思，在这个过程中敞明真理。许煜说："艺术是审美教育的核心，因为它首先是一种感知性教育。"② 图像作为艺术作品，其核心的价值就在于，它允纳着观者的观看，敦促着他们对自身感知性的涵养。

不过，在当下讨论"观看"这个美育问题，我们就不得不面对两个现状：技术图像的世界和被动观看的人类境况。图像成为现实的宇宙，观看成为人类的存在方式。

巴西哲学家弗卢塞尔将当今的世界称为技术图像的宇宙③，此种现状亦被居伊·德波预言为景观（观看的）社会④。虽然从古至今，图像与观看都是互不相离的，但是在当今的时代，图像并不是一个对象或者艺术作品，而是一个自动化的生成式装置。它通过数字化、信息化为自身赋予着意义，并通过装置的生成化、自动化为自己赋予着生命力。图像因技术而僭越了现实而成为宇宙。由此，伴随着图像的观看虽然依旧为民众的日常，但此种日常已经极端化地泛滥。图像的自动化反馈着民众的观看，德波认为，这种反馈机制"表现为一种巨大的实证性"⑤，使得人类的专注性判断转变为娱乐化心态。在 20 世纪，卢卡奇认为，"美学"回避了真正的世界境况问题，把"行为"

---

① 沈周题诗于《策杖图》，参见［美］方闻《心印：中国书画风格与结构分析研究》，李维琨译，上海书画出版社 2016 年版，第 186 页。

② 许煜：《艺术与宇宙技术》，苏子滢译，华东师范大学出版社 2022 年版，第 15 页。

③ 在《技术图像的宇宙》中，弗卢塞尔尝试把焦点放在当代技术图像发展的趋势上面，并且在这个过程中，预想一种由合成性电子图像构成的社会。他大胆地预测："技术图像一定会在未来社会中占据主导地位。几乎可以肯定地说，假设没有灾难发生（这是不可预测的），未来人类的生活兴趣将集中在技术图像上。"参见［巴西］威廉·弗卢塞尔《技术图像的宇宙》，李一君译，复旦大学出版社 2021 年版，第 2 页。

④ 景观（spectacle）一词，出自拉丁文"spectae"和"specere"等词语，意思都是观看、被看。某些台湾学者将其翻译为"奇观"。张一兵在《代译序：德波和他的〈景观社会〉》一文中认为，"spectacle"不是什么令人惊奇的观看，恰恰是无直接暴力的、非干预的表象和影像群，景观是存在论意义上的规定。它意味着，存在颠倒为刻意的表象。而表象取代存在，则为景观。德波第一次使用"景观"一词是在他发表在《情境主义国际》1959 年第 3 期的关于《广岛之恋》的影评文章中。据胡塞证实，"景观"一词应该是源于尼采的《悲剧的诞生》一书。参见张一兵《代译序：德波和他的〈景观社会〉》脚注，载［法］居伊·德波《景观社会》，张新木译，南京大学出版社 2017 年版，第 13 页。

⑤ ［法］居伊·德波：《景观社会》，张新木译，第 6 页。

一笔勾销。① 而在 21 世纪，图像化的世界逼迫人类的观看成了不用行动的"行为"，这种现状是值得担忧的，但从另一种角度看，此种丧失实践、丧失行动的被动观看，恰恰说明了感知性美育的重要性。

正因为图像成了世界，所以"观看"不再单单是一个知识论、美学性的主题，而且是一种关乎人类境况的存在主义问题。所以弗卢塞尔告诉我们，技术图像的快速发展不是一种"技术现象"，而是一种"文化现象"。② 此种存在主义问题敦促着人类对于自身境况的批判——换句话说，它敦促着、呼唤着"观看"感知性教育功能的回归。因为"观看"在当今已经是一种切身的存在论哲学问题，并且呼唤着主体自身的反思和一种感知性美育的敞明。所以，本文将以"观看"为切入点，重新探究其为感知性美育门径的两个维度：具身性与反思性，由此说明"观看"何以为感知性美育、感知性美育在技术图像时代何以可能这两个深刻的问题。

一 自动化的生成装置：技术图像时代的境况

Idole（偶像）一词，源自 eidôlon，意为死者的魂灵，同时兼有可见与不可见（此岸与彼岸）两面。图像在人类历史开始之时便已存在，而且也是先贤、艺术家观看的产物。图像是情感的寄托、信息的载体，亦是后人与古人建立联系的桥梁。不过，当代是一个意义众多的时代，同样也是一个意义缺失的时代，所以亦是一个呼吁着美育的时代。确实，"没有边界"是现代性的重要特征，纪德以《违背道德的人》对此种"漫无目的"的自由表示担忧。袁筱一认为，纪德的伟大之处在于，他为我们抛出了这样一个如此的问题："作为个人，我们究竟能走多远?"③"没有边界"给予了人类更多的自由，同时也敦促着主体进行主动地自我美育。在 19 世纪左右，没有意义依托的图像遇到了技术发展，一条史无前例的道路由此铺展开来，当今时代的技术图像，就是这条道路上的一个节点。

技术图像的特殊性在于，它不再是一个客体或者对象，而是一种装置化的景观积聚。弗卢塞尔在其著作《技术图像的宇宙》中指出："技术图像领域是'这片土地上人类存在的方式'。"④ 它拥有着机械复制图像的复制性和流通性的特点，同时在技术时代的当下具有了信息化与自动化的双重特征。技术图像以其复制性的特点为自身赋予

---

① 参见［匈］卢卡奇《历史与阶级意识》，杜章智、任立、燕宏远译，商务印书馆 2017 年版，第 223 页。
② 参见［巴西］威廉·弗卢塞尔《技术图像的宇宙》，李一君译，第 56 页。
③ 袁筱一：《导读：作为个人，我们能走多远?》，摘自［法］纪德《违背道德的人》，马振骋译，上海书店出版社 2011 年版，第 12—13 页。
④ ［巴西］威廉·弗卢塞尔：《技术图像的宇宙》，李一君译，第 91 页。

着意义，流通性使得复制的速度本身成为重要的价值，信息化使得图像对外物的模仿活动被表象化赋予过程所取代——从而让图像僭越为现实本身，自动化/生成式的运作则让技术图像能够时刻在反馈中维持自身的生命力。

艺术作品的创作始终伴随着复制，它可表现为文化的交流，亦可表现为师法古人的临摹。但是19世纪的特殊性在于，复制有史以来第一次成为机械技术的手段和功用。本雅明指出，那时的"石刻"之所以意义重大，是因为它"有史以来第一次让图画艺术制品可以流入市面上（这一点早已做到了），不仅是大量出现，而且是日复一日地推陈出新"①。机械复制的特点除了它在运作中不知所以然的神秘性，更为显著的是它的时效性。其复制速度消解了时间的传达和人们的等待。在人们瞠目结舌之间，多张艺术作品已经在不知所以然间被复制出来。随着科学家想象力的逐步实践以及科学技术的不断发展，不仅画面可以在装置中被复制，声音亦然，或者毋宁说，万事亦然。

如果万事万物都可在复制中成为图像，那么图像中所承载的意义便不再是多元的，而是混乱且没有价值的。换言之，万物皆可成为图像这个现象，并不能说明万物皆有意义，反而消解了图像意义的价值本身。"对于照片而言，原件的概念几乎毫无意义。作为一个物件，作为一件东西，照片实际上毫无价值；它只是一个传单罢了。"② 在技术复制的路途中，图像陷入了德布雷所言的两难："图像越是单薄，那么附带的'传意'就应更丰富，因为图像含义越少，就越要有所表述。"③ 也就是说，经由技术复制后，图像与意义之间的关系发生了一种转变：技术图像的意义不在于图像，而在于技术，复制就是对此种意义的不断强化。

艺术经由技术意义的复制，而走向大众化，又因为大众化而走向商品化。这是一种美好的世界图景吗？卢卡奇认为人类需要警惕，因为"商品拜物教问题"是20世纪和资本主义世界的特有问题。④ 艺术的首要地位已经悄然发生改变，它的神圣性似乎慢慢转变为商品意义的大众性，如本雅明所说，起初祭仪价值的绝对优势使艺术品先是被视为魔法工具，到后来它才在某种程度上被认定为艺术作品；同理，今天展演价值的绝对优势给作品带来了全新的功能，其中有一项我们知道的——艺术功能——后来却显得次要而已。⑤ 艺术图像得以拥有这个"全新的功能"，在于其流通性中的商品意

① ［德］瓦尔特·本雅明：《摄影小史》，许绮玲、林志明译，广西师范大学出版社2017年版，第65页。
② ［巴西］威廉·弗卢塞尔：《摄影哲学的思考》，毛卫东、丁君君译，中国民族摄影艺术出版社2017年版，第45页。
③ ［法］雷吉斯·德布雷：《图像的生与死：西方观图史》，黄迅余、黄建华译，华东师范大学出版社2014年版，第45页。
④ ［匈］卢卡奇：《历史与阶级意识》，杜章智、任立、燕宏远译，第149页。
⑤ 参见［德］瓦尔特·本雅明《摄影小史》，许绮玲、林志明译，第74页。

义。技术图像在复制中变得大众化，在流通中变得商业化。如果复制性说明，万事万物都可以成为技术图像的一部分，那么流通性则说明，万事万物都因技术图像而可成为商品，人亦然。由此就形成了一个颠倒，真正重要的不再是现实中的事物，而是技术图像所表象出来的东西。更重要的是，在复制性的特征之下，相比于传播技术本身而言，技术图像所表现出来的东西同样是无关紧要的。

机械复制的图像始终会将现实的世界作为模仿的起点，但信息化使得技术图像可以在数字化的模拟中自动生成。弗卢塞尔提醒道，如果"我们仔细观察技术图像就会发现，它们其实根本不是图像，而是化学和电子运作过程的征象"①。有些学者会依旧认为，我们正在回归那个想象的、奇幻的、神话般的二维世界。弗卢塞尔认为这种观点是错误的，因为技术图像和早期图画之间存在着根本差异。它们的根本区别在于，传统图像是对客体的观察，技术图像是对概念的计算。这就是德布雷所谓的"视觉上的革命"，技术的"模拟"取代了幻想，"消除了由来已久将图像和模仿联系在一起的不幸"②。技术图像不再是对现实的模仿，而是信息化的世界本身。技术图像由此不再是一个对象，而是一个时代。前文说万事万物都因技术图像而商品化、表象化。那么在技术图像的信息性视域下，人、物的商品化、表象化慢慢地成为实存状态。

由此，技术图像成功地消解了令西方哲学家困惑几百年的存在问题，现实与观念不再是二元对立的关系，因为技术图像通过信息化的手段营造了属于自己的真实，并且制定了标准化、数据化的规则，表象着各种生成式存在，并在这个历程中将人单向化、规则化、体系化。所以，技术图像通过信息化而对现实造成的僭越，印证了诸多马克思主义者对"物化"的批判。③ 由此产生的情况就是，所谓的"美育"不再是一种让自身回归自然的主体性追寻（言说或思想），而是一种技术上的被证明。④ 所以，德波才会提醒我们，景观社会具有强大的实证性。从技术图像的信息化特征来看，此种实证性之所以强大，是因为它用表象化的手段将信息现实化。如德波所言，景观已经无孔不入地扩散到现实存在的方方面面。此种实证性是单向度的，此种"技术上的证明"，消解了人们的感知性，遮蔽了观看与美育的自主性。

技术图像的自动性考验着人们的主动性。现实情况是，大多数人不敌装置的自动

---

① ［巴西］威廉·弗卢塞尔：《技术图像的宇宙》，李一君译，第 23 页。
② ［法］雷吉斯·德布雷：《图像的生与死：西方观图史》，黄迅余、黄建华译，第 252 页。
③ 如卢卡奇所言："一方面清楚的是，现实越是彻底地合理化，它的每一个现象越是更多地被织进这些规律体系和被把握，这样一种预测的可能性也就越大；但是另一方面，同样清楚的是，现实和'行为'主体的态度越是接近这种类型，主体也就越发变为只是对被认识的规律提供的机遇加以接受的机体。"参见 ［匈］卢卡奇《历史与阶级意识》，杜章智、任立、燕宏远译，第 209 页。
④ 丹尼尔·艾伦就指出，汉娜·阿伦特认识到技术对于人之境况的影响，认为当今一个棘手的事实就是，现代科学世界观的"真理"，虽然可以用数学公式来演示并在技术上得到证明，但无法再让自身表达为普通的言说或思想。参见 ［美］汉娜·阿伦特《人的境况·前言》，王寅丽译，上海人民出版社 2021 年版，第 2 页。

性，将自己的观看由专注转为被动。虽然弗卢塞尔不无乐观地强调，人依旧具有主动性，他认为人类可以通过对于装置的使用以技术图像的方式来赋予意义。并且明确指出，摄影哲学的重点就在于，人类何以在装置支配的世界中重获自由。①但他同时也指出，装置的自动化是一个不能被忽视的问题。装置的自动化决定了技术图像可以拥有强大的主动性，它形成了一种反馈机制。而在技术图像的世界当中，万事万物都存在于这种反馈机制当中。技术图像以这种自动化为源泉，维持自身的生命，形成了一个如池塘般的生成装置世界，孕育出了如 ChatGPT、AI 绘画这样的生成式技术存在。它是一个整体，且因自动化成为一个川流不息的整体。在古罗马时代，奥古斯丁曾经因世界的整体感叹上帝之功："瞧，事物在川流不息地此去彼来，为了使各部分形成一个整体，不管整体是若何微小。天主之'道'说：'我能离此而他去吗？'"②奥古斯丁绝对没有想到，在上千年后的当今时代，有一个更加川流不息的整体，而此时的上帝早已退场，因为他的神权不敌技术，而被生成式/自动化的图像装置所僭越。

技术图像世界的"川流不息"孕育着生成式技术存在，考验着人们的感知性。与其说本文的意图在于探讨美育何以可能的问题，毋宁说是探讨感知性美育在技术图像时代的必要性。技术图像成为世界，解放（代替）了我们的创作与劳动，观看也就在不经意间成为人的存在方式。从这个意义上来看，技术图像宇宙是一个对于所有人的邀请函，敦促着观看这种感知性美育的重思与践行。技术图像宇宙是世界的境况，而观看打开了人之境况的可能性。在下文中，笔者将把对技术图像世界的视角转向人类自身，对观看的现状进行讨论。

二 被动的娱乐：人类观看的境况

德布雷将当下的观看境况比作"噪声"——一种技术图像宇宙中的噪声："从前我们身处图像前，而今身处视像内，流动的形式已不再是一种观看的形式，而是背景的噪声，是眼睛的噪声。"③这种比喻戏谑幽默，亦十分中肯。如前文所言，在技术世界中，技术图像通过信息赋予着自身的意义、构造着当下的现实。它还能够通过装置的自动化反馈人们对其进行的回应。景观的积聚为技术图像宇宙提供了实证性，在解放/代替了民众的劳动的同时，也解放/代替了人们的思想。虽然自 7 亿多年前生物产生视

---

① "摄影哲学的任务，就是思索在一个被装置支配的世界里这一自由的可能性及其意义；思索人类如何能够在面对死亡这一偶然的必然性面前，为自己的生命赋予意义。这样的哲学是必要的，因为这是依然供我们使用的唯一的革命形式。"参见 [巴西] 威廉·弗卢塞尔《摄影哲学的思考》，毛卫东、丁君君译，第 71 页。

② [古罗马] 奥古斯丁：《忏悔录》，周士良译，商务印书馆 1989 年版，第 62 页。

③ [法] 雷吉斯·德布雷：《图像的生与死：西方观图史》，黄迅余、黄建华译，第 250 页。

觉器官以来，观看就时刻伴随着生命体，但没有哪一个时期如现在一样，观看已经变得泛滥，且成为人的存在方式。

既然技术图像具有强大的实证性，那么观看也就不再是一种感知性的美育过程。人类的观看行为不需要进行过多的思考，甚至根本无须进行思考。弗尔茨、贝斯特等人在技术图像初现端倪的时候预言了人类的现状：一方面，"娱乐"的"大多数"，"娱乐"使得人类"偏离了自己最具有批判性的工作"，沦为景观控制的奴隶[①]；另一方面，高度自动化的复制流通使得观看不再是一种具身性的体会，而是一种技术化的追捕。人类的观看方式由亲身感知转变为"摄影狂热"，这是一种"永远在重复同样的东西"的行为。弗卢塞尔戏谑地说："拍快照者如果没有了相机，就觉得自己失明了，这成了一种药物成瘾（Drogengewöhnung）。"[②] 在这个意义之下，观看者并不是在感知，而是被动地臣服于装置的自动化，狂热却乐在其中地享受着这个没有意义的复制过程。

对于复制过程的享受，使得人类自身丧失了观看的感受性，亦使得图像的意义在不断曝光的过程中隐蔽了起来。如果用本雅明自己的话来说，"灵光不能忍受任何的复制"[③]。在人们的观看中，艺术作品有所敞明，正如远古壁画的宗教性以及古典艺术的神圣性一样，灵光能够敞开于人们的感受之中。机械复制时代的艺术作品同样存在于人们的观看当中，但不同点在于，艺术作品不再自然地敞明于人们的观看之中，而是通过复制曝光于我们的近前，因为我们以复制的手法"揭开"了事物的面纱，从而破坏了其中的"灵光"。与此相对应，人们的心态不再是面对神圣之物的虔诚，而是面对商品之物的消遣。

由此，真实的情况并不是观者在借助装置进行观看，而是人类在不经意间充当了自动化装置的媒介——在被动观看的娱乐心态中帮助装置完成了生成。人们没有因为观看、取象而变得专注、清醒，反而体会到一种自我迷失——此种"自我迷失"诱发了弗卢塞尔所谓的"药物成瘾"，让人们渴望着接下来一次次的"摄影狂热"。虽然"迷失"的境况是现代性的首要特征，但正是技术加剧了这种自我迷失——雅斯贝尔斯便是如此提醒青年人的："时钟安排了人的生命，费时或琐碎无聊的工作把人的生命分割开来，使人越来越觉得自己不再是人，以至于发展到这样的极端，即让人感觉自己像一个机器零件，可以被替换安装到这里和那里，而在空闲时便什么也不是，无法安顿自己。"[④] 在这种迷失的境地下，娱乐化的影像带给了我们一个具有"实证性"的错

---

① ［美］弗尔茨、贝斯特：《情境主义国际》，载［美］罗伯特·戈尔曼编《"新马克思主义"传记辞典》，赵培杰等译，重庆出版社 1990 年版，第 767 页。

② ［巴西］威廉·弗卢塞尔：《摄影哲学的思考》，毛卫东、丁君君译，第 50 页。

③ ［德］瓦尔特·本雅明：《摄影小史》，许绮玲、林志明译，第 83 页。

④ ［德］卡尔·雅斯贝尔斯：《给青年人的哲学十二讲》，徐献军译，湖南人民出版社 2022 年版，第 136 页。

觉，好像人们可以在被动的过程中稍微放下沉重的包袱，享受装置带给人类的快乐。但恰恰因为如此，人们的观看方式在泛滥中得到了转变，由专注性的参与性观看转变为娱乐化的被动性观看。

这种转变虽然在 19 世纪已经出现端倪，但是那个时候仅有电影而无电视，在洞穴般的影院中，人们依旧专注地去观看影片。虽然杜哈梅对电影进行抱怨："我已经没有办法随心所欲地思考了，流动不停的影像已经取代了我自己的思路。"① 但许多思想家也对电影艺术充满了希望。② 而电视的出现使得民众能够放松下来，闲散地去接受推送出来的种种信息，并且熟练地运用着遥控装置来享受这种观看。正如前文所言，信息图像（视频）的重点不在于内在的意味，而在于其传播复制。德布雷总结说："电影的图像让轻松的变得意味深重，视频图像则让意味深重的变得轻松。"③ 他提醒我们，一方面，电视让我们不再专注地去观看，它传达的图像充当着社会的判断，对民众进行着说教，用娱乐的方式敦促着我们的被动接受。④ 另一方面，速度越快，内容越轻松，民众也更乐于接受。在这个过程中，观看的专注性变为了接受的娱乐性。

被动的娱乐化观看是人类在技术图像宇宙中的常态。这种新的天人境况也许是当代性之"迷失"的必然结果，在人类逐渐脱离宗教游走于虚无与此岸之间的时刻，技术被大多数人当作了一根"救命稻草"。但正如丹尼尔·艾伦所言，我们在以技术寻找出路的时候，并没有真正理解自己要做的事情，由此，"我们的确需要人造机器来代替我们思考和说话"⑤。在技术图像的宇宙中，看似所有的生成式装置都在解放我们的自由，但真实的情况是：这亦是一种丧失主动性的迷失。不思、娱乐、被动的观看是米歇尔所害怕的"漫无目的的自由"⑥，此种迷失敦促着我们重新探寻观看之美育价值的必要性。由此，本文的重点在于：以"观看"为切入点，重新探究其为感知性美育门径的两个维度：具身性与反思性，由此说明何以为感知性美育、感知性美育在技术图像时代何以可能这两个深刻的问题。

---

① ［德］瓦尔特·本雅明：《摄影小史》，许绮玲、林志明译，第 103 页。

② 比如法兰兹·维尔菲就说："电影尚未了解它的真正意义，它的真正可能性。其意义或潜能是在于它所拥有的能力，即以自然媒介表达的能力，可表现神仙、奇幻、超自然的景象。"参见［德］瓦尔特·本雅明《摄影小史》，许绮玲、林志明译，第 80 页。

③ ［法］雷吉斯·德布雷：《图像的生与死：西方观图史》，黄迅余、黄建华译，第 283 页。

④ "电视进行说教。它讲求应该而不是观看，自认为有责任让我们看到该看的东西。它代表着社会的判断，而对我们相当于上帝的评判。"参见［法］雷吉斯·德布雷《图像的生与死：西方观图史》，黄迅余、黄建华译，第 284 页。

⑤ ［美］汉娜·阿伦特：《人的境况·前言》，王寅丽译，第 3 页。

⑥ "我不知道到哪里去找。可能是我已经解脱了，但是又怎么样呢？我受不了这种漫无目的的自由。"参见［法］纪德《违背道德的人》，马振骋译，上海书店出版社 2011 年版，第 153 页。

三 感知性观看在技术图像时代何以可能？

在技术图像时代，生成式技术装置通过图像赋予着自身的意义，产生着表象性的现实。在强大的反馈功能面前，人的观看方式逐渐从专注性的参与性观看转变为被动性的娱乐性观看。由此，就使得民众的整全感受性慢慢退场。如前文所言，具身性的参与和思想的伴随是观看得以为感知性的美育的重要原因。而当下的境况则是：去具身性和判断力的逐步消失是被动性的娱乐性观看所造成的当下境况。不同于古人在林泉山水的"其身与竹化，无穷出清新"①，技术图像的宇宙通过自动地表象化、实证化，使得民众的观看转变为信号的接收。

所以，怀着批判的姿态重新思考、践行"观看"感知性美育是尤为必要的。许煜——这位试图以山水艺术精神回应人工智能问题的哲学家——认为"感知性"必须被"培养和唤起"。他认为，人类身处时代危机中的态度并不应该是逃避，而是应该通过"对可能性的条件的阐释"而"把危机转化为一种激进的开放"。② 具身性和反思性的问题不仅是观看问题的危机，亦为一种批判阐释中的可能性。具身性代表着观看整全的参与过程，反思性说明了思想在观看中的伴随。如上一节所言，整全的参与（具身性）以及思想的伴随（反思性）真切地说明了观看是一种感知性美育。本文最后也将从这两个方面入手，探究感知性观看在技术图像时代何以可能的问题。

去具身性是技术时代重要的特征，这是不得不承认的现实，也是许多哲学家在当下进行讨论的话题。生活在技术图像的宇宙当中的人类，并不需要进行过多的感受，它逐渐脱离了我们参与性的感性范畴。德布雷认为技术图像就像"带着假体的城市离开大地"③ 一样，使得人类在去具身性的体验中单纯地进行表象接受。这种境况说明了观看与感知的脱离，与美育的断裂。它呼唤着更为原初的眼光和感受性，敦促着人类对于参与性体会的反思。

虽然弗卢塞尔为我们展现了一种宏大的技术图像理论，但是他的目的同样是对人类的境况加以思考。他就非常注重民众的"参与"。不过这种参与不再是具身性的了。在远古，伏羲整全的身心共生于天地自然中，从而在"仰观俯察"中感通，这是一种具身性的"观看"。但在技术图像时代，人的存在是一种趋向于表象的状态，具身性会慢慢隐藏起来。弗卢塞尔同样认识到这一点，但他并不认为这是一件值得担忧的事情，

① （宋）苏轼：《书晁补之所藏与可画竹三首》，载颜中其《苏轼论文艺》，北京出版社 1985 年版，第 230 页。

② 许煜：《艺术与宇宙技术》，苏子滢译，华东师范大学出版社 2022 年版，第 50 页。

③ ［法］雷吉斯·德布雷：《图像的生与死：西方观图史》，黄迅余、黄建华译，第 178 页。

反而将这种身体的退场称为"解放"①。这种解放与禁欲主义者对于身体的排斥态度是完全不同的，"我们要避免混淆当下这种对物质性事物的拒斥与此前犹太—基督教对感官愉悦的排斥"，因为"我们处于一种更高的层次，身体不再引诱我们沉溺其中，而是干扰我们……我们知道，身体体积并不是一个正向机能，微末的起因可能产生巨大的影响，厚重不一定意味着优势；相反，如果把身体（我们自己的和他人的身体）作为游戏的一部分，则它们越小，就越是有趣"。② 在我们解放了自己有限的身体之后，古希腊哲人所谓的闲暇便成为人类的日常。在技术图像时代，"游戏"是进行参与的方式。在弗卢塞尔这里，此种"游戏"不是我们所熟知的网络游戏，而是一种以信息创造为方式的参与性对话。在参与性的信息对话中，人类的快感不再是身体性的，而是精神性的，由此也就"终身不会中断"③。

不过，在技术图像时代的条件下，弗卢塞尔的这种观点是非常大胆的，同样也会让人感到困惑，因为这种参与性对话建立起来的同时，身体也被消解了。一个如此远离物质（所有的工作、所有的痛苦、所有的主动与被动）而专注于纯粹信息的人是一种怎样的存在呢，这样的生命是名副其实的生命吗？弗卢塞尔满怀信心地告诉我们："实际上，这才是第一种'当之无愧'的'人类'的生命……这种沉思于自制图像的生活是一种休闲的生活，一种与他人、为他人以及在绝对他者的存在中的庆祝式生活。"④

不管弗卢塞尔的观点是否激进，不管这一个趋势值不值得庆祝，不管身体的退场是解放还是放逐，我们都可以从弗卢塞尔的观点中发现一个事实：身体必然会在信息化的发展中慢慢退场、技术图像时代仅仅是一个开始。不过话说回来，通过许煜对于山水精神的可能性阐释，我们发现，技术图像时代参与性对话的重点，不在于形式上的变化，而在于参与性、互动性过程中的道路与方向。山水精神同样展示出一种"闲暇"，一种魏晋名士"隐逸"的艺术性精神。但是面对当下的境况，我们更应该思考的是如何在对话中开显"此中有真意，欲辨已忘言"之"真意"，而不是妄想回到"采菊东篱下，悠然见南山"的田园生活。用许煜的话来说，闲暇不是一种自我中心的逃避，而是一种"有机的生活方式"。此种"有机"意味着"原初的和谐"，而中国山水精神的审美教育意义恰恰在于，它能够让人自发地谦虚下来，解构自身，在参与其中

---

① "人们可以坚信，万物不断发展的趋势会在脑性层面将我们从身体性中解放出来。"参见［巴西］威廉·弗卢塞尔《技术图像的宇宙》，李一君译，第100页。

② ［巴西］威廉·弗卢塞尔：《技术图像的宇宙》，李一君译，第101页。

③ "这是一种精神状态，它不会像性高潮那样加剧，然后消失，而是保持自己的狂热状态，终生不会中断。因为这种精神状态不是来自身体，而是来自大脑。"参见［巴西］威廉·弗卢塞尔《技术图像的宇宙》，李一君译，第93页。

④ ［巴西］威廉·弗卢塞尔：《技术图像的宇宙》，李一君译，第127页。

地观看中"达到与其他存在的和谐"。①

　　既然人的旁观是不可能的，那么就要勇敢地去思考如何参与其中，这恰恰是弗卢塞尔"参与"思想的重点所在。如若不然，他也不会在自己的早期著作《摄影哲学的思考》中说："摄影哲学的任务，就是思索在一个被装置支配的世界里这一自由的可能性及其意义；思索人类如何能够在面对死亡这一偶然的必然性面前，为自己的生命赋予意义。这样的哲学是必要的，因为这是依然供我们使用的唯一的革命形式。"② 无论技术图像时代如何发展，人的主动性始终是我们时刻不能忘记的。这不仅需要参与性观看的理论，也需要勇敢地去践行。后者无疑更为重要。抽象表现主义的画家们在不经意间做着这项工作，他们用抽象的作品为民众提供了一个参与对话的自由平台，民众通过自己的参与性观看一起为抽象作品来赋予意义，进行主动、内在的感知性美育。从这个角度来说，抽象画家是谦卑的艺术家，他允纳了诸多观者进入自己的作品，让他们通过观看来完成最重要的一个步骤：敞明意义。总而言之，抽象画家在不经意间对人类予以提醒：观者的主动性、参与性尤为重要。

　　形骸固然不重要，但如果完全脱离了身体，"观"还能够在去具身性的过程中得以可能吗？换言之，形骸的退场会妨碍观看成为一种感知性的美育吗？德布雷、本雅明等人持较为保守的态度，而弗卢塞尔、许煜等人认为人类并不需要对身体的退场大惊小怪。对此而言，中国思想中的"观"思想可以为我们提供一条极具参考价值的思路。

　　其实，在中国思想的用语习惯中，"观"并不是一个视觉中心主义的概念。在多数情况下，它指的是一种整全性、具身性的体验，以及一种超越性的感通。这种美育意义在《周易·系辞》的描述中表现得尤为真切："仰以观于天文，俯以察于地理，是故知幽明之故；原始反终，故知死生之说；精气为物，游魂为变，是故知鬼神之情状。"③ 人的观察与整个身体的俯仰相互结合，从而使得"观"成为一种身体性的动态过程。在"观"的过程中，人可以由可见的刚柔、幽明通达不可见的"幽明之故""死生之说""鬼神之情状"，这是一种超越性的感通、一种感知性的美育。

　　而且，这个过程需要思想的参与。《说文解字》说："观，谛视也。""谛"即仔细地看或仔细地听。但是这种看或听并不是将外物、自己对象化地去看待，而是参与其中，以感知性美育的方式去敞开世界的意义。在苏轼的诗歌中，这种由"观"而来的敞开被称为"遇"。④ 贡华南进而将这种感知性美育称为"感化"。在他的《味道哲学》中，贡

---

　　① "因此，我们看到闲暇其实不是一种逃避，而是一种'有机'的生活方式，它关注心灵和集体之间的原初和谐，假定个体的善将带来共同的善。"参见许煜《艺术与宇宙技术》，苏子滢译，第 37 页。
　　② ［巴西］威廉·弗卢塞尔：《摄影哲学的思考》，毛卫东、丁君君译，第 71 页。
　　③ （魏）王弼注，（唐）孔颖达疏：《周易正义》，北京大学出版社 1999 年版，第 266—267 页。
　　④ "惟江上之清风，与山间之明月，耳得之而为声，目遇之而成色。"参见（宋）苏轼《苏轼文集》第 1 册《赤壁赋》，中华书局 1986 年版，第 6 页。

华南强调，"观"不是反射外物的过程，"目"不是纯粹反射外物的镜子，"目"的任务、"观"的过程不仅是一种"出意""传神"的表达，而且是一种由内而外的表达。① 正是在这个意义上，张世英才强调，"诗意的想象"比知性概念方面的认识更为重要。② "观"是将自身投入活生生的世界当中，进而以艺术性的思想去感知万事万物的过程。

由此，"观"不再是视觉意义上的观看，而是超越意义上的感知性美育。眼睛只是一个作为门径的器官，视觉只是一个具有开启性的起点。当我们的感受性因"观"的习惯而更为游刃有余之时，即使眼睛因衰老而退化也没有什么关系。《世说新语》中记载了的一段对话："王尚书惠尝看王右军夫人，问：'眼耳为觉恶不否？'答曰：'发白齿落，属乎形骸；至于眼耳，关于神明，那可便与人隔？'"③ 老年的王羲之夫人听力视觉必然在功能性上大不如前，"眼耳"真正的关键在于"神明"的畅达，感受性的畅通。形骸必然会衰老，这是一个必然性的熵减过程。但是在不断与天地打交道的一生中，王羲之夫人的"观"却更加沉淀。"观"的重点不在于"形骸"，而关乎"神明"。换句话说，也就是：观看的重心在于感通性的"观"，而非官能性的"看"。

不过，如果完全脱离了形骸，"观"还能够在去具身性的过程中得以可能吗？民众无须出行、劳作、运动，便可以在技术图像的世界中观看各种表象；在弗卢塞尔设想的世界中，身体在未来会完全退场，人类将会在信息的世界中永恒地体会着大脑的精神性。如果本雅明面对这样一个棘手的问题，他应该会再次强调具身性的重要意义。具身性首先是他面对娱乐性观看的理论武器，"触觉的感受方式并非靠专注而是靠习惯"④。虽然现在艺术的鉴赏、专注似乎转变成了大众文化的消遣、散心。但本雅明告诉我们，首先要明白的事情应该是，人类感官必须面临的任务向来都不仅仅以视觉渠道为主，即不只以关注的形式为主，反而需要在触觉感受的引导之下慢慢适应。触觉的感受是一种习惯，而视觉与我们的心性状态关系紧密，或为专注或为散心。

脱离了触觉的观看，会使得民众的感受性大打折扣。不过，很多科学家会反驳，触觉也是神经反射的结果。即使没有了身体，高端的信息科技依旧可以赋予人们的大

---

① "为什么是'目遇之而成色'，而不是'目遇之而成形'呢？'形'与'色'相比更具有'客观性'，'色'则是'目'与'对象'之'相遇'；用今天的话说即是，'色'是主客相互作用的产物，而'形'则纯粹是对象自身的特征。于视觉，不是关注'形'，而是关注'目遇而成'之'色'，这与'目'（眼）所承担的任务有关；具体说就是，'目'的任务是由内而外地表达自身，是'出意'，是'传神'，而不是一面纯粹反射外物、收摄外物的'镜子'，它的认识功用为表达功用所牵制。强调视觉表达自身的作用而不是反映、认识功能，我称之为视觉的'感化'。"参见贡华南《味道哲学》，生活·读书·新知三联书店 2022 年版，第 21 页。

② "我主张用'诗意的想象'代替西方传统哲学所讲的认识（但又不是抛弃认识），以作为进入澄明之境的主要途径，这也就是我所讲的哲学新方向的目标。"参见张世英《进入澄明之境：哲学的新方向》，商务印书馆 2022 年版，第 134 页。

③ （南朝宋）刘义庆著，（南朝梁）刘孝标注，余嘉锡笺疏：《世说新语笺疏》，中华书局 2020 年版，第 580 页。

④ ［德］瓦尔特·本雅明：《摄影小史》，许绮玲、林志明译，第 109 页。

脑以触觉。这种说法理论上是自洽的，但在现实中实在是难以想象。毕竟，在我们正在经历的时代中，虽然人类依旧拥有身体，但除了用视觉观看技术图像的表象，大多数人不太愿意让自己的身体活动起来。这样的结果就是"谛视"之"谛"的消解，因为正如前文所言，此种"谛"不是概念上的思考，而是一种感知性美育，如果没有了具身性的参与，这种感知性美育是难以实现的。

所以，"观"的重点确实不在于"形骸"，但是没有了"形骸"的参与，"仰观俯察"也仅仅变为了"观察"。魏晋时期之所以孕育了山水画艺术，恰恰是因为这些名士好游山水。在《世说新语》的记载中，许掾不仅好游山水，遐想颇多，而且有着一副跋山涉水的好身体。① 没有了具身性感受的观看，也就不太可能形成一种感通。许多当代艺术家同样认识到了具身性的重要性，开始以他们自己的方式对当下予以回应和反抗。"人们现在放弃归化的代码，驯养的身体，转而追逐原始状态和自由动作。'身体语言'，便是圣体路线战胜了圣言路线的盛宴。在现代理性化的情感沙漠里，无声的躯体的丰硕完满（好比孩子和疯子的画那样）恢复失却的能量。"②

但是，对技术图像时代的排斥和拒绝同样不是一条可行的道路，我们也无法阻挡它。或许，将计就计且主动地利用技术图像，是一条可行且不可避免的道路。参与性的对话敦促着人类进行主动的观看，主动的表象，主动的综合。在这之后，予以主动的反思。技术图像的自动化表象着说教的信息，但是我们亦可以予以回馈，甚至是重构。另外，只要天地还依旧存在于宇宙当中，人类便总要或多或少依靠"形骸"来维持生命。身体是否退场，依旧由我们自己来决定。

总而言之，技术图像的时代提醒人类，自己需要为自己的存在做出考量和判断，为自己的参与负起责任。归根结底，技术图像时代的复杂景观虽然让人类很难主动性地观看；但正因为如此，它也抛给了我们极大的观看自由。观看由此成为一种关乎自身存在的实践哲学、一种自为的感知性美育。人类可以选择放弃自己的身体，可以选择被动性地接受；亦可以选择勇敢地参与性观看，并且不断进行自我美育。由此，观看的方式决定了每一个人的存在方式。

（作者单位：同济大学人文学院）

学术编辑：陈桑

---

① "许掾好游山水，而体便登陟。时人云：'许非徒有胜情，实有济胜之具。'"参见（南朝宋）刘义庆著，（南朝梁）刘孝标注，余嘉锡笺疏：《世说新语笺疏》，第 572 页。

② ［法］雷吉斯·德布雷：《图像的生与死：西方观图史》，黄迅余、黄建华译，第 261 页。

The Possibility of Perceptual Aesthetic Education: The Problem of Viewing in the Age of Technological Images

Yuan Bo

College of Humanities, Tongji University

Abstract: The image and the viewing are never separate. No matter in the Chinese classics such as *the Book of Changes* or in many western aesthetic viewpoints, images are used as a carrier to convey the invisible meaning through visible impressions, so that people can open their connotation in viewing, and develop the honesty and concentration of the subject, which has the direct aesthetic education significance. However, at present, the technical image is no longer an object but a universe, an era. The present world of technological images is also called the spectacle (viewing) society by Guy Debord. Although the "image" has been accompanied by human beings since ancient times, compared with traditional images, the technological image is very special: it becomes popular under the highly developed reproduction technology, becomes commoditized in circulation, and becomes the world itself in the development of information technology, and retains its own vitality due to generative and automation. Thus, "viewing" has not only become a passive, entertaining public posture, but also has become a basic way of human existence. In other words, "viewing" is now an existential philosophical problem, and urges the reflection of the subject itself and the opening of a perceptive aesthetic education. This paper will take "viewing" as the starting point to re-explore its two dimensions of perceptual aesthetic education: embodied and reflective, and then explain why "viewing" is perceptual aesthetic education and how it is possible in the age of technological images.

Keywords: technological image; viewing; image; perceptual aesthetic education

现代早期艺术教育：精神人格涵养功能的可能性追寻

——以艺术期刊为研究中心

李淑婷/文

摘　要　现代中国早期艺术功能观念的发生，与期刊学者的舆论倡导密不可分。20世纪初创刊于教育救国语境中的《美术》《音乐杂志》《绘学杂志》《美育》等，就已经关涉到艺术审美中的精神涵养指向。20年代末到30年代中后期，在相对稳定的社会文化环境中创刊的《美育杂志》《亚波罗》《亚丹娜》《艺浪》等期刊，则为艺术教育功能观念的深化演变提供了更多可能。故而，本文选取艺术期刊为研究视角，试图在现代美育理论与艺术教育思潮交织缠绕的复杂面相中，揭示期刊学者如何通过以西扬中、以中扬西以及中西交融的实践路径，使现代艺术教育的功能指向逐步从对社会现实层面的观照，转向了以精神人格涵养为旨归的功能观念，进而为当代美育及艺术教育发展提供历史参照。

关键词　现代早期艺术教育；精神人格涵养；功能观念；艺术期刊

在现代早期艺术教育功能发生过程中，艺术教育主要是作为实现中国人精神人格涵养的情感利器而存在。该时期，以梁启超、王国维、蔡元培、鲁迅为代表的美育倡导者，以及刘海粟、吴梦非、丰子恺、李金发、林风眠、林文铮、颜文樑、黄觉寺等艺术教育学人，他们在创建艺术院校、组织艺术社团与筹办艺术展览会的过程中，将艺术期刊视为传播艺术理论、营造艺术氛围的有效平台，试图以艺术期刊为手段，全面助推现代早期艺术教育精神人格涵养功能的发生。可以说，正是以现代美育奠基者蔡元培为领导核心、以艺术期刊为言论阵地，现代学者始终秉持着对精神人格涵养功能的追求，强化艺术审美实践活动对个体情感的重视，并在此过程中将个体感性范畴的情感探讨与社会伦理范畴的人格修养联系起来，使艺术教育持续指向中国人的心灵陶冶与涵养。现代中国人的精神觉醒开始取代社会现实改造，成为安慰中国人现实生活苦闷以及实现情感解放的理论良药。

一 "教育救国"及"美育救国"热潮中的感性之维

早在 20 世纪初至新文化运动前期，随着梁启超、王国维、蔡元培、鲁迅等人在现代美育层面倡导艺术教育，刘海粟、吴梦非等期刊撰稿者就已经在对艺术教育之社会改造功能层面的倡导中，关涉到艺术审美的感情陶冶功能。但是，诞生于"借思想文化以解决问题的途径"，"强调必先进行思想和文化改革然后才能实现社会和政治改革的研究问题的基本设定"①，又使得该时期的美育及艺术教育研究带有启蒙救亡的鲜明印记以及社会改造的现实指向。正是在这样的社会语境和教育救国的氛围中，现代学者自觉吸收和借鉴了西方美育理论与相关艺术思想，引发了以思想文化改造挽救民族危机、以文学艺术疗救社会现实的学术热潮。

值得注意的是，在该时期，无论是现代美育理论倡导者，还是以积极鼓吹美育为己任的期刊学者，都将现代美育的主要实践方式落脚于艺术教育层面。1902 年，作为政治型思想家的梁启超，在发起"诗界革命"和"文界革命"以后，又在《新小说》创刊号发表了关于小说理论的纲领性文献《论小说与群治之关系》一文，鼓吹"小说界革命"、倡导文体改良。在该文中，梁启超完全颠覆了传统小说不登大雅之堂的俗文学地位，提出以文学"最上乘"之作的小说来改造国民性。在肯定新小说"熏""浸""刺""提"四种功能属性的同时，梁启超将小说的工具性和审美性进行糅合。他指出，"欲新一国之民，不可不先新一国之小说。故欲新道德，必新小说。欲新宗教，必新小说。欲新政治，必新小说。欲新风俗，必新小说。欲新学艺，必新小说。乃至欲新人心，欲新人格，必新小说"，"今日欲改良群治，必自小说界革命始。欲新民，必自新小说始"②，将文学艺术视为实践新民理想的重要环节。在其主编的《新民丛报》中，梁启超还刊行了《劫灰梦传奇》与《新罗马传奇》两篇未完成剧作，传达出务要振奋国民精神的戏曲观。这两篇文章，以及他在第 4 期连载的《饮冰室诗话》中强调的"盖欲改造国民之品质，则诗歌音乐为精神教育之一要件"③，不仅为现代音乐教育与戏曲改革揭开了序幕，也同样体现了鲜明的政治功利主义取向。对比而言，秉持审美超功利主义取向的王国维，其对现代美育体系的建构一样离不开社会现实的理论根基。1903 年，根据康德对精神世界知、情、意的划分，王国维在《教育世界》中发表

---

① 〔美〕林毓生：《中国意识的危机——"五四"时期激烈的反传统主义》，穆善陪译，贵州人民出版社 1986 年版，第 43—45 页。

② 梁启超：《论小说与群治之关系》，《新小说》1902 年第 1 期，第 1—8 页。

③ 梁启超：《饮冰室诗话》，载《新民丛报》1903 年第 40141 号合本，第 195 页。

了《教育之宗旨》一文。文中，王国维将现代教育目标规定为，培养"能力无不发达且调和"的"完全之人物"，"完全之人物不可不具备真美善之三德。欲达此理想，于是教育之事起。教育之事亦分为三部：智育、德育（意育）、美育（情育）是也"。在此处，王国维将美育的内涵专门标注为"情育"，并指出"盖人心之动，无不束缚于一己之利害；独美之为物，使人忘一己之利害而入高尚纯洁之域，此最纯粹之快乐也"①，艺术审美被视为蕴藉国民精神与实现社会改良的有效方式。而更进一步来说，王国维对美育和艺术教育的大力倡导，其实与晚清国民迷恋鸦片、赌博以麻痹自我的陋习有着密切联系。1906 年，在发表于《教育世界》第 129 期的《去毒篇》，王国维将导致国民精神疾病的原因归结为两点，"自国家之方面言之，必其政治之不修也，教育之不溥及也；自国民之方面言之，必其苦痛及空虚之感深于他国民，而除雅片外别无所以蕴藉之术也。此二者中，后者尤为最要之原因"。在该文中，王国维充分借鉴了叔本华的"欲望"说，将宗教和美术作为满足人生欲望、疗愈国民精神的有效方式。在区分宗教和美术各自适应的社会形态和功能指向的基础上，又将雕刻、绘画、音乐、文学在内的广义美术视为"上流社会之宗教"，并强调"美术之慰藉中，尤以文学为尤大"。②

　　1912 年 2 月，担任中华民国临时政府教育总长的蔡元培，在为教育部草拟学校法令时发表了《对于新教育之意见》的著名篇章。在文中，蔡元培提出，以"隶属于政治"的军国主义、实利主义、德育主义和"超轶乎政治"的世界观教育与美育，"五育"并举协同推进现代教育发展的政策。图画、唱歌、手工、游戏、普通体操等艺术科，被规定为实践美育理论的具体方式。同年 9 月，在其主持颁布的《教育宗旨令》中，蔡元培再次强调了"注重道德教育，以实利教育、军国民教育辅之，更以美感教育完成其德"③ 的教育理念，将美育提高到教育法规的地位。紧随其后，教育部于该年 9 月和 12 月先后颁布了《小学校令》《中学校令施行规则》《师范学校规程》等法规，并在各级学校章程中提及艺术教育的审美意义，确立了图画以及手工、乐歌等艺术课程"能自由绘画，兼练习意匠，涵养美感"④ 为指向的功能定位。至此，现代早期艺术教育开始从晚清工艺学堂培养专业技术人才以实现富国强兵的目标指向，转向对国民整体素养的观照，艺术教育从此在现代美育层面获得了合法性地位。除了上文提及的美育学人与艺术教育法规，鲁迅对现代"美术"概念的阐发，也是就众多艺术门类而

---

① 王国维：《论教育之宗旨》，载金雅主编《中国现代美学名家文丛·王国维卷》，浙江大学出版社 2009 年版，第 89—90 页。

② 王国维：《去毒篇》，《教育世界》1906 年第 129 期，第 2—4 页。

③ 北京教育部：《教育部公布宗旨令》，《教育杂志》1912 年第 4 卷第 7 号，第 5 页。

④ 张援、章咸编：《中国近现代艺术教育法规汇编》（1840-1949），上海教育出版社 2011 年版，第 91 页。

言的。1913 年，在《拟播布美术意见书》一文中，鲁迅将美术的指涉范畴规定为，"用思理以美化天物之谓"，"如雕塑，绘画，文章，建筑，音乐皆是也"。在谈及美术目的与功能取向方面，鲁迅充分肯定了美术的功能价值，认为"美术诚谛，固在发扬真美，以娱人情，比其见利致用，乃不期之成果"，大致有"表见文化""辅翼道德""救援经济"三个方面的功用。就美术的德育指向而言，"其力足以深邃人之性情，崇高人之好尚，亦可辅道德以为治。物质文明，日益曼衍，人情因亦日趣于肤浅；今以此优美而崇大之，则高洁之情独存，邪秽之念不作，不待惩劝，而国又安"①，并提倡以建设事业、保存事业、研究事业的方式普及美术教育，诸如建设美术馆、美术展览会等。1917 年，在为北京神州学会所作的演说中，蔡元培标举审美的普遍性与超越性，要以"陶养吾人之感情，使有高尚纯洁之习惯，而使人我之见、利己损人之思念，以渐消沮者也"的现代美育，"以破人我之见，去利害得失之计较，则其所以陶养性灵，使之日进于高尚"②。在 1919 年，面对以理性启蒙为主的新文化运动，蔡元培再次申诉了发展"文化运动不要忘了美育"的时代愿景，并告诫现代知识学人"要透澈复杂的真相，应研究科学；要鼓励实行的兴会，应利用美术"③。

随着美育学者在综合类期刊中的宣传倡导，此时涌现的众多艺术期刊，诸如上海新剧杂志社刊行、夏秋风主编的《新剧杂志》（1914.5）；沈氏兄弟公司发行，沈学仁主编的《上海泼克》（1918.9）；上海图画美术专门学校刊行，张玄田、刘海粟主编的《美术》（1918.10）；天津春柳杂志社刊行，李痕涛主编的《春柳》（1918.12），上海滑稽画报社发行，张光宇等主编的《滑稽画报》（1919.10）；中华美育会刊行，吴梦非主编的《美育》（1920.4）；上海民众戏剧社发行，陈大悲、汪仲贤、欧阳予倩等撰稿的《戏剧》（1921.5）；广东戏剧研究所发行，胡春冰主编的《戏剧》（1929）等，已经在对艺术教育之社会改造功能的理论倡导中，确定现代中国人的精神陶冶与情感修复才是推动艺术教育实现净化人心，进而完成社会改造与美化人生历史重任的理论根基。只是，在西方坚船利炮入侵所造就的政治文化语境中，现代艺术学人根本来不及深刻思考，"如何实现精神人格涵养"或者"精神人格涵养何如"的时代命题，便被"教育救国"与"美育救国"的学术热情所淹没。刘海粟在《美术》发刊词解释称，"仓皇戎马，扰攘尘寰，时变日亟矣！欲从容而侈言学术，士大夫多难之"，"所愿本杂志发刊后，四方宏博，悉本此志，抒为崇论，有以表彰图画之效用，使全国士风，咸能以高尚之学术，发挥国光，增进世界种种文明事业，与欧西各国，竞进颉颃"④。中

---

① 周树人：《拟播布美术意见书》，《教育部编撰处月刊》1913 年第 1 期，第 1—3 页。
② 蔡元培：《以美育代宗教说：在北京神州学会演讲》，《新青年》1917 年第 6 期，第 4—5 页。
③ 蔡元培：《文化运动不要忘了美育》，载高平叔编《蔡元培全集》第 3 卷，中华书局 1984 年版，第 361 页。
④ 刘海粟：《发刊词二》，《美术》1918 年第 1 期，第 4 页。

华美育会编辑同人亦在《美育》期刊中指出，"中国人最缺乏就是'美的思想'，所以对于'艺术'的观念，也非常的薄弱"，表示美育学人要"用'艺术教育'来建设一个'新人生观'，并且想救济一般烦闷的青年，改革主智的教育，还要希望用美来代替神秘主义的宗教"。① 简而言之，20 世纪初的现代学人更侧重观照的，是如何借助艺术这把情感利器以挽救凋敝的社会现实。而这就从根本上决定了该时期更多艺术期刊所亟须面对的，是如何借助艺术审美的精神涵养功能达到解救乃至超越社会现实的历史重任，而非专注于艺术审美对精神人格涵养功能的自觉阐发与深入剖析。也就是说，虽然此时的美育及艺术教育研究者以中国人的精神疗救作为改造社会的基础，但此时艺术教育之精神功能的探讨更强调的是实现社会改造问题的手段而已，其所急于解决的是社会能否改造、如何改造的问题。如何为现代中国人的艺术审美提供更加有效的实践方式、如何有效充实和扩张现代中国人精神生活的有限性，在某种程度上被现实改造的文化境域所遮蔽了。尽管以社会改造为旨归的现代早期艺术教育，恰恰是以涵养个体精神修养为理论基点和发生前提的。

二　从情感缺失处重构早期艺术教育的功能观念

20 世纪二三十年代，尤其是北伐战争后，相对稳定的社会环境为艺术教育功能观念的发生演变提供了合理契机。此时的梁启超、蔡元培、丰子恺等现代研究者，以及受到蔡元培美育思想感召的期刊学人，开始将艺术教育从净化人心进而实现社会改造的功能层面，逐步转向以陶冶国民性情、快慰国民身心为主的目标层面。就像当代研究者总结的，"艺术作为富于情感特质的主要审美对象，成为'情感教育的利器'，艺术教育在'人之全面发展'的现代教育理念中，在情感教育的意义上受到关注和阐发，并基于情感教育的必要性在教育实践中取得发展"②。如何为中国人的精神生活提供更加全面的动力支撑，成为学者关注重点。

接受了西方非理性主义、反科学主义和东方精神文明论影响的梁启超，在结束欧洲访学后的次年便发表了《欧游心影录》一文，批判战争对人类现代文明的破坏。以该文的刊发为标志，梁启超认识到理性启蒙主义的有限性，故而逐渐削弱了早期的政治功利主义取向，开始倡导物质生活与精神生活的协调统一。1922 年，在为清华学校文学社、教育联合研究会、北京美术学校、南京东南大学以及上海美术专门学校等院校讲演时，梁启超先后发表了《中国韵文里头所表现的情感》《趣味教育与教育趣味》

---

① 本社同人：《本志宣言》，《美育》1920 年第 1 期，第 1 页。
② 殷波：《中国现代艺术教育思想研究》，博士学位论文，山东大学，2007 年，第 81 页。

《美术与科学》《学问之趣味》《美术与生活》等篇章，反复揭示情感教育的重要地位。特别是在《中国韵文里头所表现的情感》一文，梁启超提出了著名的"利器"说，强调"天下最神圣的莫过于情感"，"情感教育最大的利器，就是艺术。音乐、美术、文学这三件法宝，把'情感秘密'的钥匙都掌住了"。① 在其后发表的《美术与生活》篇，梁启超还将艺术与感知趣味的器官建立了紧密联系，并再次强调"专从事诱发以刺戟各人器官不使钝的有三种利器：一是文学，二是音乐，三是美术"，"美术的功用，在把这种麻木状态恢复过来，令没趣变为有趣。换句话说，是把那渐渐坏掉了的爱美胃口，替他复原，令他能常常吸收趣味的营养，以维持增进自己的生活康健"②，以此鼓励艺术教育既要培养美术家，也要培养更多懂得鉴赏美术的现代国民。与此同时，关于美育及艺术教育功能的阐发，在艺术期刊学者那里也得到反复揭示。在该时期，无论是《教育杂志》刊行的天民《艺术教育学的思潮及批评》、李石岑《美育之原理》、既澄《小学校中之美育》、吕澂《艺术和美育》、沈建平《近代各派艺术教育说之批判》、丰子恺《废止艺术科——〈教育艺术论〉的序曲》，还是《中华教育界》中收录的吴俊升《艺术课程概论》、雷家俊《儿童的艺术生活》、刘思训的《艺术与教育在今日的关系》等内容，他们始终将陶冶国民性情、抒发国民情感、蕴藉国民精神作为阐发美育理论及艺术教育研究的着眼点。其中，丰子恺在论及艺术教育之"美的教育""情的教育"本质属性的同时，还从"知情意"与"真善美"的现代教育构想出发，有意打破艺术教育被局限于图画或音乐等艺术科教育的现状，认为"艺术教育是人生的很广泛的教育"，是包含了"日常生活中的一茶一饭，一草一木、一举一动的"的大艺术科教育，③ 从而将艺术教育提升到人生的高度。

在 1922 年 6 月，蔡元培总结了美育在现代教育体系中的演化历程，提出"我国初办新式教育的时候，止提出体育、智育、德育三条件，称为三育。十年来，渐渐地提到美育；现在教育界已经公认了"④。在该文中，蔡元培以美育思想为统摄，以现代中国的公立胎教院与育婴院着手，从小学等普通教育到专门教育，再到社会美育及地方美化，均有详细阐发。就美育的实施而言，蔡元培认为无论是社会美育还是家庭美育，均要以建筑、音乐、舞蹈、手工、图画、运动、文学等艺术科教育为展开方式，通过设立美术馆、美术展览会、音乐会、剧院等公共空间，弥补学校美育的不足。1927 年12 月，在其为大学院艺术教育委员会刊发的《创办国立艺术大学之提案摘要》篇，蔡

①　梁启超：《中国韵文里头所表现的情感》，《解放与改造》1922 年第 6 期，第 2 页。
②　梁启超：《美术与生活》，《时事新报·学灯》1922 年 8 月 15 日，0001 版。
③　丰子恺：《废止艺术科——〈教育艺术论〉的序曲》，载俞玉姿、张援编《中国近现代美育论文选》，上海教育出版社 2011 年版，第 165—166 页。
④　蔡元培：《美育实施的方法》，《教育杂志》1922 年第 6 期，第 1 页。

元培再次明确了"美育之实施，直以艺术为教育，培养美的创造及鉴赏的知识，而普及于社会。是故东西各国，莫不有国立美术专门学校，音乐院，国立剧场等之设立，以养成高深艺术之人才，以谋美育之实施与普及"的功能指向与实践方式。可以说，其所大力鼓吹的，以"陶冶活泼敏锐之性灵，养成高尚纯洁之人格"[1] 为价值追求的美育，正是以艺术教育为重要实践手段的。到了 1930 年，蔡元培在为商务印书馆出版的《教育大辞书》中撰写的"美育"条目，将其定义为"美育者，应用美学之理论于教育，以陶养感情为目的者也"[2]，并从学校课程安排、家庭生活环境与社会基础建设三个方面，为美育实践的推进作了具体规定。而除了以上关于对美育和艺术教育理论的倡导，作为现代中国美育和艺术教育奠基人的蔡元培，还在北大担任校长期间邀请院校师生筹备了北大画法研究会、音乐研究会、书法研究会等艺术社团；同时为上海图画美术学校美术杂志社期刊《美术》（1918.10），北京大学音乐研究会期刊《音乐杂志》（1920.3），绘学杂志社《绘学杂志》（1920.6），上海国立音乐院《音乐院院刊》（1929.5），上海中华口琴会期刊《中华口琴界》（1931.5），上海国立音乐专科学校发行的《音乐月刊》（1937.11）等相关期刊提刊名或撰写发刊词；在教育机构方面，创办或协助创办了国立北京美术学校、国立杭州艺术专科学校、上海国立音乐专科学校等艺术院校，为现代中国艺术教育培养了大批人才。此外，刘海粟、李金发、林风眠、颜文樑等年轻学人，均在不同程度上得到了蔡元培的提携，他们对艺术教育不遗余力地倡导，为现代艺术教育之精神人格涵养功能的深化演变奠定了基础。

在 20 世纪 20 年代，伴随着李金发、林风眠、林文铮、颜文樑、黄觉寺等一批接受了现代欧美艺术思潮影响的留学生归国，先后在《美育杂志》《沧浪美》《亚波罗》《亚丹娜》《艺浪》等期刊担任主编或大量撰文，试图通过译介域外艺术教育资源的方式，将生动活泼的精神力量赋予现代中国人，以强化艺术审美活动蕴含的精神旨趣对提升审美趣味、完善精神人格以及推动现代审美群体精神风貌的重要意义。关于艺术教育精神人格涵养功能的转向与定位，较早体现在傅彦长、朱应鹏、张若谷、徐蔚南主编的《艺术界周刊》发刊词中。1926 年 9 月，该期刊编者在《序诗》中以澎湃的激情高唱艺术的赞歌，宣称："我们要贡献你的，热烈的精神；我们所希望你的，健全的心身。宛转着你歌喉的新春；流散着你肉体的清芬……我们的小书呀，快飞去吻着青年的香唇。"[3] 而他们所追求的艺术教育功能取向，就是在审美实践中努力张扬中国人的精神自由与民族精神，进而弥补中国人的精神缺失问题。

而从该角度理解艺术期刊，可以发现，自从期刊学者提出以艺术审美涵养中国人

---

① 蔡元培：《创办国立艺术大学之提案》，《大学院公报》1928 年第 2 期，第 44—45 页。
② 唐铖、朱经农、高觉敷主编：《教育大辞书》，商务印书馆 1930 年版，第 742 页。
③ 编者：《序诗》，《艺术界》1927 年第 1 期特大号，第 1 页。

情感价值层面的功能观念以来，现代早期艺术教育对审美主体精神人格的反复揭示与强化就占据了艺术教育功能观念的重要地位。比如，在 1928 年，李金发及其夫人屐姐创刊的《美育杂志》，就明显表现出将艺术审美的本体价值属性自觉导向现代中国人审美旨趣和精神生活的特定功能立场。就像李金发在《吾国艺术教育》篇分析的，科学教育与艺术教育是导致现代中国与欧美各国文化发展悬殊的重要原因，"科学教育之原因于要解决生活，战胜环境。艺术教育原因于官能的需要，而创造出一些动作来，去快慰身心，而至于陶冶性情"①。苏州美术专门学校创刊，黄觉寺主编的《沧浪美》《艺浪》；西湖国立杭州艺术专科学校刊发，林风眠、林文铮、李朴园撰稿的《亚波罗》《亚丹娜》等，同样提出以艺术审美涵养中国人情感价值层面的功能观念。以《沧浪美》第 2 期刊发的《艺术是什么》的短诗为例，作者将艺术看作"三春的鲜花""中秋的皓月""时雨春风""青山绿水"，指出艺术可以赋予个体"怡乐的情操""莹洁的襟怀"；其就审美主体而言"能开心，益智慧，强精神，定魂魄"；就国家而言，又是"社会进化的先导者"和"时代文化的表现者"，"代表国民特性和国势的盛衰"。② 而且艺术期刊对精神人格涵养功能的强调，直到现代中国后期依然有着强劲的发展空间。1946 年发行的《雍华图文杂志》就曾在《卷头语》宣称，"政治和我们无缘，社会问题国际形势也引不起我们的兴趣"，只是希望期刊能够"发表一些优美的艺术品和生活片段的文章。假使容许存点奢望，我们很想提倡一种高尚趣味"。③ 结合该期刊所处的抗日救亡的时代背景，编辑者尚能以超功利主义审美态度观照个体精神趣味，充分彰显了期刊对国民精神人格涵养功能的坚守，以及对现代审美主体精神旨趣的弘扬。

三　艺术期刊推动精神人格涵养功能的实践路径

在推动早期艺术教育功能观念的发生层面，艺术期刊主要生成了以译介域外艺术教育资源为主的以西扬中路径，从传统艺术教育资源汲取养分的以中扬西路径，以及调和中外艺术形态及其话语资源的中西交融路径。不过，该建构路径的划分并非泾渭分明的，而是呈现互相交织、互相缠绕的复杂面相。另外，尽管社会语境与知识接受背景的差异，导致学者在艺术教育能否表现精神人格以及如何表现精神人格的讨论中，并未形成完全意义上的对话模式。但就整体而言，他们的理论倡导又具有某种一致性。能否满足中国人的艺术审美需要，成为期刊译介艺术形态及其教育资源的言论依据，

---

① 李金发：《吾国艺术教育》，《美育杂志》1928 年第 2 期，第 173 页。
② 宜生：《艺术是什么》，《沧浪美》1928 年第 2 期，第 98 页。
③ 《卷头语》，《雍华图文杂志》1946 年创刊号，第 2 页。

感觉与感情的和谐与否成为衡量艺术作品审美趣味的判断标准，如何改变中国人精神贫乏的生活状态，成为该类艺术期刊的努力方向。

其一，创刊于 20 世纪 20 年代早期的《美术》《美育》《艺术界周刊》《美育杂志》等期刊，大量吸收并借鉴了古希腊、罗马乃至现代欧美诸国丰富的文艺思潮与学术资源，试图通过借鉴域外艺术审美实践的方式，将实践活动蕴含的生动活泼的美感力量传播至现代中国，以求为现代中国人带来充满精神力量的生命体验。在 20 世纪 30 年代以后涌现的上海摩社期刊《艺术旬刊》与该期刊替代刊物《艺术》月刊，上海国立音乐专科学校艺文社创办的《音乐杂志》等，他们对艺术教育功能观念的倡导均是沿着该路径展开的。作为现代中国第一本专业美术杂志，《美术》期刊"以世界之美育，药国人之拙陋"① 为旨归，倡导美术改革。在译介西方印象派绘画、后期印象派绘画以及立体主义、野兽主义等绘画流派以及西画艺评的同时，该期刊还大量刊登色彩学、透视学和人体解剖学等绘画技法方面的文章，提倡写生制度。在蔡元培的支持下，旅行写生与人体模特儿被首次运用于课程教学。在刊物发行的 1918 至 1922 年间，被冠以"艺术叛徒"名号的美专校长刘海粟，在《西画钩玄》《石膏模型写生画法》《西湖旅行写生纪略》《致江苏省教育会提倡美术意见书》《江苏省教育会美术研究会简章》《画学上必要之点》《寒假西湖旅行写生记》等多篇文章中，多次强调艺术写生、反对机械模仿。他认为，"凡西人之所谓印象派、新印象派、实写派、自然派，其施色之一种自然配合。用笔之特具创造，无不各本其天性所感触自然之景象而来"，"返观吾国之画家，终日伏案摹仿前人画派，或互相借稿仿摹，以为研究张本，并以得稿之最多者为良画师焉。故画家之工夫愈深，其法愈呆。画家之愈负时誉者，画风愈靡，愈失真美"。② 整体来看，刘海粟以及吕凤子、汪亚尘、唐隽、俞寄凡、吕澂等期刊撰稿者均大力推崇提倡艺术写生的原因，就在于写生画所蕴含的个性、自由和创造兼备的精神力量，能够促进现代审美主体精神人格的培养，进而完善中国人的生存状态、激发生命活力。对比而言，深受法国象征主义文艺思潮影响的李金发，在《美育杂志》中表现出更加强烈的反传统主义倾向。他将社会文化的没落归结为艺术界的衰败，批评称"世界上著名之肮脏无文的是中国人"，"他们的居住，安适过么？他们的衣裳，好看过？常常见欧美很贫苦的人，他们的生活是有恬愉与美丽。中国人则常富有巨万，亦蓬头垢面，奄奄一息。常常在中国最高级之社会与生活中，亦可发现可怕的丑态"，③ 认为正是艺术因循守旧、缺乏生命活力的凋敝现状，才导致国人精神趣味的贫乏以及精神家园的荒芜，使其长期束缚在饱经战乱的痛苦现实中无法脱身。正是这种带有民

---

① 张玄田：《发刊词一》，《美术》1918 年第 1 期，第 2 页。
② 刘海粟：《画学上必要之点》，《美术》1919 年第 2 期，第 6 页。
③ 李金发：《中国宝贝》，《美育杂志》1928 年第 1 期，第 62 页。

族文化虚无主义的论断，在很大程度上决定了《美育》期刊更加侧重以图文并茂的方式介绍域外艺术形态及其话语资源，进而呈现以希腊和现代欧美文明为主的审美范式。对此，李金发曾在第1期刊发的《编辑后的话》、第2期《等于零的话》以及第4期的《复刊感言》等文章中反思，"本刊的材料，自知是太侧重于欧美"，但他深知中国美育发展还比较幼稚，"实际系中国艺术太无精彩，丑的事物居多，深望以后读者能多找出些美的分子来"。[1] 就该期刊对域外艺术教育资源的借鉴而言，无论是对达·芬奇、米开朗琪罗、拉斐尔、罗丹等艺术作品的介绍，还是对古希腊、罗马、意大利及美法诸国艺术教育状况的报道，或是对域外艺术形态及其理论话语的接受与译介，该期刊始终认为域外艺术审美实践中的精神力量可以为现代中国人输入新鲜的精神活力，并据此将传统艺术形态视为亟须改良或革除的对象。

其二，由北京大学创刊的《音乐杂志》《绘学杂志》，以及北平国乐改进社期刊《音乐杂志》、上海美术专门学校《葱岭》季刊、蜜蜂画社刊物《蜜蜂》等期刊，倾向以西方科学方法促进传统艺术教育资源现代化转型，以求为处于生活困境中的中国人找寻精神出路。蔡元培在1920年扶持创办的《音乐杂志》，承载了北京大学教育者兼收并蓄的治学思想，是现代中国首屈一指的重量级刊物。面对西方文艺思潮和学术观念的冲击，蔡元培不仅汲取了中国古典美学思想中诗教、乐教的功能观念，又倡导以现代物理学、生理学、心理学、美学等科学方法整理传统艺术教育资源，以促进中国音乐之改进、供世界音乐之采用，为传统艺术教育资源的现代转型提供了本土参照。除了对域外艺术教育理论及艺术实践的普及，该期刊还在第1卷第1号刊载了杨昭恕的《音乐在美术上之地位及其价值》，第1卷第3号萧友梅的《什么是音乐》，第1卷第4号杨昭恕的《论音乐感人之理》等篇章，就音乐教育的学科定位及其教育功用方面展开论述。与萧友梅将音乐视为以声音描写人们精神状态的美术的观点类似，杨昭恕所说的能够刺激感官、高尚精神趣味、促进社会文化建设的美术，也是包括绘画、雕刻、建筑、庭院、服饰、音乐、诗歌、演剧等在内的综合性艺术门类。其中，音乐"具有最高等感人之效力"，"心理上所有之情境音乐皆能一一感动而引起之"。[2] 此外，作为现代美术史上第一个新型绘画研究团体机关刊物，《绘学杂志》以"研究画法，发展美育"[3] 为己任，不仅刊有胡佩衡、贺履之、汤定之、陈师曾、徐悲鸿、李毅士、郑锦等社团绘画指导教师的著述，作为画法研究所所长的蔡元培还在该期刊上发表了《美术的起源》《美术的进化》《美术与科学的关系》等文章。在绘画技法方面，在"美术革命"的理论旗帜下，与徐悲鸿在《中国画改良论》中所提出的以写实画法拯

---

① 李金发：《编辑后的话》，《美育杂志》1928年第1期，第146页。

② 杨昭恕：《论音乐感人之理》，《音乐杂志》1920年第4号，第1页。

③ 许志浩：《1919—1949中国美术期刊过眼录》，上海书画出版社1992年版，第13页。

救中国画坛不同，陈师曾标举魏晋南北朝画家谢赫《古画品录》中"气韵生动"的美学范畴，从文人画的本质、要素、技巧及形态观念方面高度肯定了文人画的审美价值，回答了中国画要往何处去的论争。他告诫人们，"要晓得画这样东西，是性灵的，是思想的，是活动的。不是器械的，不是单纯的。要发表作者的性灵和思想，自然有一种文人，也要在画里面，发表他的性灵和思想带着他自己的本质"[①]。也就是说，作者正是注意到文人画具有以"性灵"来表现艺术家思想情感的独特价值，才将文人画视为精神人格的艺术化表现，认为艺术作品的独特价值便在于陶写性灵、发表个性和感想。因此，我们与其认为该论点是在为文人画的存在合理性努力辩护，倒不如说此时的艺术学人已经开始注意到，部分学者过度推崇西方艺术审美形式而呈现的对中国传统艺术的全盘否定式态度。以此为契机，20 世纪 30 年代前后由黄宾虹、汪亚尘、郑午昌、陆丹林等主编的《国画月刊》《国画》与中国美术会编辑的《中国美术会季刊》等，他们对传统山水画等艺术形态情感价值功能的探讨，基本上是沿着《绘学杂志》开创的路径演变深化的。

其三，20 世纪 20 年代末创刊的《沧浪美》《艺浪》《亚波罗》《亚丹娜》等期刊，注意到中西艺术形态及其审美实践活动，同样具有为人类提供精神蕴藉与情感涵养的功能价值，开始以相对客观的态度记载中外艺术家、艺术作品及艺术理论，试图在调和中西艺术、复兴传统艺术的基础上创造自由的新艺术，以求为国民精神人格和民族精神发展提供更多可能性。面对现代早期艺术教育的发展困境，《亚波罗》在刊载林风眠《我们要注意》《重新估定中国绘画底价值》，林文铮《艺术盛衰漫谈》《艺术之新旧问题》等篇章以外，又在第 14 期设置"中国艺术出路"专栏，探讨艺术教育出路问题。林文铮在该期发表的《绪言》篇指出，"艺术运动不是艺界的私事，乃是民族心灵活动的表现"，现代艺术创作中存在的"技巧不精，表现不力，精神与时代隔膜"等症结，使得"中国艺术的不健全正反映着民族精神的贫血症"，指出中国艺术的出路在于，"艺人之自觉"[②]。其后，苏州美专校刊《艺浪》校刊先后发表了黄觉寺《艺术教育的研究》《艺术的产生》，周礼恪《中国画的精神》《艺术和民众》，蒋吟秋《我之艺术观》、菊迟《艺术鉴赏杂话》、杜学礼《从生活运动谈到艺术修养》、韩燊《"艺术"人生的乐园》等篇章，分别就艺术教育现状、艺术鉴赏问题、艺术与民众的关系等层面展开论述。借用蒋吟秋对艺术教育功能观念的阐述便是，用"以调剂生活之枯寂，慰藉情感之兴奋；亦所以改善环境也。环境既良，感'应'自佳，居美善之家庭，则有家庭之乐趣；处和平之社会，则受社会之利益；生安定之国家，则得国家之幸福"[③]。在 1931 年创刊的《亚丹娜》期刊，林文铮的《时代精神与中国艺术之新趋势》一文，

---

① 陈师曾：《文人画之价值》，《绘学杂志》1921 年第 2 期，第 1 页。
② 林文铮：《绪言》，《亚波罗》1935 年第 14 期，第 1285—1287 页。
③ 蒋吟秋：《我之艺术观》，《艺浪》1931 年第 6 期，第 12—13 页。

在对百年艺术发展与时代精神关系阐释的基础上，指出现代中国的时代精神应该借助科学与艺术两种方式，"积极的解决社会与人生之困苦"，"从物质上解决物质之缺憾，从精神上解决精神之苦闷，进而由多烦忧的现世，创造出理想的天国"。① 而这也是他在创刊号《中国艺术之将来》篇所预测的，"今后中华民族之存在全系在两种条件之上：一为精神复活，一为肉体复活，前者属于思想，情感，意志之复兴，后者属于民族体质健康之长进"②。可见，林文铮等人正是发现了艺术审美能够从根本上拯救中国人精神生活的苦闷，所以才在期刊中竭力鼓吹要以艺术作为修补中国人情感缺失、激发民族生命活力的有效武器。在努力创造能够彰显审美主体趣味和民族精神的新艺术以外，《亚波罗》还在第1期刊载了林风眠的《我们要注意——西湖国立艺术院纪念周讲演》、第6期刊发了《教育部全国美术展览会》、第7期登载了《把希望寄给艺术馆罢》，第8期刊行《艺术运动社宣言》《艺术运动社简章》，以及李树化的《艺术运动》、李朴园的《我所见之艺术运动社》《何物艺术运动社》等，成为林风眠等人组织艺术大会、推动艺术教育民众化审美转型的重镇。尤其是《我们要注意》一文，林风眠分别就艺术批评、艺术教育、艺术家态度问题以及如何举办展览会四个方面提出改良设想，并重点论及了大学院对全国美术展览会的筹办。在1929年，由徐志摩、陈小蝶、杨清磐、李韩祖编辑出版的《美展》三日刊，便是由部分展品制成图录加以名家评析汇总而成的。此次展览会的成功举办及《美展》的刊行，不仅给现代中国早期的沉闷画坛带来了转机，更成为艺术教育民众化进程的重要转折点。

结　语

综上可知，虽然相较于20年代早期学者对艺术教育社会功能层面的强调，此后的期刊学人主要将功能取向安排给审美主体的精神人格涵养方面，但如果将艺术教育作为精神涵养功能的实践手段，现代早期艺术学人其实都站在了一种特定的功能论立场，坚决捍卫和张扬艺术教育中的情感维度。该类艺术期刊所倡导的审美实践活动，其实就是现代学者为中国人找寻到的疗救精神委顿、修复情感缺失的理论良药。而这也就可以解释，为何在推动早期艺术教育功能观念的发生过程中，这类艺术期刊所强调的并不完全是艺术形态及其知识接受中的新旧问题，而是艺术形态所蕴含的具体化的精神人格及其生命价值指向。艺术本体的存在规定反而被置于功能实现的可能性之中，如何实现艺术审美的精神人格涵养功能成为期刊的阐述基点。尽管对域外艺术形态的

---

① 林文铮：《时代精神与中国艺术之新趋势》，《亚丹娜》1931年第7期，第5页。
② 林文铮：《中国艺术之将来》，《亚丹娜》1931年创刊号，第6页。

追寻始终在精神人格涵养功能的发生层面占据核心地位，并积极引领着早期艺术教育的审美范式。在现代中国艺术教育发展史中，虽然这种以情感为导向的感性启蒙之路注定充满坎坷，自 1937 年开始的抗日战争更加速了这种审美理想的破灭。但该类期刊将艺术教育的功能取向与实现中国人的感性启蒙相结合的实践方式，在很大程度上彰显了浓郁的人文取向，体现了期刊学人在教育功能指向上的现代意识和价值立场。

（作者单位：首都师范大学文学院）

学术编辑：张朵聪

Early Modern Art Education: The Possibility Pursuit of Spiritual Personality Cultivation Function

—Taking art periodicals as the research center

LI Shu-ting

College of Literature, Capital Normal University

Abstract: The emergence of the concept of artistic function in early modern China is closely related to the public opinion advocacy of periodical scholars. From the beginning of the 20th century to the 1920s, "Fine Arts", "Music magazine", "Painting Science magazine" and "Aesthetic education", which were first published in the context of education and national salvation, have been related to the spiritual cultivation of artistic aesthetics. From the late 1920s to the middle and late 1930s, periodicals such as the Journal of Aesthetic Education, Apollos, Adana and Yilang, which were founded in a relatively stable social and cultural environment, provided more possibilities for the deepening evolution of the functional concept of art education. Therefore, this paper chooses art journals as the research perspective, and tries to reveal how the journal scholars, through the practice path of spreading the theory of modern aesthetic education and the thought of art education in the complex and intertwined aspects, make the function of modern art education gradually shift from caring for social reality to the functional concept of spiritual and personality cultivation. Then it provides historical reference for the development of contemporary aesthetic education and art education.

Key words: early modern art education; Spiritual personality cultivation; Functional concept; Art journal

齐一先生的美学情缘[*]

——滕守尧先生口述学人故事[**]

卢春红　梁　梅/采访　卢春红/整理

一　齐一先生对青年学者的关照

问：2023 年 8 月 13 日，105 岁高龄的齐一先生病逝于海南三亚。追思齐一先生的学术研究生涯，其与改革开放后中国社会科学院美学学科的组建与发展有着密不可分的关联，最重要的便是齐先生在七八十年代对美学后辈人才的提携。听说您能于 1978 年进入哲学所美学室学习，就跟齐一先生有关，不知您能否回忆起来，这一机缘具体产生于什么样的情况下？

滕守尧先生追忆：

我跟齐一先生最初的相识确实是一个特殊机缘。

1970 年，我从北京大学西方语言文学系毕业后，因为当时的特殊政策，被分配到青海省民和县的一个生产队工作。后来因为外语不错，就被调到学校教外语，从中学到大学陆续更换过工作，但都没有离开过青海。直到 1978 年，高校恢复硕士研究生招生工作后，我也报名参加了考试，报考的是北京大学西语系。当时北大招的是研究生班，因为刚刚开放，教育部批示可以招研究生班。然而录取了以后，教育部又把指标

————————

　　*　齐一（1919 年 2 月 24 日—2023 年 8 月 13 日），曾任中国社会科学院哲学研究所研究员、中国社会科学院哲学研究所副所长、中国社会科学院哲学研究所美学研究室主任，中华美学学会第一届、二届常务理事，中华美学学会第一届秘书长。

　　**　滕守尧（1945—　　），曾任中国社会科学院哲学研究所研究员、中国社会科学院哲学研究所美学研究室主任，中华美学学会常务副会长、中华美学学会秘书长。本次采访滕守尧先生追忆齐一先生的具体时间的 2023 年 9 月 9—10 日，采访地点的云南省景洪市。

撤回，说不准再办研究生班了。于是我们这批学生如何处置就成了问题。

不过，当时全国好些高校的招生并不理想，虽然参加考试的学生不少，但大部分成绩不理想，好些高校都缺人，记得有两所比较有名的高校选上了我。这时，齐一先生也到北大来挑学生，面试后很快确定下来要我，我就这样就被录取到社科院。后来才知道，齐一先生当时正是哲学所副所长，同时兼任美学室主任。因为哲学所刚刚成立了美学研究室，也恢复了研究生的招生工作。于是，齐一先生多方努力、积极吸纳研究人才。接收我们进入社科院哲学所就是其中的一个举措。我们那一届，齐先生从北大招了我和刘蕴涵 2 名学生，后来又在其他高校招了徐恒醇、王志远和孙菲 3 名学生，这样就有了 5 名美学专业的研究生。不过，齐先生并没有做我们的研究生导师，在这一方面，他有着令人敬重的谦逊。当时他对我们说，我虽然是你们的老师，但是我没有多大学问，不能带你们。齐一先生和我就是因为这一次招生而结缘，我也是因为这一次招生而走上研究美学的道路。

除了这次招生工作，还有几个方面可以反映齐一先生对青年学子的爱惜之情。印象比较深的是在我被录取到哲学所美学室后，发生了一件对我来说比较严重的事情。当时，我的原单位有很多人报名参加研究生考试，最后的结果是就考上我一个。有人嫉妒我，就给哲学所寄了匿名信，写了我的一大堆黑材料，具体内容我不得而知，因为当时我并不知道发生了这样的事情。很久之后齐一先生才跟我说了这件事情，他说他看了匿名信的内容后很生气，他很讨厌这种方式，但因为无从断定真伪，按照规定就必须去外调。后来，齐一先生风尘仆仆来到青海，亲自找到了我单位的人事处，经由人事处一一核查，证明全是假材料，还了我的清白。至此，我才真正开始了在哲学所美学室的学生生活。

另一个一直激励着我的一件事情发生在第一届全国美学大会期间。1980 年 6 月，美学室里的研究生们跟着老师们一起参加了美学大会，不过学生们并不参会发言，只是帮助老师做一些辅助性的后勤工作。在大会召开的第二天，齐一先生突然找到我，让我第二天参加大会发言，我想都没想就拒绝了，因为当时的第一届全国美学大会都是专家学者们发言，我只是一名学生，怎么够格发言。后来，经过老师的鼓励，便鼓起勇气做了大会发言，没想到发言一结束就得到了朱光潜先生的表扬。后来回过头来想，这其实是齐一先生培养人才不拘一格的一种方式。

二 齐一先生与哲学所美学室的创建

问：1978 年是个特殊的日子，在这一年，您进入社科院哲学所美学室，开始了研究生的学习生涯，恰恰也是这一年，哲学所正式组建了美学室，开始了美学学科研究人才的发掘工作。您作为学生生活于其中，也一定亲身经历了美学室的组建过程，不知当时作为美学室主任的齐一先生对美学室的学科建设都做了哪些工作？

滕守尧先生追忆：

在进入哲学所美学室攻读研究生之前，我对这些情况是一无所知的。入学之后慢慢知道了一些情况。当时的哲学所处于专业化的扩建之中，原来设置的中国哲学史研究组、西方哲学史研究组、现代外国哲学研究组、自然辩证法研究组、逻辑研究组、辩证唯物主义历史唯物主义研究组统一改为研究室，而美学、伦理学等专业需要独立出来。美学研究室是齐一先生提议组建的。从学科发展的角度，美学的独立更有利于学科自身的发展。当时所里现有的研究人员有朱狄等前辈学者，除此之外，还从外面调来了聂振斌、韩林德、韩玉涛、张瑶均等研究人员。

聂振斌在 1964 年从辽宁大学中文系毕业后在哲学社会科学部的《新建设》杂志社从事编辑工作，1978 年美学室成立时被调入美学研究室，主要做中国现代美学方面的研究。韩林德也是 1964 年从北京大学中文系毕业后在《新建设》杂志社工作，1978 年一起进入美学研究室，主要从事中国美学史的研究工作。韩玉涛是 1962 年从北京师范大学中文系毕业，之后一直在北京的一些中学任教，1978 年调入美学研究室工作，主要做的是书法美学的研究工作。张瑶均在 80 年代之前主要是做编辑和编剧工作，也从事电影美学研究，在当时产生了一些影响，《美学》在 1979 年创刊后，她还在上面发表过电影美学的论文。张老师是 1980 年到的美学室，后来在齐一先生退休后接替齐先生做了美学研究室的主任。

在当时美学室研究人员的组建中，比较特殊的是高尔泰。在 60 年代的美学大讨论中，形成中国当代美学的四种代表性流派，以蔡仪为代表的客观派、以高尔泰为代表的主观派、以朱光潜为代表的主客观统一派和以李泽厚为代表的客观性与社会性相结合的派别。齐一先生的想法是将这些不同的理论派别都结合起来，能够集中体现出美学学科的学术研究状况，就想到了高尔泰。高尔泰当时在兰州大学哲学系，齐一先生想将高尔泰调过来，想了很多办法，都没有解决。因为没有指标，怎么调都调不过来，他们单位也不放。后来齐一先生就说，我们先把你借调过来，你直接进入课题组，参加我们的学术研究，调动的事情后续再解决。就这样，高尔泰也来到美学室，参加了当时的研究工作。印象中高尔泰刚来到北京时没有地方住。因为当时社科院的条件还不怎么好，我们第一届研究生读书期间就搬了 5 次家，从一个中学到另一个中学。齐一先生就直接让高尔泰住到自己家里，住了好长时间，解决了高老师学术研究的后顾之忧。单就这一点，我觉得齐先生就不简单。作为延安老干部，他做事还是很有魄力的。

除此之外，还有年轻一代的研究人员，比如郑湧。他是中央美术学院美术史系毕业后先在人民美术出版社做编辑，1979 年调入哲学所美学室工作，主要是做现代西方美学研究，不过没多久就离开了。再后来到了 1981 年，我们那一届 5 个美学专业的研究生毕业，其中的 3 个学生被留在了美学室，分别是徐恒醇、刘蕴涵和我。

至此，在齐一先生的努力下，美学室研究人员的构架就初步搭建起来了。

三　齐一先生与中华美学学会的创办

问：20 世纪 80 年代对于国内美学理论研究的发展是一个极为特殊的时期，相对于其他学科而言，人们对美学研究的热情是空前的，也由此产生了盛极一时的"美学热"。如今再次回忆起这一切，于 1980 年成立的中华全国美学学会（后更名为中华美学学会）想必起到过重要作用，而学会的创办也与齐一先生有关系，不知您是否了解齐一先生是如何落实中华美学学会的创办工作的？

滕守尧先生追忆：

20 世纪 70 年代末到 80 年代初，有两件事情对于哲学所美学学科发展产生重要影响，一是哲学学科中的各个不同专业独立设置研究室，美学学科的独立也属于其中的事项；二是独立出来的各个学科开始意识到国内本专业研究人员进行学术交流与合作的必要性，全国性学术社团就是在这一背景下开始建立的。因为社科院的特殊性，联合各专业领域成立学术社团的工作主要是由社科院来牵头。美学这一块的核心任务是成立中华全国美学学会，当时这一工作主要是由齐一先生来具体操办的。

齐先生也认为成立这样的学术团体对于美学理论研究的发展有重要意义，集中国内学界的力量，有利于推进学术研究。他首先做的事情是拜访当时国内的美学名家。比如朱光潜先生那时候在北大，蔡仪老师在社科院文学所，齐一先生一一拜访，做初步协调工作。在获得各方同意之后，就着手准备成立全国美学学会的相关资料，包括草拟中华全国美学学会的简章，拟定学会从会长、副会长、常务理事、理事到会员的基本建构和初步人选，制定中华全国美学学会的工作计划和开展美学研究、教学和普及工作的建议，以及申请开会所需要的经费。这些工作程序和原则后来都在第一届全国美学大会上一一表决通过，之后也刊登在第一次全国美学会议的简报上。

前期工作准备就绪后，第一次全国美学大会的时间确定在 1980 年 6 月 4—11 日，共 8 天。地点选在云南昆明，原因是这个地方风景优美、四季如春。召开大会时，国内凡是做美学研究的都被邀请参会了，有 100 多人，还收到了 30 多篇论文，在当时产生了不小影响。这次大会上，齐一先生行使的是秘书长的职责，后来也通过 6 月 11 日的全体会议选举，正式成为第一届中华全国美学学会的常务理事兼秘书长。我当时是以学生身份参加的，辅助老师们一起编辑印制会议简报。每天谁发言了，主要讲的什么内容，都要记录下来，然后制作成简报，简报出来后再发给每一个人。

给我留下深刻印象的是，在这次美学大会上，当时国内美学学科建设、美学理论研究需要集中力量做的事情都被正式写入了中华美学学会的工作计划中，比如组织翻译、整理中外美学文献资料，后来陆续出版的"美学译丛"就是这项工作的一部分。还有就是集中美学界的力量编写国内美学专业的教材，如《美学概论》、《西方美学史》、《中国美学史》以及多卷本等。一些编写工作其实早在开会之前就进行了，比如1963年出版的《西方美学史》就是朱光潜先生应齐一先生的约请撰写的。① 会议也把支持与美学研究有关的专业刊物如《美学》（由哲学所美学研究室主编）、《美学译文》（由文学所文艺理论研究室主编）、《美学论丛》（哲学所美学研究室主编）等写入了规划之中。除此之外，据说在第一届美学大会上，齐一先生还请朱光潜等专家写了一封倡议信，提议把"美育"也纳入国家的教育方针，这一倡议后来也得到了落实。② 对于这些有历史意义的事情，齐一先生在其中做了大量的协调工作。对于当代中国美学学科的建设，这些背后的工作是功不可没的。

四　我心中的齐一先生

问：自1978年考上美学专业研究生，您就来到了社科院哲学所，1981年研究生毕业之后，又继续留在美学室从事研究工作，在和齐一先生共同相处的过程中，这位学界前辈在您心目中留下了怎样的印象？

滕守尧先生追忆：

说实话，我和齐一先生虽有着特殊的缘分，但真正相处的时间并不长。从1978年以研究生身份来到美学室，到1985年齐一先生正式退休，前后也就是7年的时间。再加上我一开始还是学生身份，接触就更少一些。不过，也正是因为这段特殊的时期，当时正值美学室的组建、后备人才的培养、美学学术团体的创建，每一件事都是需要具体操办的大事，也让我从中感受到齐一先生全身心投入美学学科发展的赤诚之心，在担任室主任期间，只要是对美学专业发展有利的事情，齐先生都会用尽全力、想方设法去做。这让我对齐先生产生了由衷的敬佩！虽然他没有做过我的学业指导老师，

---

① 关于齐一先生约请学界专家撰写美学学科教材的经过可参见《齐一先生访谈录》中齐一先生的自述（李世涛：《齐一先生访谈录》，《美学》2010年第10期，第205—206页）。

② 关于这一倡议的具体内容可参见《齐一先生访谈录》中齐一先生的自述（李世涛：《齐一先生访谈录》，《美学》2010年第10期，第206页）。

但我从心底里敬仰他的人格风范。

在后来的岁月里，我的生活中还发生了两件和齐一先生有关的事情。一件事情发生在北京，当时我尚未退休，还在美学室工作。一天晚上，久未联系的齐一先生突然找到了我在北京的住处，说想请我给他研究鲁迅的新著写序言。听闻此言，我一时大为惶恐！一直以来，齐一先生都是我尊敬的前辈，我作为后辈学生怎能做如此托大的事?! 坚决推辞之后，又担心老师会不会生气。齐一先生看出了我的顾虑，未再坚持，也没有将此事放在心上。

另一件事是在退休之后，当时我大部分时间居住在西双版纳，而齐一先生也早已定居在海南三亚。有一天，安徽社科院的一位朋友打电话给我，他当时也在三亚，和齐一先生住在一个小区，说齐先生在到处打听我的联系方式。我心中大为感动！于是，专程从西双版纳来到三亚。记得当时是 2017 年，我在宾馆中住了 1 个月，每天下午腾出时间去齐先生家探望他老人家，说一说过去年代的一些事情，有时也会推着轮椅带他出去散步，看一看小区和街边的景致。我想，这是我做学生对美学前辈应尽的本分。

（采访者单位：中国社会科学院哲学研究所）

学术编辑：陈桑

"当代中国美学的创新之路"

——中华美学学会 2022 年年会综述

袁　青/文

2022 年 12 月 22—23 日，由中华美学学会与西北大学联合主办、西北大学文学院承办的中华美学学会 2022 年年会暨"当代中国美学的创新之路"全国学术研讨会在西北大学以线上形式召开，来自全国各高校和科研院所的 200 余名美学领域专家学者聚焦美学研究的前沿问题展开讨论，为推进中国当代美学的发展注入新力量。

开幕式上，西北大学党委副书记赵作纽首先致开幕词，对会议得以顺利召开表示祝贺，并表示此次会议既是学习贯彻习近平总书记关于文艺工作的重要论述，也是党的二十大精神的重要实践，同时也为构建具有中国特色的美学话语体系提供新资源。中国社会科学院原副院长、中国文学批评研究会会长张江在开幕式致辞中，肯定了中华美学学会在理论创新和精神文明创新等方面所发挥的重要作用，并基于阐释学视角进行了主旨发言。张江指明美学与阐释学关系的三种理论面向：审美过程与审美阐释是不是同一件事？艺术的文学审美理解与阐释是否同一？艺术和审美的阐释理论是否与哲学历史等其他学科的阐释为同一件事？由此阐明艺术的审美阐释若推及哲学历史等一般领域实则会诱发历史虚无主义。中华美学学会会长高建平在开幕式致辞中强调了"创新"的重要性，并进一步指出美学创新不仅要继承与发扬中国古代美学思想，也要关注与借鉴西方美学资源，美学研究不能仅停留于西方和古代思想之间的循环往复，更要在创新中建构美学的中国式现代化之路。高建平肯定了美学研究者的坚守为美学学科带来的繁荣，并倡议美学研究者要既要坚守学科的边界，承担起守护美学学科的责任，更要走当代中国美学的创新之路。

本次会议分两天举行，与会学者围绕中国美学传统及其创新路径、西方美学经典资源的转化利用、当代美学的新探索与新发展、美学基本问题的创新研究、艺术哲学的当代思考等议题展开讨论。会议同期举办了"中华美学学会第一届美育学术委员会成立大会暨美学与美育圆桌论坛"与"中华美学学会设计美学专业委员会成立大会暨设计美学圆桌论坛"。

一　寻根溯源——中国美学传统及其创新路径

中国传统美学根植于中华民族博大精深的思想文化，弘扬与传承中国传统美学理论精髓是建构当代具有中国特色美学话语体系的重要途径，如何汲取中国传统美学的优秀理论资源，架构起与中国当代美学沟通的桥梁，无论是对学者的思想底蕴还是学术敏感度都极具考验。四川大学张法试图从岩画、彩陶、玉器、青铜四种器物出发去探寻中国远古之美，开创性地提出这四种器物所蕴含的美学法则对古代中国之美有着决定性的影响。他认为岩画人面像、彩陶动植转换、玉器的天人合一、青铜图案组合蕴含中国之美的特征，是带有中国宇宙观和天下观特征的美学，是理论形态与文化形态紧密关联的美学，是具有历史发展的丰富性美学。

"意象"概念在中国传统美学中占据重要的理论地位，华东师范大学朱志荣针对学界对"意象"概念理解所产生的分歧作出回应，重新强调中国传统的"意象"与现代美学中"美"的对应性关系。他指出美的感性形态在中国古代即被称为所谓的意象，意象是主体立足于物我交融中能动创构的，包含着感悟、判断和创造的统一。意象寓于感性形态，本体与现象始终在意象中相统一，审美活动创构了意象亦即生成了美，美是意象的共相，意象是美的具体呈现。

中国艺术研究院刘桂荣立足于"法"观念，认为"法而无法"秉承了中国哲学自然之道的理念，汉魏晋书论中的"法自然"、唐宋文人所倡的"法度即自然"等理论都呈现着"自然之道趣"。"法而无法"具有"变法创新"的意涵与精神，刘勰之"通变无方"，两宋之疑古求新等，皆凸显创变新意之思；法之"无法"还具有超越之质，意在超越任何"法"之束缚，挺立自我、涵纳宇宙。"法而无法"彰显着中国艺术特有的生命意识和创新精神。

中国传统时空观具有独特的理论样貌，华中师范大学黄念然将中国古代时空观拓展到艺术领域，凝结成艺术创造中"身度"的时空、"气化"的时空、"节律"的时空和"境象"的时空四种艺术时空观类型。他认为这几种艺术时空观念直接影响着中国古代艺术创造的基本理念和创造法则，是理解中国艺术生命意识、宇宙意识和超越意识的重要途径。

中华民族厚重的文化底蕴孕育了独特的中国美学范畴，澄明中国传统美学范畴的理论内涵并结合新时代具体语境予以创新理解，是当代美学理论研究的一个重要面向。深圳大学李健立足于王弼思想诠释了言、象、意的内在关联，他认为王弼深化了文学艺术形象、意蕴表现的理论意旨，老子"大音希声""大象无形"等命题被其现实化，强调"象"表达意义的丰富性与模糊性，"象"的这种表意特点使得艺术富有美感。中国社会科学院窦建英从诗之体用角度来审视"兴"，认为兴内蕴着基础性的感通和生发性的兴发这两个相异却涵咏互漾之面相，感通构成了兴发之基础，兴发使感通有了确定的指向，并为感通创造了新的可感物象，兴即体即用，贯彻于诗之创作全过程。深圳大学詹文伟以《文心雕龙》中"文饰"为对象，认为"文饰"的基本内涵是指文章字词、声律等形式层面的修饰及其在人感官中的审美性显现，刘勰对"文饰"的重视既是呼应骈文潮流中强调"文饰"的骨力及其现实指向功能，又是对"文统"的自觉继承。海军军医大学王德彦讨论了"巧"的价值和意义，他认为"巧"具有语义的复旨性，巧既指涉艺术家的思维之巧，也指涉作品的笔墨技法之巧，巧之语义因时代、语境而变化，只有全面地考察"巧"的语义、语境的历史才能窥探其本质。湖州学院管才君着眼于"气"范畴，认为曹丕提出"文气"说，促成了"气"由哲学范畴向审美范畴的转化，并创造性地提出了"体气""齐气""逸气"，构建了一系列的气范畴群落，为后世"气"审美范畴的全面泛化和发展奠定了基础。

对中国传统艺术作品及文艺思想的创新性解读是中国美学研究的重要理论视域，南开大学韦思围绕商周青铜器铭文书法表现出的意象思维，从"巫"对商周青铜器铭文书法意象思维之影响、纹饰意象思维源于"图腾崇拜"、铭文书法意象思维中的"异质同构"展开论述，认为意象思维是商周青铜器铭文书法审美心理的中介。运城学院张洁专注于对汉代画像石的研究，认为汉画像石中复合图像以其独特的图式特征和艺术表现，将松散的图像单元串联成具有连贯性和整体感的艺术图景，严谨表达着生命突破边界局限而引向永恒的转变升华。南京大学李昌舒从北宋科举与文艺关系问题出发，指出以儒家思想为基础的科举考试使士人具有强烈的济世热情，文艺因此表现出浓厚的道德色彩，士人由此在教化、共通感、判断力和趣味性上表现出一致性。深圳大学朱海坤强调了郭象玄学对名教与自然矛盾的化解，认为郭象以"明内圣外王之道"的基本宗旨作《庄子注》，基于独化论和物性自然论提倡适性逍遥，要求"捐迹反一"，为"儒道互补"奠定了学理基础。中国社会科学院卢春红从宋代文人画入手，认为宋代文人画实践改变了画作的空间结构。她指出一方面整体的山水世界交互融通，呈现由远向淡的空明化转向，另一方面具体的山水物象各自显出，彰显其不同于整体山水的灵动个性。这两个因素的交融形成空与灵的内在交织，透露了生活世界的近世转换。

本次会议对于中国传统美学视角的讨论，不仅在学理层面上对中国传统美学的经典范畴和具体问题进行了全面的解读，而且立足于新时代的具体语境为中国传统美学开拓了创新之路，与会学者对于中国传统美学的专注，无不凸显出着他们力图对中华传统美学资源进行当代价值转换的努力与热情。

二 兼容并蓄——西方美学经典资源的转化利用

中国现代美学的发端和发展与西方美学思想的引入密切相关，中国当代美学之所以能够焕发今日之风采也离不开与西方美学思想的碰撞交融。在东西方美学的交流对话中，西方美学经典不断被引入中国，不仅拓宽了中国美学理论研究的视野，更使中国美学在差异中确证了自身的独特性。

中国社会科学院李贺远追古希腊美学思想，立足于柏拉图爱欲哲学视域对美进行讨论。她认为柏拉图在《会饮》和《斐德若》中通过爱欲审美实现爱欲的形而上学化，从而跨越可感世界与可知世界的界限。在爱欲形而上学化过程中，美不仅作为自然之美成为爱欲发生的背景，也作为身体之美成为爱欲发生的直接对象，美作为美自体是第一智慧，也是爱欲形而上学化所最终要抵达的目标，柏拉图的爱欲哲学抵达的是美善合一的审美形而上学境界。

西安交通大学妥建清聚焦于夏夫兹博里美学对经验主义与剑桥柏拉图主义批判性的综合，认为夏夫兹博里一方面通过为情感性的美感找到先天的普遍规范，从而实现以美启善的伦理学目的；另一方面通过"内在感官"将经验主义的感官活动以"形成力"归于神学目的论意义上的"普遍精神"，完成了对基督神学伦理学的情感主义的改造。夏夫兹博里"复古以革新"的思想不仅表征着现代性审美意识形态对主体感性能力的确认，而且开启了以美启善的情感主义伦理学的滥觞。

自康德美学被引入中国以来，学者们对康德美学的探索与创新从未有过停滞。山东大学程相占立足康德美学思想阐释了生态美，他认为康德哲学最为显著的特点是明确区分物自身和现象，这种哲学立场极易转化为生态伦理学和生态实在论的理论资源。利奥波德便借助康德的本体概念来探讨对于自然的生态审美，齐藤百合子则强调如其本然地欣赏自然，此种意义上的自然美包含了浓厚的生态伦理学的善。中国社会科学院史季对康德美学中是否存在艺术崇高的问题进行了再思考，他从艾伯塞和克莱维斯对该问题的争论出发，围绕崇高对象所必须满足的条件、纯粹与不纯粹的崇高、艺术理论的相关阐释三个方面展开讨论，认为艺术崇高不仅具有可阐释的空间，而且与康德哲学整体契合。北京师范大学朱会晖和大连理工大学毕聪正均就康德美学中鉴赏力与天才的问题展开讨论，二者均认为康德想要构建一种将鉴赏力与天才有机调和的美学，并指出艺术家应该在天才与鉴赏力、想象力的自由与知性的规则之间找到某种平衡。

上海大学刘旭光对鉴赏力与天才的界说给予不同理解，且更具创新性地提出"艺术即审美"的观点。在他看来，西方 18 世纪中叶之后产生了"自由的艺术"与"美的艺术"等观念，这些观念从审美的角度来观照艺术，并且用"自由愉悦"与"自由创造"来定义"艺术美"，最终形成了这样一种艺术观：艺术是非功利性的，是审美的；艺术的美来自艺术家的自由创造与作品所引发的自由愉悦，艺术的内涵呈现自由理性对世界的反思与认识。

西安石油大学张海涛立足于现代宗教哲学的主体间性问题，展开了对后期海德格尔审美主义神学思想的讨论。他认为后期海德格尔承认人神关系的主体间性建构路径，但又认为只有在审美维度上人神相遇才有实现的可能。为此海德格尔通过对"天空"概念神学意涵的挖掘和对诗形象建构本质的分析论证了以诗为中介人神主体间性关系建构的审美路径，使其后期神学思想带有明显的审美主义特征。黑龙江大学张颖专注于实用主义美学的理论研究，认为杜威在经验论领域推翻了传统二元论哲学范式，实现了由认识论到生存论的思想转向。杜威的经验产生于有机体与自然环境之间均衡状态的构建、构成与被破坏的循环，每经历一次循环皆使有机体的生命得到某种质的变化，审美性质的产生使得"一个经验"获得完满，从而产生区别于其他经验的个性。西安外国语大学毕晓以巴赫金的《论行动哲学》为视角，认为巴赫金开创了一种责任伦理学，并对他者伦理学进行了一种审美化改写，将伦理学中的"自我—他者"关系转化了为美学思想中的"作者—主人公"关系，创建了一种内含伦理维度的美学。首都师范大学周琪着眼于沃尔海姆提出的"批评就是复原"的批评观，指出沃尔海姆认为批评是要复原作品的原意，他既反对"作为修正的批评"又反对"作为细察的批评"。进而厘清了沃尔海姆"批评是复原创作过程"到"批评是复原艺术家实现了的意图"思想的演变。四川大学吴怡蔓将马克思主义与符号学对话互鉴，认为伊格尔顿的《美学意识形态》借助"身体"概念，着重探讨了西方哲学中美学、伦理学和政治学之间错综复杂的相互关系。马克思主义与符号学方法的相辅相成，推动伊格尔顿走向"身体"伦理与激进美学的"政治批评"立场，深化了社会文化实践与符号现象问题的探讨。

本次会议与会者对古希腊美学、德国古典美学、后现代美学等各个时期的西方美学思想进行了全面的解读，对西方美学史上经典的理论问题也予以了新的回应。学者们兼容并蓄西方美学理论成果，将西方美学经典资源进行转化利用与创新，对中国特色美学话语体系的建构极具启发价值和现实意义。

三　砥砺深耕——美学基本问题的创新研究

美学基本问题是美学研究的核心领域，美的本质问题更是美学基本问题研究的核心论题。虽然现代西方形成了反本质主义潮流，但反本质主义本身一定程度又体现出开放性的态度，反本质与其说意味着对人的本质、美的本质等问题的彻底消解，毋宁说它所批判和反对的是一种抽象不变的本质观。中国社会科学院徐碧辉基于实践美学观点指出，事物虽不存在超越时代和历史的永恒本质，却有一定范围之内的相对稳定的本质。美是人所据以改造世界的一种自由形式，它既有相对固定的哲学界定，同时这种自由的形式又随着时代的不同而有着不同的内涵。在后工业时代，美的本质不再仅仅是传统马克思主义所讲的"自然的人化"，更是在此基础之上的人的自然化和自然的本真化，建基于人的自然化基础上的美的形态也不再是单纯的自然美和社会美，而是涵融着自然美和社会美的生态美。

四川文理学院姜约则从人类学视角审视了"美本质"的问题，他认为当人们在生活中发出"诗性表述"时，其当时的生命活动就是"审美活动"，美就产生于"审美活动"之中。从逻辑上讲，美的产生先于主体的"诗性表述"；但从时间上看，美的产生与主体的"诗性表述"几乎同时，美正是在"主体与客体交互作用"的过程中主体生命"诗性绽放"的产物。中国社会科学院孔天伊从实践美学视角，基于人类生产—生活（实践—实用）的基础上提出"度"的本体性，认为"度"是本体的某种特有属性而非本体本身，将"度"定格为抽象的形而上的本原概念忽视了"度"与现实实践的关系，混淆了"度本体"和"度的本体性"。

首都师范大学王德胜思考的是中国美学学科的建构问题，他认为社会转型、文化转型、人的生活转型和文艺转型拓展甚至改变了文艺美学的研究对象、内容、方法和形态。当所有与文学艺术相关的现实问题都可以在审美研究层面上成为文艺美学的问题，当一切可能的方法都在"路径确立"的意义上为文艺美学研究所兼容，"不确定性"便为文艺美学多层面、多样化地展开提供了既定学科所不具备的理论优势。杭州师范大学李庆本考究了"美学"一词的汉语译名，认为"美学"一词源于德国传教士花之安传入中国的说法是错误的，日本"审美学"来源于罗存德《英华字典》的看法也缺乏事实依据，是王国维真正将来源于西方的美学术语融入中国美学话语建构中，确立了跨文化美学新范式。

北京师范大学刘成纪重新思考了美的哲学意义，从美学视角探讨了第一哲学支点问题。他指出如果说美学表现为人对世界的善意，那么这种"善意"可能从人的感官介入世界的那一顷刻就在发挥作用，然后赋予世界秩序，并最终呈现为图景。或者说，审美作为一种无目的、无前提的感性化的直觉活动，它不但先发于认识（"以美启真"），而且以审美化规约了认识过程，并最终以其"善意"显现为目的（"以美储善"）。

浙江大学苏宏斌着眼于对审美判断思想的创新理解，认为审美判断中的感性表象借助于图式与概念相连，因此审美判断应该是一个复合性结构，在反思判断内部嵌合着一个规定判断：概念—图式—感性表象（概念—系词—主观感受）。之所以说这个内嵌的自命题是一个规定判断，是因为图式并不是主体在鉴赏活动中发现的，而是在鉴赏活动开始之前就已经具备的，这一点正是它具备鉴赏力的前提条件。

随着现当代美学的全面发展，诸多美学问题都从不同视角得到阐释。河北师范大学王亚芹认为"身体美学"到"后身体美学"的转换从根本上说是知识生产方式的内在逻辑变革，即由在二元论框架内展开的以思辨为主的知识言说方式，向科技与人文大融通的"反身性"言说方式的转型。这种身体美学研究范式的位移，更新并重塑着我们的知识地图，让我们对"自然人"与"技术人"的本质有了更准确的把握。华东师范大学温海博从体育竞技视角对身体美学进行了新的阐释，他认为体育竞技的发展使身体逐渐变得专项化，身体形态的整体美与运动技术的表现美变得畸重畸轻。他结合了中西方的身体美学思想，分析了现代体育竞技中身体美被忽视与扭曲的原因，并提出"充满灵性的健美的身体"。深圳大学史建成从生态美学出发，认为当代生态环境美学主流是延续一种艺术美学的规范美学路径，着力点在于生态环境审美"应当如何"，但我们忽略了生态环境审美自始至终具有的"本然如何"，这种"本然"是我们走向"应当"的触发因素。上海社会科学院周丰从"诗画异质说"观照神经美学，认为神经美学在精确、完整地呈现审美发生现象的基础上能够在感知层面上找到"诗画异质"之原因，诗画异质的一系列表现很大程度上在神经生理层面上就已经呈现了，媒介只是其异质表现的内容，而不是因由。山东大学杨东篱立足于整合中国的气韵美学与德国的气氛美学，认为新的审美方式通过感性超越物体现出日常性、流动性、不可定位、情绪感染性强等特点，由它引发的审美革命因此可被称为"无边框"革命，这种革命可以帮助建造文化经济背景下的人类审美共同体。

四 新益求新——当代美学的新探索与新发展

继承中国传统美学与汲取西方美学理论资源，是建构中华特色美学话语体系不可或缺的理论前提；而立足于新的时代语境聚焦当代美学思想的理论创新，则是加快建构中华特色美学话语进程的重要途径，创新是学术的生命，探索出当代美学的创新之路至关重要。

21世纪是科技迅猛发展的时代，同时也是美学思想和艺术实践不断创新的时代，鲁迅美术学院张伟结合中国当代美学的理论创新进行思考，他认为中国当代美学创新的动因来自现实社会的发展和审美与艺术自身发展的要求，进而为中国美学理论创新提出建议：一是提出与时代精神相适应的理论学说，推动美学思想的创新；二是改变一直以来美学研究中的认识论方法，推动美学研究方法的创新；三是通过中西美学理论的综合、当代美学理论与中国古典美学理论综合、美学学科与其他学科的综合，推动美学研究路径的创新。四川省社会科学院王小平回应了黑格尔的"艺术终结论"，并指出当今艺术正在不断改写和扩大自己的"版图"、表达"范式"和观念"图式"，美学也从研究艺术的狭窄范围扩展到广阔的物质生产实践和日常生活领域，随着科技的进步、媒介的发展而发展。在经历过视觉转向、文化转向、身体转向、生活转向后，世界美学呈现多元、差异的、史无前例的繁荣景象。

现代中国"政治美学"思想的形成体现了现代以来中国美学在观念生产和理论创构方面价值选择的重心和方向，陕西师范大学李西建立足于"政治美学"视角，认为现代中国"政治美学"思想遗产的形成标志着马克思主义中国化的理论创造，马克思主义的"政治美学"是最能体现"人的解放"理想和"人类命运总体研究"意图的科学理论，现代中国"政治美学"思想开启了新时代中国特色文艺理论研究的问题意识、话语转换和理论重构。

江西师范大学陶水平试图从感性学走向感兴学提出中国当代美学重构的新路径，他指出感兴美学是中国古典美学的基本理论形态，中国当代学者完全可以从本民族学术传统中萃取本土词语重构中国当代美学理论。"兴"或"感兴"是堪比西方 aisthe-tike/Ästhetik 的一个元范畴，从感性学走向感兴学，实现与西方感性学、美学的互释和会通，使之成为辐射整个中国当代美学、艺术学的基础话语，是中国当代美学理论重构的一条重要学术路径。

观照中国传统美学资源进行新的理论探索也是本次会议的热点。江苏大学周杰立足于当代美学与《庄子》的关系问题，认为庄子的"体道"经验并非单纯存在人的精神领域，而是身体与意识为整体的综合身心体验，其表现为现象与存在一体论、认识与本体一体论，与当代中国美学关注人的存在向度相一致。由此延展出庄子思想关于人、世界、道的关系在根源上呈现为无主体性，这将为审美活动的主体间性更加向前推进。青岛大学周思钊从环境美学视角重新解读王昌龄提出的"物境"概念，认为"物境"与卡尔森的"自然环境模式"可以构建自然审美欣赏的"物境"模式，而且与物相、物性、物史、物功一起，还可以构建一个比较完善的自然美特性系统，为自然审美批评提供比较全面的理论框架。西北大学高喜锋基于对经典文学审美符号的比较，以林黛玉的"哭"与婴宁的"笑"为例，指明对经典文本审美意蕴解读会关涉到文本本身及读者自身生命体验的双重因素，在解读过程中本文视域和理解者的视域都会跃出自身原有的边界，达到一种全新的视域效果。

数字网络与人工智能的发展逐渐割裂了人类感官与现实世界的直接关联，这也促使学者们开始设想一种不以人类感官为中心的媒介美学范式。杭州师范大学冯雪峰认为这一媒介范式的美学形象就是"赛博格"或者"仿生人"，在数字虚拟环境中，赛博格以其结合了实在和虚拟混合的"肉身"捕获了数字技术在基础感知域中产生的种种变化，同时作为基础设施促成了数据信息的自我繁衍和流通，对赛博格的思考可以帮助我们理解当下生命媒介化的状况及其美学效应。西北大学陈海则立足于对当代新媒介、审美和欲望内在关联的审视，认为新媒介如同幽灵游荡在资本控制与精神自由之间的"夹缝"中，制造美感最终滑向欲望；审美往往采用陌生化媒介手法，揭示作者构建的世界结构，令大众获得直观的快感和欲望满足。

全球化大背景下"共同体"成为焦点问题，"审美共同体"也成为当代美学问题域中新的关键词。北京外国语大学王辰竹探索了文化层面的"人类命运共同体"与审美感知层面的"审美共同体"的同构性，认为消费社会普遍存在的差异性、流动性、虚无感与异质性因素阻碍了"审美共同体"的进路。他以鲍曼"流动的现代性"视域为参照，借助审美的否定性力量，让团结、安全、伦理等持续性、稳定性特征在对话与谈判中重返共同体。兰州大学漆飞辨析了从审美共通感到审美乌托邦再到审美异托邦的历史嬗变与内在学理关联，他认为探明审美共同体问题在批判理论内部的生成脉络，能够激活审美共同体在当代美学问题视域中的解释张力，从而为当代美学的研究路径及其话语范式更新提供更多可能。

五　踵事增华——艺术哲学与设计美学的当代思考

当代美学研究的视域日益广阔，逐渐开始涉及人类生活各个方面，但艺术始终是美学研究的核心面向。当今艺术哲学关注的并非审美趣味与鉴赏力等内容，而是要以一种探索真理的眼光来考量人类在以往的历史命运中积累起来的艺术财富，从而让一个时代的艺术作为真理的事业达到自我认知。

图像是现实世界的视觉形象再现，通过可视性的再现符号，可以提供观看和理解世界的形象。杭州师范大学杨向荣基于福柯图像叙事视域，指出福柯通过扬·凡·艾克的《阿尔诺芬尼夫妇像》和委拉斯开兹的《宫娥》再到马奈的《弗里—贝尔杰酒吧》和马格利特的《形象的叛逆》的艺术史考察，从图像叙事的角度阐释了传统艺术向现代艺术转型中的再现危机。福柯意欲建构图像叙事中的再现知识学谱系，同时也看到图像叙事背后潜隐的复杂话语深渊，他为反思现代艺术如何通过再现重构艺术与现实的关系提供了新的思考空间。清华大学陈亚琦专注于对中国神话形象的传统纹饰研究，基于多向度视角下的传统造物观，从形态、观念、形式、技术、审美、时空、价值等维度，剖析了神话形象从上古宇宙意象至卫星宇宙图景历程中的视觉形态与生成机制，探讨了造神运动中的本真与变化关系，进而揭示传统纹饰造型中的超自然经验与形式营造的美学价值。

中国社会科学院王莹聚焦保罗·科埃略小说《十一分钟》探寻性灵与身体的哲理

内涵，她从空间、区域与女性自我命运的选择、话语场域与人物的悖论本质、时间隐喻与双重叙事进程等维度，探讨小说主人公如何以超脱于环境的内在精神驱动力，认知并坚持对于性灵与身体相融合的人类生存理想状态的追求，最终走向精神和现实双重层面的自我实现。西安音乐学院崔莹通过对质料形式关系的考辨，借鉴现象学的方法对声音的感觉进行了分析。她认为声音感觉的发生不仅依赖于人的意识，更关乎于作品（对象）本身的给予性，声音感觉具有意向性，但同时它也必须是被给予的。音乐向我们敞开了一个世界，给予我们一个具有某种指涉的意义世界。南京艺术学院金晶基于气氛美学理论，阐释了电影《钢琴家》中音乐片段的渲染、电影色彩元素的勾勒以及光线元素的设计所达到的"气氛"美学的呈现方式，并从音乐氛围、色彩氛围、光线氛围三方面剖析气氛美学的渲染力量，论证了气氛美学在影片中的感性审美价值。

近年来随着网络传媒与人工智能迅猛发展，艺术家积极地吸收这些媒介开展艺术创作，这种现象引发了学者对于现代科技介入艺术所产生的全新艺术形式的哲学讨论，媒体技术本体化与视觉文化审美化为表征的新意识形态的弥散，深刻影响着当代文化的发展，新疆大学傅守祥立足于技术与人文博弈的立场，认为数字技术所导致的由话语文化形式向形象文化形式的转变，在摧毁传统的文化等级秩序的同时，也消解着艺术传统对意义的深度追求。数字艺术的发展亟待解决唯技术主义的迷瘴与意义场的虚设等现实难题。"数字化生存"的技术和"艺术化生存"的人文相互协调，才能实现数字艺术的平衡发展。中国人民大学郭春宁认为 NFT 和"加密艺术"在区块链等新技术和新系统的加持下登上崭新的舞台，诸多代表性案例更新了关于艺术来源、版权、介质的传统界定，这种新的文化艺术现象应该得到美学理论层面的关注。大连理工大学于广莹考察了人工智能与人类意识的关系问题，认为人工智能的艺术活动仍然需要以人类意识为辅助，其在当前还不具备成为艺术作品的条件。因为缺乏"物因素"中的超越有用性、时间性中的社会和历史因素、真理自行发生的主体性意识三个基本条件，人工智能艺术并不会对人类的艺术创作造成根本性的威胁。

艺术设计在当代常被理解为实践性学科具有"艺术原理的实际应用"之意，它一方面要结合高雅艺术，一方面又要与各种工艺相结合。高建平在设计美学专业委员会成立大会发言中强调，设计美学以艺术设计的理论和实践问题研究为中心，有着很广的包容度。设计既与艺术有着深厚的历史渊源，又在当下有着很广的适用性。各种人工制成品都涉及设计，我们生活环境中的许多物都是设计而成，日常生活的审美化，来源于对日常生活物品通过设计加以改造。

中国社会科学院梁梅从设计美学维度陈述了设计带给人类生活的改变，她认为战后经济的快速发展为欧美发达国家带来了一个以消费为主导的时代，消费时代的资本以逐利为目的，体现了资本主义商品拜物教的逻辑。作为商品的设计不断推陈出新，为消费推波助澜，设计师和制造商赋予了人造物品不可抗拒的魅力，体现出文化成就、人文情感和审美追求，消费因此成为生活美学的重要内容。但在这样一个时代，既要警惕滥用设计而导致的浪费和奢靡的生活方式，也要重视设计美学对人类生活的哲学意义。

南京工程学院杨林从设计美学的知识生产与传统的知识生产模式的区别入手，阐明了设计美学并非在美学学科内的认知语境下进行，而是跨学科的，是具有社会弥散性且偏重应用情境的模式。设计美学作为应用美学的知识内容呈现出多元主体的多话语模态特征，这其中既有元理论的研究，也有诸如技术话语、身体话语的展开。设计美学的学科构建不能过于依赖设计的审美物态史研究，应当让思想层面的设计审美话语实践的历史研究同时融入，推动学科的学理化发展。

六　以美育人——当代美育理论与实践的新探索

美育的提出是人类思想史上的一次飞跃，人的感性素养由此作为人性的重要部分得到哲学的认证。美育作为美学研究的一个重要组成部分，呈现理论性与实践性并重的特征，在美育工作中，既要将美学研究的成果付诸实施，投入美育实践之中；同时又要通过美育实践总结经验，上升到理论层面。因此，如何"以美育人"也成为与会学者讨论的另一热点话题。

中国的美育学具有学科交叉性的特征，是美学、教育学与艺术学等多型学科的交融，杭州师范大学杜卫从美育学的特殊学科属性定位出发，认为我们不能满足于将美学、艺术学或教育学理论中的概念、范畴简单地照搬进美育学，而应根据美育活动性质和价值以及具体过程，在美学与教育学的融合中，概括和确立美育学自身的概念范畴。唯有这样，美育理论研究才可能贴近美育活动的"事实"，美育学才可能对美育实践具有有效的解释力。

首都师范大学史红进一步在概念上辨析了"美育课程体系"与"公共艺术课程体系"的区别，她指出"美育课程体系"与"美育学科体系"具有层级的差异，美育学定位是交叉学科，双重归属于美学与教育学，"美育学科体系"由"基础学科+主干学科+支撑学科"构成；"美育课程体系"是在美育学科体系指导下建构的美育课程系统，我们应逐渐完善独立的美育课程体系，而不应以公共艺术课程体系代替。

南京师范大学易晓明考索了公共人培养视角下的美育实践，指出艺术的公共性不仅体现在开放共享，反映公共议题、追求公共福祉也已经成为当代艺术的价值追求，艺术通过审美共通感的建立和审美赋权实现公共性价值。她从四方面提出"通过艺术的公共人培育"建议：审美共通感和"艺术介入社会"的行动力为核心的公共品格涵养；加大艺术教育中当代公共艺术的内容，增强艺术教育与德育的融合；创作校园公共艺术，构筑学校的文化公共领域；带领学生走出校园，以艺术的方式参与社区公共生活。

除了关于美育宏观视角的讨论，北京市社会科学院文化研究所黄仲山立足于美育的具体实践，指出西方关于审美趣味发生问题一直有天资决定论和教育养成论两种观点，关乎美育的合法性问题。他认为当下美育实践应该弱化天资精英化观念，这样可以使美育结合天资和教育两方面因素，同时遵循审美规律和教育规律，从而解决美育的合法性及科学性问题。郑州大学杜宝林立足环境美育的生态视野，认为环境美育应当建立在对地方感的真实性体验的基础之上，而这种真实性体验需要感知主体参与到自然发展的进程之中，由于地方感只是一种狭义的环境，所以环境美育应该提供一种更为宏大的整体主义视角，并最终导向一种整体生态审美观的建立。四川大学龙娜立足马克思主义视域下"真善美"的辩证关系，认为高校思想政治理论课教学中要坚持合目的性与合规律性、个体性与社会性相统一，以期在美育过程中培养学生的和谐人格，提升学生的审美意识和审美创造力。厦门大学嘉庚学院朱盈蓓聚焦马克思主义审美共同体理论在文论教材中表现出的时代特质，认为新时期文论教材不仅要回应马克思主义审美共同体理想，而且要书写中华民族审美共同体思想，打造民族审美共同体。黑龙江大学张文博强调了梁启超的"趣味教育"思想，指出梁启超希望通过践行"趣味教育"来改造当时国民的劣根性，提升国民素养与爱国意识，实现其开民智、塑新民、启蒙救国的理想目标，挖掘"趣味教育"思想有助于我们进一步辨析美育的本质。

与会者还针对诗歌、绘画、动画等具体美育途径进行了全面的讨论，为美育的具体实践提供新的理论支撑。北京语言大学刘一专注于中国古典诗歌的美育路径，认为中国古典诗歌教育是注重心灵与生命感发的教育，使人心趋向"真、善、美"是古典诗歌教育的美育价值所在。古典诗歌美育宗旨与美学的发展趋势完美契合，即当美走向真善美相融合的精神世界的核心，其指向善与真的必然性将使美将成为最高的精神境界。河南财经政法大学胡乃文聚焦于国产动画，认为新时代国产动画集中体现了中华美学精神的内涵，为动画美育提供了美育资源。挖掘新时代国产动画中蕴含的主题美育、文化美育及人格美育元素，必将有助于家庭美育、学校美育乃至社会美育工作的进行。

高建平在大会闭幕式总结中指出，本次会议体现出三个特点：一是话题新，学者提出了不少新话，对旧话题的研究也有了新的进展；二是研究深，即便会议参加人数多，发言时间紧，但在很短的时间里讲述的内容足够精深；三是前沿而不肤浅，会议讨论了许多前沿的话题，但学者们不再像过去那样用时髦的词吸人眼球，而是通过精深的研究进入相关学科的前沿上来。与此同时高建平强调，中华美学学会的年会需要年轻人的积极参与，年轻人通过在年会上的发言、交流逐渐成熟，年长的知名学者也尽量不要缺席，只有通过新老成员的共同参与，所有美学学人的共同努力，中华美学才能得到更好的传承，中华美学才会真正地迸发出蓬勃的生命力。

（作者单位：中国社会科学院哲学研究所）

学术编辑：张朵聪

·附 录·

《美学》辑刊征稿启事

一 内容要求

1. 本刊征稿范围涉及马克思主义美学、中国美学、西方美学、艺术哲学、美育等范围的学术论文、研究动态。

2. 来稿需为作者原创，未曾公开发表。语言表述畅达，逻辑层次分明，条理结构清晰，符合学术规范。稿件字数原则上以10000—20000字为宜，文中引文、注释和其他数据，应逐一核对原文，确保准确无误。

二 格式要求

1. 来稿请用A4纸格式，Word文件电子版。若为译作，请附原文，并自行解决版权问题。

2. 稿件采取下列结构：题目、作者、作者单位、摘要、关键词、文章正文、英文题目、英文作者、英文作者单位、英文摘要、英文关键词。

3. 标题：一般不超过20个汉字（副标题除外），宋体2号加粗居中；文内标题：简洁明确，层次不宜过多，用序号标明，宋体4号加粗居中。

4. 摘要与关键词：楷体5号，单倍行距，首行缩进2字符。摘要要求言简意赅，概括力强，篇幅在300—400字；关键词一般每篇文章可选3—6个。

5. 正文：宋体5号，单倍行距；注释为页下注，用①②……标识，每页单独排序。（注释标注示例见后）

6. 英文标题及摘要格式同上。

三 来稿须知

1. 本刊已许可中国知网以数字化方式复制、汇编、发行、信息网络传播本文全刊。本刊支付的报酬已包含中国知网著作权使用费，所有署名作者向本刊提交文章发表之行为视为同意上述声明，如有异议，请在投稿时说明。

2. 在与作者讨论与协商的基础上，本刊有权对来稿做文字表述及其他技术性修改处理。

3. 来稿请注明作者姓名、学位、职称、工作单位、联系电话、电子邮箱、通信地址及邮政编码等基本信息，便于联系。

4. 本刊为半年刊，投入邮箱为：aesthetics2023@163.com。请勿一稿多投。本刊审稿期为 1 个月，逾期未接获通知者，可将稿件改投他刊。

5. 稿件一经采用，即致稿酬，优稿优酬，并赠送样刊 2 本。

中国社会科学院哲学研究所美学室

《美学》编辑部

附：注释格式标注示例

1. 著作

刘若端编著：《十九世纪英国诗人论诗》，人民文学出版社 1984 年版，第 26 页。

鲁迅：《中国小说的历史的变迁》，《鲁迅全集》第 9 册，人民文学出版社 1981 年版，第 325 页。

《旧唐书》卷 9《玄宗纪下》，中华书局 1975 年标点本，第 233 页。

［德］格诺特·柏梅：《感知学——普通感知理论的美学讲稿》，韩子仲译，商务出版社 2021 年版，第 13—19 页。

Arnold Berleant, *Aesthetics Beyond the Arts*, Farnham：Ashgate Publishing Limited, 2012, p. 61.

M. Polo, *The Travels of Marco Polo*, trans. William Marsden, Hertfordshire：Cumberland House, 1997, pp. 55-88.

2. 期刊、报纸

夏莹：《事件与主体：如何理解巴迪欧之圣保罗的当代性》，《世界哲学》2016 年第 5 期。

徐碧辉：《"中华美学精神"探析》，《中国社会科学报》2017 年 2 月 21 日第 1 版。

Heath B. Chamberlain, "On the Search for Civil Society in China", *Modern China*, vol. 19, no. 2, April 1993.

3. 学位论文、会议论文、电子文献

赵可：《市政改革与城市发展》，博士学位论文，四川大学，2000 年，第 21 页。

任东来：《对国际体制和国际制度的理解和翻译》，全球化与亚太区域化国际研讨会论文，天津，2006 年 6 月，第 9 页。

李向平：《大寨造大庙，信仰大转型》（http//xschina. org/show. php？id＝10672）。